世界500强

企业安全管理

崔政斌　张美元　赵海波◎编著

化学工业出版社

·北　京·

内容简介

在当今的世界经济格局中，世界 500 强企业占有十分重要的地位。世界 500 强企业撑起了世界经济大厦，给人们创造了美好的生活。世界 500 强企业有一个共同的特点就是十分重视安全生产工作。他们深知没有安全，就没有企业的快速发展；没有安全，就没有企业的经济效益。因此，他们在安全管理中都有自己成熟且有效的工作方法，这些方法为他们的安全生产提供了保障。

《世界 500 强企业安全管理》重点介绍了世界 500 强企业中的杜邦公司、通用电气公司、英国石油公司、拜耳公司、丰田公司、壳牌公司、巴斯夫公司、中建集团、中国石化集团、国家能源集团、中海油集团的安全管理理论和方法，并把他们的成功经验提炼出来，以此来启发和引导企业在安全工作中借鉴和实践。

本书可供企业管理人员、技术人员和安全监管工作人员在工作中学习使用，也可供有关院校的师生在教学中参考。

图书在版编目（CIP）数据

世界500强企业安全管理/崔政斌，张美元，赵海波编著．—北京：化学工业出版社，2021.7（2022.10重印）

ISBN 978-7-122-39006-6

Ⅰ.①世… Ⅱ.①崔…②张…③赵… Ⅲ.①企业安全-安全管理-世界 Ⅳ.①X931

中国版本图书馆 CIP 数据核字（2021）第 076082 号

责任编辑：杜进祥 高 震　　文字编辑：段曰超 师明远
责任校对：边 涛　　装帧设计：尹琳琳

出版发行：化学工业出版社（北京市东城区青年湖南街13号 邮政编码100011）
印 装：大厂聚鑫印刷有限责任公司
710mm×1000mm 1/16 印张19 字数294千字 2022年10月北京第1版第2次印刷

购书咨询：010-64518888　　售后服务：010-64518899
网 址：http：//www.cip.com.cn
凡购买本书，如有缺损质量问题，本社销售中心负责调换。

定 价：69.00元

前言

《世界500强企业安全管理理念》一书自2015年出版以来，受到了广大读者的欢迎和喜爱，并在社会上得到认可和好评。随着世界500强企业的发展，其安全管理也在不断地更新和充实。因此，在化学工业出版社有关领导和编辑的鼓励下，我们决定修订此书，更名为《世界500强企业安全管理》。

世界500强企业成功的秘籍，主要是技术创新、体制创新和管理创新，以及优秀而独到的企业文化，这是其发展壮大、立于不败之地的根基。

以人为本、服务社会是世界500强企业文化的共识，也是其优秀文化。以人为本，以顾客为中心，努力服务社会，平等对待员工，平衡相关者的利益，提倡团队精神并鼓励创新，是一个企业最基本的文化品质。世界500强企业管理演变的历史也证明，那些能够持续成长的公司，尽管经营战略和实践活动总是不断地适应着变化的外部世界，却始终保持着稳定不变的核心价值观和基本目标。在不断发展的过程中能保持其核心价值观不变，正是世界500强企业成功的深层原因。

企业文化是一种力量，谁拥有文化优势，谁就拥有竞争优势、效益优势和发展优势。企业文化学的奠基人劳伦斯·米勒说过，今后的世界500强企业将是具有新企业文化和新文化营销策略的公司。企业家不可沉湎于过去或现有的成功，必须不断地扬弃过去、超越自我、展望未来，建立新的企业价值观和企业文化。坚持创新、改造自己、追求卓越才是企业文化创新和长盛不衰的力量源泉——最终的竞争优势在于一个企业的学习能力以及将所学内容迅速转化为行动的能力。

为了增强企业的竞争力，世界 500 强企业都十分注重提高组织的整体学习能力，在世界排名前 100 家企业中，已有 40%的企业以“学习型组织”为样本，进行脱胎换骨的改造，通过这些措施，增强国际竞争力。凡是优秀的企业，他们都会选定适合自己的一种模式，而这一模式与公司的战略发展和文化一致。一个成功的企业有完善的治理结构，必有一定竞争力的核心技术，必有具备创新精神的企业家和管理团队以及积极和谐的企业文化。

世界 500 强企业还有一个显著的共同特点，就是十分重视安全生产工作，他们均把安全生产作为企业生存和发展的必由之路。在人类历史上，对发展的愿望是一贯的，追求安全的足迹从来就没有停止过。世界 500 强企业均认为管理能出效益，安全亦能出效益，安全生产是涉及员工生命安全的大事，也关系到企业的生存发展和稳定。企业要发展，一定要有营利性的生产经营活动。安全为企业发展的基础、企业成功之本，安全其实也是文化的体现。只有坚持“以人为本”，坚持“所有的伤害和职业病都是可以预防的”安全理念才能促使企业健康发展，这种安全理念就是安全文化的升华。

本书介绍了 11 家世界 500 强企业的安全理念和管理，这 11 家企业是杜邦公司、通用电气公司、英国石油公司、拜耳公司、丰田公司、壳牌公司、巴斯夫公司、中建集团、中国石化集团、国家能源集团、中海油集团。对于每一家企业分别介绍其基本状况、安全管理方法、安全管理经验和所取得的成就等。其目的是让更多的企业借鉴、消化、吸收、实践、运用这些著名企业的安全管理方法，去提炼、升华、充实、完善、规范自己企业的安全管理行为。

本书编写的宗旨是将世界 500 强企业的安全方法渗透到一般企业的安全管理中，使一般企业也能像世界 500 强企业一样，用文化的方法和手段去规范员工的安全行为，去改变企业的安全生产状况，去取得长期、稳定、连续、安全、高效的安全生产效果。这样，整个工业系统的安全工作就会跃上一个新的台阶。

本书在编写过程中，得到化学工业出版社有关领导和编辑的大力支持和帮助，在此表示衷心的感谢。同时，也感谢石跃武、崔佳、李少聪等同志提供的帮助。

由于笔者水平有限，书中可能存在疏漏和不足，敬请广大读者批评指正。

崔政斌

2021 年 5 月

目录

第一章

概 论

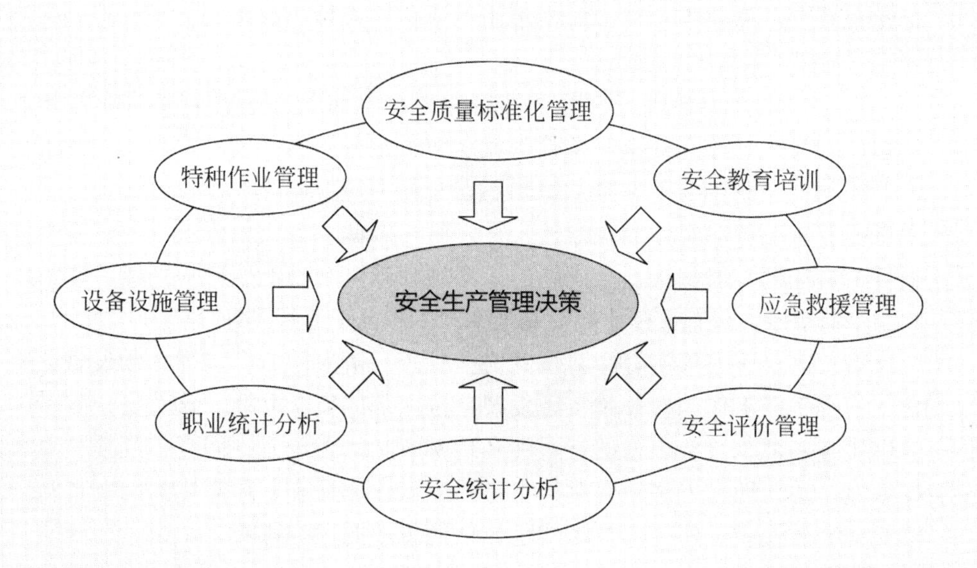

安全质量标准化管理
特种作业管理
安全教育培训
设备设施管理
安全生产管理决策
应急救援管理
职业统计分析
安全评价管理
安全统计分析

企业安全管理的核心是生产安全管理。“安全生产”真的是一个老生常谈的话题。如果说它是一项复杂的系统工程，一点也不为过，它不仅事关人民生命财产的安全，更关乎经济社会的发展稳定。如何做好安全生产工作，不仅要从全局着眼，从关键环节入手，大力实施“齐抓共管、标本兼治”，更应该着重做好、落实好以下“四个经常性”工作。

第一，要抓好经常性的教育培训。通过安全教育培训，主要解决广大干部、员工“知”的问题。一方面，着力增强职工的安全意识，对安全管理人员的业务培养也是一种提高，从而把外在制约的压力与内在自觉的动力有机结合起来，转变成为职工的自觉行为，把“要我安全”变成“我要安全”，自觉做到“不伤害自己、不伤害别人、不被别人伤害、保护别人不受伤害”，真正达到安全自觉。另一方面，通过安全教育培训，让全员熟知国家安全生产的方针政策、法律法规，掌握安全生产的知识技能以及规避风险的要领，学会安全生产管理的方法及对危险有害因素的辨识。安全教育培训不能照本宣科，应当采用科学化、人性化的培训方法，否则只会流于形式。

第二，要大力抓好经常性的监督管理。如果说安全教育培训是解决“知”的问题，那么安全监督管理就是解决“行”的问题。在现实的生产经营活动中，职工的不安全意识和不安全行为还普遍存在；违规作业、违章指挥、违反劳动纪律的现象还经常发生。因此，仅仅依靠员工的安全自觉行为是远远不能解决安全问题的，必须辅以强有力的生产现场监管和不断的跟踪指导，只有这样才能使安全生产工作真正落到实处。

第三，要着力落实好经常性的安全检查。解决问题，首先必须发现问题。安全生产工作的核心是善于发现单位内部的安全问题，这对安全生产隐患排查来说，具有很强的针对性和现实意义。善于发现问题，既是一个技术性、技巧性和方法论问题，也是一个工作作风和工作态度的问题。从事安全生产管理工作的人员都知道，任何事故的发生都有一个由量变到质变的演变过程。安全生产工作就是要遏制不利因素的量变发展，防止其发生质的突变。而要实现这一目标，关键是能及早发现事故的苗头，及时排除事故隐患，努力做到防患于未然。

第四，要抓好经常性的隐患整改。隐患不除，事故难免。在日常的生产经营活动过程中，有效治理消除一个隐患，就可能为日后防范或避免一起事故。隐患排查治理是一个企业日常安全工作中工作量最大、最繁重的工作。正基于此，日常安全生产工作中的隐患排查治理必须做到“六个落实”，即项目落实、标准落实、措施落实、经费落实、时限落实和责任人落实。

第一节
安全管理

安全管理是企业生产管理的重要组成部分，是一门综合性的系统科学。安全管理是对生产中一切人、物、环境的状态管理与控制，是一种动态管理。安全管理，主要是组织实施企业安全管理规划、指导、检查和决策，同时，又是保证生产处于最佳安全状态的根本环节。施工现场安全管理的内容，大体可归纳为安全组织管理、场地与设施管理、行为控制和安全技术管理四个方面，分别对生产中的人、物、环境的行为与状态，进行具体的管理与控制。为有效将生产因素的状态控制好，实施安全管理过程中，必须正确处理五种关系，坚持六项基本管理原则；必须掌握安全管理的性质、任务、知识；必须掌握控制事故的措施和方法。

一、五种关系

1. 安全与危险并存的关系

安全与危险在同一事物的运动中是相互对立、相互依赖而存在的。因为有危险，才要进行安全管理，以防止危险。安全与危险并非是等量并存、平静相处。随着事物的运动变化，安全与危险每时每刻都在变化，进行着此消彼长的斗争，事物的状态将向斗争的胜方倾斜。可见，在事物的运动中，没有绝对的安全或危险。

保持生产的安全状态，必须采取多种措施，以预防为主，危险因素是完全可以控制的。危险因素客观存在于事物运动之中，自然是可知的，也是可控的。

2. 安全与生产的统一关系

生产是人类社会存在和发展的基础。如果生产中人、物、环境都处于危险状态，则生产无法顺利进行。因此，安全是生产的客观要求，如果生产完全停止，安全也就失去意义。就生产的目的来说，组织好安全生产就是对国家、人民和社会最大的负责。

生产有了安全保障，才能持续、稳定发展。生产活动中事故层出不穷，生产势必陷于混乱、甚至瘫痪状态。当生产与安全发生矛盾、危及职工生命或国家财产时，生产活动停下来整治、消除危险因素以后，生产形势会变得更好。

3. 安全与质量的包含关系

从广义上看，质量包含安全工作质量，安全概念也包含着质量，两者交互作用，互为因果。安全第一，质量第一，两个第一并不矛盾。安全第一是从保护生产因素的角度提出的，而质量第一则是从关心产品成果的角度强调的。安全为质量服务，质量需要安全保证。生产过程不论丢掉安全或质量的哪一个，都要陷于失控状态。

4. 安全与速度互保的关系

生产的蛮干、乱干，在侥幸中求快，缺乏真实与可靠，一旦酿成不幸，非但无速度可言，反而会延误时间。速度应以安全为保障，安全就是速度。我们应追求安全加速度，竭力避免安全减速度。

安全与速度成正比例关系。一味强调速度，置安全于不顾的做法是极其有害的。当速度与安全发生矛盾时，暂时减缓速度，保证安全才能使劳动更有效，也就保证了生产速度。

5. 安全与效益的兼顾关系

安全技术措施的实施，定会改善劳动条件，调动职工的积极性，焕发劳动热情，带来经济效益，足以使原来的投入得以补偿。从这个意义上说，安全与效益完全是一致的，安全促进了效益的增长。

在安全管理中，投入要适度、适当，精打细算，统筹安排。既要保证安全生产，又要经济合理，还要考虑力所能及。单纯为了省钱而忽视安全生产，或单纯追求不惜资金的盲目高标准，都是不可取的。

二、六项原则

1.管生产同时管安全

安全寓于生产之中，并对生产发挥促进与保证作用。因此，安全与生产虽有时会出现矛盾，但从安全、生产管理的目标、目的方面，却表现出高度的一致和完全的统一。

安全管理是生产管理的重要组成部分，安全与生产在实施过程中，两者存在着密切的联系，存在着共同管理的基础。

国务院在《关于加强企业生产中安全工作的几项规定》中明确指出："各级领导人员在管理生产的同时，必须负责管理安全工作。""企业中各有关专职机构，都应该在各自业务范围内，对实现安全生产的要求负责。"

管生产同时管安全，不仅是对各级领导人员明确安全管理责任，同时，也向一切与生产有关的机构、人员明确了业务范围内的安全管理责任。由此可见，一切与生产有关的机构、人员，都必须参与安全管理并在管理中承担责任。认为安全管理只是安全部门的事，是一种片面的、错误的认识。

各级人员安全生产责任制度的建立，管理责任的落实，体现了管生产同时管安全。

2.坚持安全管理的目的性

安全管理的内容是对生产中的人、物、环境因素状态的管理，有效控制人的不安全行为和物的不安全状态，消除或避免事故，达到保护劳动者安全与健康的目的。

没有明确目的的安全管理是一种盲目行为。盲目的安全管理，充其量只能算作花架子，危险因素依然存在。在一定意义上，盲目的安全管理，只能纵容威胁人的安全与健康的状态，向更为严重的方向发展或转化。

3.贯彻预防为主的方针

安全生产的方针是"安全第一、预防为主、综合治理"。

坚持"安全第一"是从保护生产力的角度和高度，表明在生产范围内安全与生产的关系，肯定安全在生产活动中的位置和重要性。进行安全管理不是处理事故，而是在生产活动中，针对生产的特点，对生产因素采取管理措施，有效控制不安全因素的发展与扩大，把可能发生的事故消灭在萌芽状态，以保证生产活动中人的安全与健康。

贯彻"预防为主"首先要加强对生产中不安全因素的认识，端正消除不安全因素的态度，抓住消除不安全因素的时机。在安排与布置生产内容的时候，针对施工生产中可能出现的危险因素，采取措施予以消除是最佳选择。在生产活动过程中，经常检查、及时发现不安全因素，采取措施，明确责任，尽快、坚决予以消除，是安全管理应有的鲜明态度。

4. 坚持"五全"动态管理

安全管理不是少数人和安全机构的事，而是一切与生产有关的人的共同的事。缺乏全员的参与，安全管理不会出现好的管理效果。当然，这并非否定安全管理第一责任人和安全机构的作用。生产组织者在安全管理中的作用固然重要，全员性参与管理也十分重要。

安全管理涉及生产活动的方方面面，涉及全部的生产时间，涉及一切变化着的生产因素。因此，生产活动中必须坚持"全员、全面、全过程、全方位、全天候"动态安全管理。

只抓住一时一事、一点一滴，简单草率、一阵风式的安全管理，是走过场、形式主义，不是我们提倡的安全管理作风。

5. 安全管理重在控制

进行安全管理的目的是预防、避免事故，防止或消除事故伤害，保护劳动者的安全与健康。安全管理的四项主要内容，虽然都是为了达到安全管理的目的，但是对生产因素状态的控制，与安全管理目的关系更直接，显得更为突出。因此，对生产中人的不安全行为和物的不安全状态的控制，必须看作是动态的安全管理的重点。事故的发生，是由于人的不安全行为运动轨迹与物的不安全状态运动轨迹的交叉。从事故发生的原理，也说明了对生产因素状态的控制，应该当作安全管理重点，而不能把约束当作安全管理的重点，是因为约束缺乏带有强制性的手段。

6. 在管理中发展、提高

安全管理是在变化着的生产活动中的管理，是一种动态管理，其意味着管理是不断发展、不断变化的，以适应变化的生产活动，消除新的危险因素。然而更为需要的是不间断摸索新的规律，总结管理、控制的办法与经验，指导新的变化后的管理，从而使安全管理不断上升到新的高度。

三、安全管理的内容、知识

1. 性质

安全管理是企业管理的一个重要组成部分，它是以安全为目的，发挥有关安全工作的方针、决策、计划、组织、指挥、协调、控制等职能，合理有效地使用人力、财力、物力、时间和信息，为达到预定的安全防范而进行的各种活动的总和。

2. 内容

企业安全管理的内容主要包括行政管理、技术管理、职业健康管理。

3. 知识

企业安全管理是指以国家的法律、规定和技术标准为依据，采取各种手段，对企业生产的安全状况实施有效制约的一切活动。

① 企业安全管理的对象包括生产的人员、生产的设备和环境、生产的动力和能量，以及管理的信息和资料；

② 企业安全管理的手段有行政手段、法制手段、经济手段、文化手段等。

四、安全管理控制措施

1. 控制人的不安全行为

施工现场作业是人、物、环境的直接交叉点，在企业生产过程中起着主导作用。直接从事生产操作的人，随时受到自身行为和危险状态的威胁和伤害。人为因素导致的事故占 80%以上。人的行为是可控又是难控的，人员的安全管理是安全生产管理的重点和难点。

对作业人员安全管理的核心是如何控制作业人员的不安全行为和如何保证作业过程的合理与规范。由于人的行为是由心理控制的，因此要控制人的不安全行为应从调节人的心理状态，激励人的安全行为和加强管理等方面着手。引导广大员工树立正确的安全价值观，自觉遵守安全操作规程，使安全要求转化为大家的行为准则。切实做到不伤害自己，不伤害别人，不被别人所伤害，保护别人不被伤害。实现“三无”的目标，即个人无违章，岗位无隐患，班组无事故。

2. 控制物的不安全状态

（1）安全生产中，由于物的能量意外释放引起事故的状态，称为物的不安全状态。在生产过程中，所有物的不安全状态，都与人的不安全行为有关。物的不安全状态既反映了物的自身特性，也反映了人的素质和人的决策水平。随着生产的发展和科学水平的提高，生产现场使用的设备也越来越多，因此消除设备（包括机械、设备、装置、工具、物料等）的不安全状态是确保系统安全生产的物质基础。

（2）设备的本质安全化。本质安全化是建立在以物为中心的事故预防技术的理念之上，强调先进技术手段和物质条件，具有高度的可靠性和安全性。针对生产中物的不安全状态的形成与发展，在进行生产设计、工艺安排、施工组织与具体操作，新材料、新设备的推广应用时，采取有效的控制措施，正确判断物的具体不安全状态，控制其发展，保持物的良好状态和技术性能，对预防和消除事故、保障安全生产有现实意义。

（3）安全防护装置。安全防护装置是在设备性能结构中保证人机系统安全的装置，而给主体设备设置的各种附加装置，是保证机械设备安全运转和在可能出现的危险状态下保护人身安全的安全技术措施，如隔离防护装置、联锁防护装置、超限保险装置、制动安全装置、监测控制与警示装置、防触电安全装置、保险装置等。

（4）加强生产设备的安全管理。控制设备的最终因素是人，设备的不安全状态可通过技术手段和通过人的管理加以改善。设备的安全管理贯穿于整个设备的选择购置、安装调试、操作运行、维修停用等过程。在设备使用过程中，必须由专人管理，定期检查、维修和保养，建立设备档案，按规定及时报废；指定专人操作危险性较大的机械设备，特种设备操作人员持证上岗；定期检修、保养机械设备，及时更换零部件，确保机械设备安全正常运转。

3. 改善作业环境

（1）加强文明生产管理。安全生产是树立以人为本的管理理念、保护劳动者的重要体现。安全生产与文明生产是相辅相成的，安全生产不仅要保护生产现场员工的生命及财产安全，同时还要加强现场管理，在任何时间和条件下生产，都必须给操作人员创造良好的环境和作业场所，彻底改变脏、乱、差的面貌。生产作业环境中的湿度、温度、照明、振动、噪声、粉尘、有毒有害物质等，都会影响人的工作情绪。另外，作业环境的优劣，直接关系到生产企业的形象。

（2）切实保障作业人员的安全和健康。生产环境管理的核心是如何保持作业环境的整洁有序与无毒无害，给作业人员创造一个良好的作业环境。在生产过程中，要及时发现、分析和消除作业环境中的各种事故隐患，努力提高生产作业人员的工作和生产条件，切实保障员工的安全和健康，防止安全事故的发生，不断促进生产力的发展，提高生产企业的产品品质和竞争力。

（3）在危险部位设置安全警示标志。根据生产所在地的地质、地形、气象条件、周围环境，科学合理地布置生产现场，在危险部位有针对性地设置、悬挂明显的安全警示标志。保证生产现场安全、整洁、有序；指定专人接收天气预报，及时了解天气变化趋势，以便采取对策；指定专人对生产现场进行安全管理。

4. 安全生产的科学管理

（1）全员安全管理模式。生产活动是在特定空间进行人、财、物的组合的过程。随着科学技术日新月异发展，新材料、新技术、新工艺、新设备越来越多地应用于生产现场，需要大量有着高技术水平的劳动者，在保证安全生产的前提下，创造更大的经济效益。在生产工作中需要运用先进的科学技术，实行“全员、全面、全方位、全过程、全天候”的安全管理模式，变单纯的安全专业人员的岗位安全管理为全员参加的体系安全管理；变单纯的安全管理为安全管理与进度、工序穿插，与生产方法紧密结合的综合管理；变以点为主的间断、静止的管理为线面结合、连续、动态的管理；变并行的安全与生产两条线为安全与生产紧密结合的安全生产一条线。随着安全管理工作的不断进步，安全管理由定性逐渐走向定量，先进管理经验和方法得以迅速推广，减少甚至杜绝安全事故的发生。

（2）建立健全各项安全管理规章制度。企业生产安全控制管理对象是整个生产过程的具体危险因素，在对危险因素进行分析的基础上，有针对性地建立健全各项危险管理的规章制度。其中包括安全生产责任制、重大危险因素控制实施细则、安全操作规程、培训制度、交替班制度、检查制度、信息反馈制度、危险作业审批制度、异常情况紧急措施和安全考核奖惩制度等各项管理制度。

（3）加强教育培训，增强安全意识和自我保护能力。为增强企业各级领导及相关作业人员的安全意识，加强安全知识和操作技能的掌握程度，应对涉及危险因素管理的相关领导和人员进行定期专门的安全教育和培训。培训内容包括：危险因素管理的目标和意义；生产项目危险因素的辨识和评价；危险因素触发条件及控制措施；危险因素管理的日常操作要求和事故应急处理措施等。各类人员必须具备相应执业资格才能上岗，所有新员工或从事新工作的人员必须经过三级安全教育，即公司、车间、班组安全教育。

（4）明确安全责任，定期安全检查。落实安全生产的组织保证体系，对生产中的各个系统层面的危险因素管理确定各级负责人，并明确他们各自应负的具体责任，特别要明确各级单位对所属区域的危险因素定期检查的责任，包括作业人员的每天自查、职能部门定期检查、企业领导的不定期督查等。把好安全生产“六关”，即措施关、交底关、教育关、防护关、检查关、改进关。对查出的隐患要做到“五定”，即定整改责任人，定整改措施，定整改完成时间，定整改完成人，定整改验收人。

（5）应急管理措施。对生产过程各阶段的危险因素进行有效的控制，但是，具体到每个过程的实际情况，危险因素的状态和产生的作用有很大不同，这就决定了生产中危险因素的复杂性。由于种种原因，不可能完全避免安全事故的发生，因此当事故发生时，应急救援是必不可少的。编制安全事故的应急救援预案是做好应急救援工作的前提。根据生产中常见的安全事故，结合生产具体情况编制应急预案；落实应急人员，建立应急组织；储备应急物资，布置应急设备；组织员工进行应急培训和应急演练。当事故发生时，必须及时采取应急安全技术和管理措施，最大限度地减少人员伤亡和事故损失。安全技术和管理措施的原则一般按照以下次序进行选择：隔离危险因素；薄弱环节防控；个体防护措施；避难和救生行为；救援行动。

第二节 世界500强企业安全管理模式创新

一、500强企业均注重安全管理

不管是世界500强企业还是中国500强企业，在世界经济和中国经济中均占特别大的比重。它们之所以具备超强的经济实力，与严谨、精细、适合自己企业以及为广大员工所接受的安全理念是分不开的。纵观世界500强企业或中国500强企业，它们均有一个共同的特点——以安全为基础、以安全为前提、以安全为主导，在安全的基础、前提、主导下再开展生产、经营等工作。如严格落实“安全第一，预防为主，综合治理”方针，坚持“管理、装备、培训”并重的原则，牢固树立以“生命高于一切，一切服从安全”为核心的安全理念，以“抓基层，夯基础，提素质，严考核”为主线，落实安全责任，狠抓安全重点，严格安全考核。一般来说，世界500强企业的安全理念见图1-1。

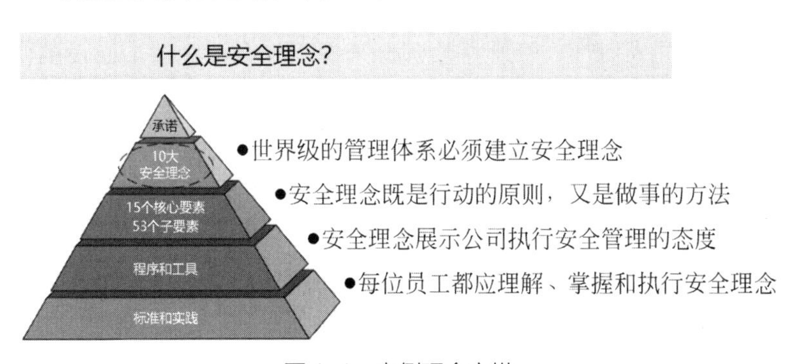

图1-1 案例理念宝塔

1. 责任理念

责任理念指的是确立以“社会本位”为基本价值取向的现代模式，呼唤和强化责任意识，使企业成为责任企业。企业及其工作人员在行使权力管理事务时，相应地必须承担社会责任，它除了必须负政治责任、道德责任、行政责任外，还应当对公众和社会负公仆责任和法律责任。

责任理念是正确认识所承担工作和应尽的职责、义务的观念。要把忠于职责、完成分内应做的事当成使命，精益求精，努力工作，圆满完成自己的职责。如拜耳公司所崇尚的“责任关怀”理念，在“责任关怀”理念的倡议下，全球化学工业已经承诺要在改善健康、安全和环境质量等各个方面不断努力，通过对这三方面活动及其成果进行评估、公告、对话来树立化学工业在全社会中的新形象，从而推动全球化学工业的可持续发展。目前，几乎所有的世界大型跨国化工企业都已经把实践“责任关怀”作为自身可持续发展的重要发展战略之一。事实也充分证明，“责任关怀”的实施，不但为企业带来了巨大的经济利益，而且为企业创造了不可估量的无形利益。更为重要的是，通过每一个企业在“责任关怀”方面的努力，也为全球化学工业在社会、社区和公众心目中树立良好形象和可持续发展的推动做出了巨大贡献。

2. 法治理念

社会法治理念体现人民主权原则，确立人民的主体地位，强调以人为本，反映最广大人民的根本利益，坚持把人民满意作为衡量法治效果的根本标准，把实现人民当家做主和维护最广大人民的根本利益作为价值追求。社会主义法治理念体现了中国共产党全心全意为人民服务的根本宗旨，具有鲜明的人民性。社会法治理念来源于社会民主法治建设的伟大实践。法学研究的不断深入，依法治国方略的确立和实施，为社会法治理念的孕育和形成奠定了坚实基础。同时，社会法治理念对法治实践又有着直接的指导作用。社会法治理念充分反映了法律制度，反映了社会历史发展阶段以及法律文化，体现了事业不断发展的客观要求，吸收了人类法治文明的优秀成果，具有科学性。法治体系树如图 1-2 所示。

3. 道德标准

在解读所谓道德标准的时候，首先必须清楚什么是道德。道德，其实就是一种行为规则。而道德标准，是以道德为基础来衡量行为或结果的一个尺度。在处理内、外部关系过程中始终保持高水平的道德标准，这是实现最大成功的关键。道德标准高的企业与水平较低的竞争者相比主要有三大优势：道德标准高的企业更能激发员工的干劲；道德标准高的企业更容易吸引到高水平的人才，从而拥有基本的竞争优势和获利保障；道德标准高的企业可以与客户、竞争对手和公众建立起更好的关系，从而更有利于

图 1-2 法治体系树示意

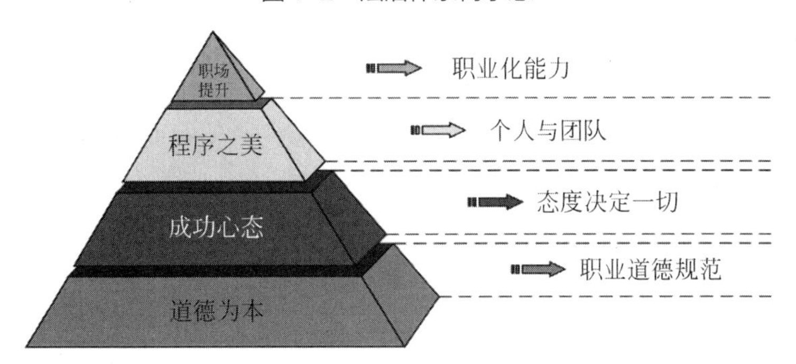

图 1-3 职工职业道德宝塔

企业追求利润。职工职业道德宝塔如图 1-3 所示。

4. 控制风险

（1）企业的核心利益是资本的利益。资本可以在社会中获得平均水平的收益，例如利息。而企业带给资本的回报则应该高于这个水平，否则企业就会亏损。那么，企业为资本获取高于社会平均收益的原因是什么？一些经济学家认为，企业的利润是对冒险的回报。在现实的分配关系中，企业利润一个直观的解释是最后的剩余是所有人的要求权，这也是其他确定性的收益支付后所剩下的最不确定的收益。因此，从这个角度讲，企业的回报是在利益关系中承担风险的回报。

（2）企业在经营中总是面对各种各样的风险，控制和降低风险是企业管理的基本内容之一。也就是说，面对充满风险的世界，控制和降低风险恰恰就是企业的专业能力之一。因此，对于非专业的企业而言是高风险的经营活动，而对于专业企业而言却是低风险的。进一步言之，为了寻求新的商机，企业需要进行一些自身也并非完全有把握的冒险，但是，企业可以冒险的程度应该与其承担风险的能力有关系。

（3）企业需要控制风险和承担风险，在这方面的能力决定着企业所能获取的利润。企业因其“艺高”所以才“胆大”，进而“利高”。我们的一些企业家实际上并没有真正了解利润和风险的这种内在联系，只看到了别人“胆大”和“利高”之间的关系，即只看到了别人的“高风险和高收益”，而没有看到别人“艺高”和“利高”之间的关系，因此误认为只要敢于冒险就可以获取高收益。实际上，没有一定的控制风险和承担风险的能力，冒险的结果只能有一个——不是获利的机会更大，而是损失的机会更大。英国为控制风险使用了“危险与可操作性分析”（hazard and operability analysis，HAZOP）技术，如图 1-4 所示。

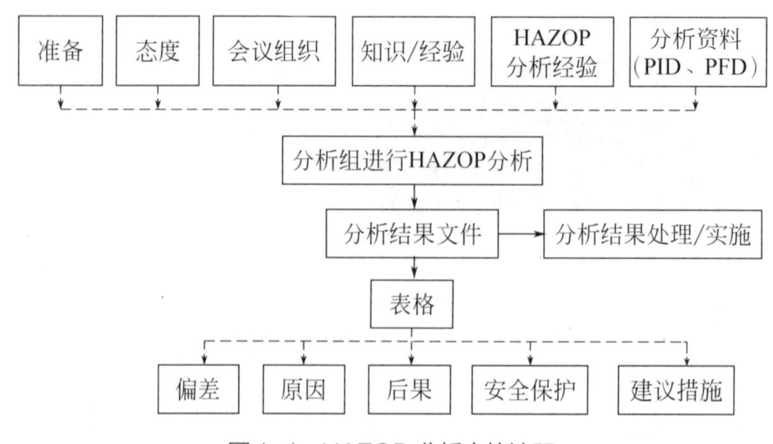

图 1-4　HAZOP 分析方块流程

5. 文化理念

一个企业之所以被市场认识，关键是它必须有与众不同之处，这就是企业形象，主要是企业识别系统（CI）。CI 共分三个层面，即视觉识别（VI）、行为识别（BI）、理念识别（MI）。如果说视觉识别是外在的表，那么理念识别（MI）则是内在的质。一个表质兼备的人，他的言行（行为识别）肯定是彬彬有礼的。

（1）比视觉更重要。对于企业识别，人们最熟悉的就是视觉识别。但对企业来讲，其实纯粹的视觉识别是没有什么实际意义的。视觉识别只有与行为识别结合在一起才有意义和内涵。一个企业只有具备与众不同的、良好的行为识别，才能给社会公众留下美好的印象，使人们看到企业的标识时就会联想到企业与众不同的行为与体验。所以，重要的不是企业设计制作了什么图文视觉的标识，也不在于企业赋予了它什么含义，关键是企业做了什么，包括企业每一位员工的行为。这个行为识别包含企业每位员工个体的语言、行为以及整个组织的言行。企业员工做了好的事情，自然会给企业的视觉识别增添积极的附加值；反之，则增添消极的附加值。

企业及其成员的日常言行构成了这个企业的行为识别系统，而这些行为识别的具体内容将附加在企业的视觉识别系统之中，通过各种展示方式展示给人们。视觉识别的存在和运动则传递着企业的行为识别。如人们通过乘坐某航空公司的飞机，会感受到机组人员的服务质量、机内环境状况等。这些感受一旦形成，不论在哪里，如果看到或听到某航空公司的名字、航空公司特定的图文标识等，就会立即回忆起该航空公司的班机与服务。所以，企业标识的寓意不是企业阐释成什么样就是什么样，而是企业行为识别是什么样，它就是什么样。

（2）让理念落地生根。一个企业之所以能够长期给人与众不同的行为识别，企业的成员能有与众不同的精神风貌，关键是企业有与众不同的理念。如海尔的“真诚到永远”，支撑着海尔与众不同的服务质量；沃尔玛的“永远让顾客买到最便宜的商品”的理念，决定了它在全球范围内实施着最低价的商品采购战略，其一切经营管理手段都与此理念有很大关系。但是这些理念性的东西顾客能否接受，关键不在顾客，而在企业的行为。企业能否把这些理念落实到具体的行为上，则决定着顾客接受的程度。如果海尔的“真诚到永远”只停留在口号上，没有落实到经营管理的每一环节上，顾客是不买账的。同样，如果沃尔玛没有把“让顾客永远买到最便宜的商品”的理念落实到经营管理的每一环节，落实到每一位员工的行为上，那么顾客也将离它而去。所以，顾客接受企业的文化理念、安全理念，绝不是接受一句漂亮的口号，而是接受这个理念渗透融入每一位员工的灵魂深处后，外化出来的日常行为习惯。精确地讲，就是客户能否寻找到物超所值的感觉。如果能寻找到这种感觉，那就说明企业的理念落地生根了。如杜邦公司所推行的安全文化理念建设，如图 1-5 所示。

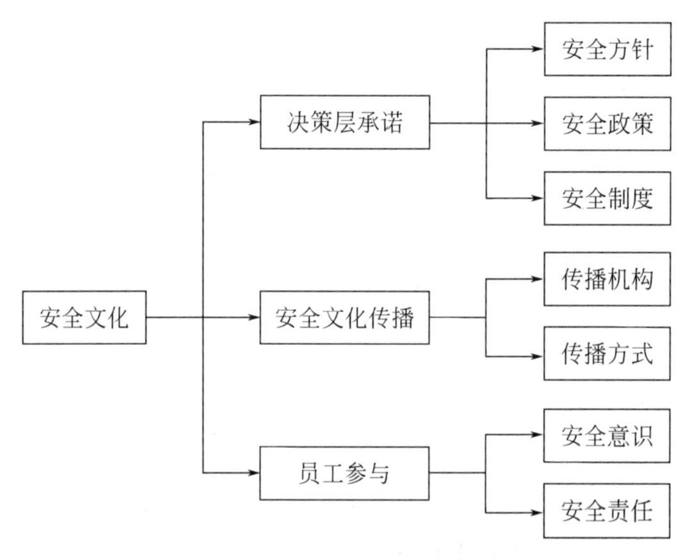

图 1-5　安全文化建设结构和模式

二、坚持安全发展理念，创新安全管理模式

1. 导入先进的安全管理理念，是创新安全管理模式的前提

人本理念作为企业安全工作的灵魂和主线，推行人性化安全管理，从抓思想、抓认识、转观念入手，突出安全主题，不断丰富和提炼安全文化，力求创新和发展。为提高员工的安全意识，好多世界 500 强企业通过安全活动日、安全学习日、班前班后会，利用展板、互联网、短信等阵地，广泛深入地进行宣传动员，明确“珍爱生命，关注安全”的主旋律，在潜移默化中增强员工的安全意识，起到了警钟长鸣的安全教育作用。

2. 建立健全安全管理制度，是创新安全管理模式的基础

世界 500 强企业认为：坚持“以人为本”的安全管理理念，必须通过建立健全先进的安全管理制度约束员工的不规范行为，完善激励机制，调动广大员工的安全主动性，使员工真正在安全意识上实现由“要我安全”向“我要安全”的转变；在操作行为上实现由他律到自律的转变；建立网络化安全管理体系和有效的安全考核机制，真正做到“凡事有章可循，凡事有人管理，凡事有监督考核，凡事有奖有罚”。500 强企业均根据不同岗位、不同要求，分别制定不同的安全行为规范，如员工安全守则、隐患排查制度、现场工作安全考核细则等，使员工上明白岗、上安全岗、干保险活、干放心活。在工作坚持对员工的安全行为规范进行考核，真正把制度落实到生产过程和操作过程中。

3. 强化科学的现场监督，是创新安全管理模式的重点

世界 500 强企业在现场安全监督管理中，重点强化班组建设，充分调动班组抓安全工作的积极性、主动性，确保班组现场跟班值班责任到位，技术措施贯彻落实到位，安全监管履职到位。全面推行生产现场精细化安全管理，强化全员、全面、全过程、全天候、全方位的安全监控是世界 500 强企业安全管理的一大特色。

4. 突出安全教育培训实效性，是创新安全管理模式的关键

世界 500 强企业有一个共识：安全教育培训是提升人本安全素质的重要途径，又是增强员工操作技能的智力支撑。在安全教育培训上，突出实效性，做到分层次、有重点地加强安全生产教育。在企业内部，分管理者和操作者两个层次。对管理者重点开展增强安全责任意识、熟悉安全生产法律法规、关心员工安全健康、实现安全及文明生产的责任意识教育。对操作者的安全教育培训，重点开展提高安全生产自我保护意识，遵守安全生产法规制度和开展安全操作规程为重点的安全生产职业规范教育。把企业安全生产的普遍教育和重点教育、思想教育和专业知识教育进行有机结合，贯穿于安全生产的全过程。

5. 加强质量标准化建设，是创新安全管理模式的途径

世界 500 强企业都重视安全工作，其中加强安全标准化建设就是取得

安全成就的有效途径。一般的做法如下。

（1）组织学习培训。各类别人员分层次培训，全员学习贯彻符合本企业的安全生产标准化评审标准。其中，要重点培训有关人员。可采取“请进来，派出去”的形式，对少数专业人员进行专业培训，培养企业自己的骨干力量，以便对本企业内部的领导、员工进行培训。

（2）部门职能分解。根据规定，结合实际，做好部门、人员职能分解。在理解“考核评级标准”的基础上，按“分级管理、分线负责”的原则对各单位（部门）进行明确分工，明确各自所承担的项目。

（3）成立领导小组。成立考评领导小组，提供人力、物力资源。厂长、经理任组长，生产主管任副组长，各单位、部门、工会领导为成员。各单位成立相应考评组，主要领导任组长，成员有专业人员、安全员和工会代表。

（4）全面排查评价。全面开展排查，摸清企业现有安全状况水平。以机械行业为例：首先要将设备设施台账建立起来，对照“考核评级标准”，将基础管理、设备设施、作业环境与职业健康三部分内容，分五个专业在本单位内部进行全面排查；找出现存的全部问题或不符合条项，掌握本企业的安全状况处于什么水平。其他行业对照标准进行。

（5）确定等级目标。确定企业建立安全生产标准化的等级目标。根据企业安全现状水平，分析整改所需工作量的大小、技术的难易程度、所需资金的保证程度和一把手的重视程度等因素，来确定建立哪一级安全生产标准化企业的目标。

（6）编制整改计划。依据确定的目标，针对排查问题，制订整改计划。按确定的目标，制订整改措施计划表。内容要包含序号、存在问题、目标值、资金、责任部门、责任人、完成期限、完成日期等。

（7）落实整改计划。加强领导，落实整改措施计划，确保目标实现。特别是一把手，要加强领导，确定达到目标的时间，确定对各单位完成目标值的奖罚办法；要严格管理，严格考核，奖罚兑现，确保目标实现。

（8）专业考评整改。成立考评组，提供资源保障，做好自评准备。各单位整改措施计划完成后，企业要成立专业考评组。明确组长、副组长及各专业考评人员。制订考评计划，统一考评方法，确定考评时间表，实施全方位的现场评价；要对照“考核评级标准”初步评分。对存在的问题，各单位应制订整改计划表，限期整改。

（9）企业正式自评。考评组进行自评，整理有关资料，编写自评报告。企业要制订正式自评计划表，确定对各单位的考评时间。召开考评首次会议；宣布考评组成员、分工及考评计划；按照“考核评级标准”进行现场检查、考核评分。各专业组汇集考评情况，召开会议，由考评组长宣布自评结果。

（10）企业申请复评。申请复评，配合工作。企业根据自评结果，整理、规范自评和评审申请的有关材料，按照“考核评级标准”中的有关要求，向应急管理局评审机构提出书面评审申请。在评审前和评审过程中，企业要做好与评审机构的配合工作。评审时，考评组将以企业在创建安全生产标准化过程中是否“领导重视，机构健全，制度完善，管理有效”作为主线，考核其综合效果并作为问题分析的主要依据。

（11）持续改进。达标后，由应急管理局颁发“安全生产标准化企业”牌匾和证书。企业通过评审达标后至少每年进行一次自评，将自评报告上报应急管理部门，三年后申请延期复审。

6. 强化员工队伍建设，是创新安全管理模式的基础

（1）把握动态，提高思想工作的针对性和有效性。及时发现、了解并掌握好员工的思想动态，把思想工作做在前面，把各种不安全因素消灭在萌芽状态，是保证员工队伍稳定的基本前提。员工思想认识问题复杂多变，形式、程度也各不相同，有来自社会方面、企业方面的，也有来自家庭方面和个人方面的。对员工的思想认识问题如果不能及时发现，或发现后熟视无睹，任其发展，有时可能会造成严重的后果。因此要深入调查研究，采取多种方式，及时了解员工思想动向，有针对性地做好分析和化解矛盾工作。要及时了解并掌握好员工思想动态，各级领导、企业安全工作者必须切实转变工作作风，真正俯下身子，沉到一线，深入实际，深入基层，深入员工，认真倾听员工的呼声，及时、准确地摸清员工的思想脉搏，掌握员工的思想状况。对发展中出现的一些新问题，要做到头脑清醒，冷静观察，见微知著，切实掌握职工思想的第一手资料，了解第一手情况。同时，要畅通信息渠道，加强员工思想动态分析和信息上报制度，准确把握员工的所思所想，特别是对一些重点员工，更要做到心中有数，以便及时发现苗头性的问题，争取工作的主动性。

（2）关心员工，最大限度维护解决好员工的利益和合理需求。关心员

工是企业坚持人本思想的具体体现，是稳定员工思想的最有效手段。随着企业的不断发展和利益格局的调整，员工中热点、难点问题增多，直接涉及其切身利益，有的或许仅仅是一点小事，但如果处理不当，也会直接影响企业发展和稳定。为此，要从各方面关心员工，把做好思想工作与切实帮助解决实际困难和问题相结合，做到以理服人、以行带人、以实帮人。一是在政治上、精神上关心员工的进步和成长，充分尊重员工，信任员工。工作上要予以关怀、培养、支持，充分发挥每一位员工的特长和聪明才智，实现其价值。工作中以工作成绩作为衡量标准，从而使员工的潜能最大限度地发挥。对学历不高但实际工作突出的优秀员工，通过评定一样选拔为专家能手，赋予他们更多的工作职责，使其获得职业上的成就感。制定相应政策，对为企业作出突出贡献的员工，在给予一定的物质奖励的同时，还要让他们体会到政治上的关心，这对他们进一步做好本职工作是一个有力的促进，如可以让他们外出休假等。二是切实帮助员工解决实际困难和问题，并注意把安全思想工作贯穿到解决问题的全过程中。在工作中认真倾听员工的呼声，了解员工的需求，关心员工的疾苦，在帮助员工解决问题中，既讲道理，又办实事，把实事办好，把员工的利益维护好、发展好。

（3）创新方法，营造和谐稳定的思想氛围。在新的形势和任务面前，员工安全思想工作要围绕企业工作中心，与时俱进，把握规律性，赋予创造性。较以往相比，当前企业思想工作所处的背景、所要解决的矛盾和问题都发生了很大变化。因此，确保员工队伍稳定，就要不断增强思想工作的新内涵，赋予其新的方式方法，加强宣传教育，使思想政治工作更切合实际、贴近生活，更富成效。

（4）加快发展，以发展促进员工思想稳定。在关心员工、做好深入细致思想工作的同时，也必须清醒认识到，不论改革如何推进，不管形势如何变换，企业稳定都离不开快速、持续发展。企业中因利益格局调整出现的诸多矛盾，依靠简单的说教难以奏效，必须依靠企业的发展来解决。只有企业发展了，才能够让员工对企业的未来充满信心，才能够让员工看到光明前途，才能够让员工看到自己的发展空间，设计自己满意的职业生涯，由此激发员工的安全工作热情和激情，最终实现员工队伍的稳定。

总之，保持员工队伍稳定是企业应尽的职责。只要坚持实践，群策群力，多管齐下，就一定能做好员工思想稳定工作，为企业改革和发展提供坚强的思想保证。

第二章

杜邦公司安全管理

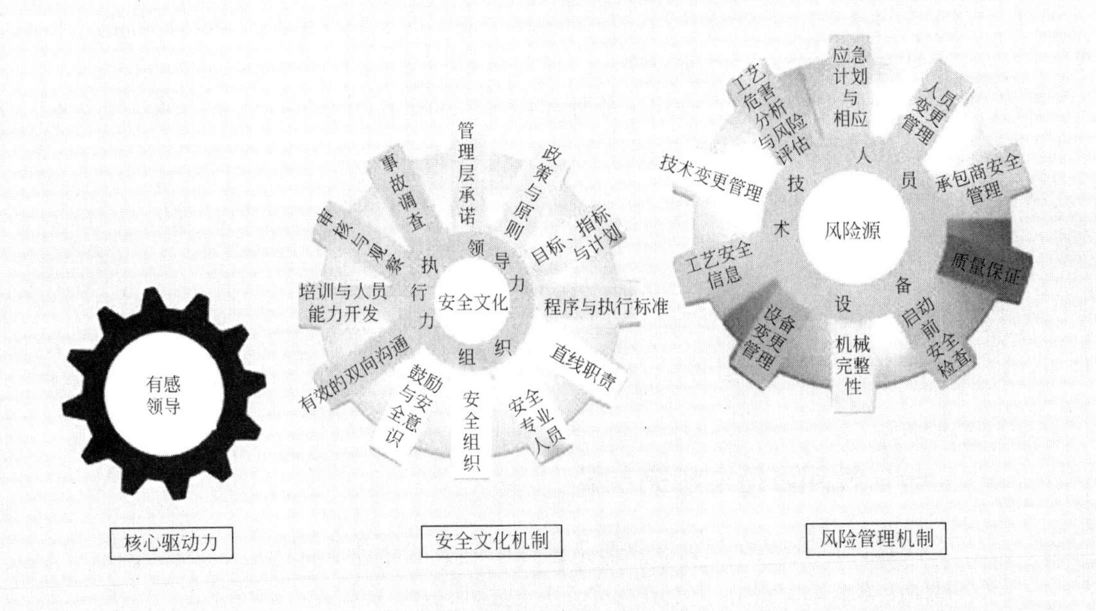

美国杜邦公司成立于 1802 年，距今已有 200 多年的历史。最初的 80 年主要生产黑火药，是当时美国最大的黑火药生产商。目前杜邦公司多样化经营，核心业务是化工，超过 10%的业务是农业、汽车、电器、纺织。业务遍布 70 多个国家和地区，拥有 210 个机构，79000 名员工，2400 种产品。杜邦公司发明了尼龙和聚四氟乙烯等多种化工材料。杜邦公司于 20 世纪 80 年代中期开始在中国经营业务，1989 年在深圳设立了第一家全资投资实体——杜邦中国集团有限公司，成为杜邦在华多年持续投资的开始。杜邦目前在中国拥有 27 家独资和合资企业以及 3 个分公司，产品和服务涉及化工、农业、食品与营养、电子、纺织、汽车等多个行业。迄今为止，杜邦在华投资超过 7 亿美元，拥有 3500 名员工。

自 20 世纪 80 年代以来，杜邦公司积极参与中国的经济发展。杜邦中国集团有限公司将多种技术转让应用于我国的 18 个研究机构与生产设施，在支持中国工业和经济发展的同时，也通过引进和推广杜邦的高新科技和优质生活产品，促进中国的社会发展和人民生活水平的提高。

在中国，杜邦也投资设立研究开发和技术培训设施，结合市场实际，培训专业人员，开发适合当地市场和客户需求的创新科技和产品。杜邦在上海兴建了一个综合性研发中心，这是杜邦设在美国以外地区的第三个大型公司级研发设施。它的建成使杜邦在中国的可持续发展得到有力的技术保障，并成为杜邦与中国科技界更多交流与合作的平台。

第一节

企业简介

一、杜邦可持续解决方案

杜邦可持续解决方案事业部是杜邦十三大战略业务部门之一。已经在全球 70 多个国家设立了 150 多个工厂的杜邦积累了丰富的实践经验。凭借强大的问题处理能力帮助企业部门改善工作环境和企业文化，缔造出更安全、更高效、更环保的工作场所。

杜邦利用悠久的历史和良好的业绩，为全球范围内的现有和潜在客户提供专业的切实可行的解决方案。以专业的安全管理咨询和案例管理培训服务，帮助企业建立工作场所以内的安全管理系统和卓越运营的方法，达至成功的安全文化。依托于杜邦公司 200 多年的深厚运营管理经验，杜邦可持续解决方案从 1968 年开始对外分享安全管理知识，帮助客户管控运营风险和提升运营效率。服务范围包括：安全管理咨询顾问服务，涵盖独特设计的解决方案；与安全相关的各类专业性培训。

自 2003 年进入中国市场以来，杜邦可持续解决方案秉持“从客户需求出发，为客户创造价值”的理念，已为 600 家化工、石油、天然气、运输、食品等企业提供了安全管理知识和服务。从“风险管控、资源整合、调动员工积极性、对员工赋能”四个维度来协助企业客户发展。杜邦可持续解决方案为 2 万多家企业提供安全与风险管理咨询，客户遍布六大洲的 35 个国家，涵盖石油、化工、航空、钢铁、电力、煤矿等行业。

杜邦公司是一家以科研为基础的全球性企业，产品及服务涉及食物与营养、保健、服装、家居及建筑、电子和交通等领域。

杜邦公司给企业做安全咨询的周期一般需要 2～3 年，一般 6 个月以后会明显见到效果。杜邦公司承诺如果严格按照它的安全管理系统运作，安全事故发生率最保守估计会降低 40%。

二、杜邦安全咨询系统简介

杜邦公司成立安全资源部（咨询部）对外开展工作以来，基于杜邦公司的实际经验形成很有特色的安全咨询系统。安全咨询分为四个阶段，即调查评估阶段、培训阶段、体系建立或完善阶段、自我评估和改进能力形成阶段，并形象地称其为“安全旅程”。现将其具体旅程简单介绍如下。

第一个阶段为调查评估阶段，从 14 个方面评估“物的安全状态”，从 12 个方面评估“人的安全行为”；第二个阶段主要开展各种培训和训练，使企业各级管理人员、作业人员受到不同要求和内容的培训和训练；第三个阶段协助建立完善安全管理体系及规章制度；第四个阶段帮助企业建立自我评估机制并培养出持续改进能力。

杜邦为世界上很多大公司做过安全咨询，尤其是壳牌公司（Shell）、埃克森美孚石油公司等世界石油巨头。壳牌公司的健康、安全、环境

（HSE）管理体系是从杜邦引进的。在美国职业安全局 2003 年嘉奖的“最安全公司”中，有 50%以上使用了杜邦安全咨询服务。澳大利亚航空公司使用杜邦安全服务的第一年，员工受伤人数即下降了一半，安全投资回报达到 500%。中国广州白云机场迁建供油工程在杜邦安全咨询专家的帮助下，实现了 200 人万小时零伤害的安全记录，有力地保证了工程按期顺利进行。杜邦公司认为：“安全不仅是安全管理部门的事，企业全体员工都必须积极参与。安全不是花钱，而是一项能给企业带来丰厚回报的战略投资。”

第二节
杜邦公司的安全管理

一、杜邦公司安全管理简史

早期火药生产过程的高风险性和生产中发生的多次严重安全事故，使杜邦公司的高层领导意识到，安全是公司能否生存的重要制约因素。特别是 1818 年发生的爆炸，使 40 名工人死亡，创始人杜邦的妻子也受伤。在这次事故后，公司规定在高级管理层亲自操作之前，任何员工不允许进入一个新的或重建的工厂，并进一步强化高级管理层对安全工作的负责制，该制度演变为如今的高级管理层的“有感领导”，也就是领导对安全工作的感悟。

二、杜邦公司安全管理发展历史上几个重要标志

（1）1811 年，制定第一套安全章程，强调各级生产管理者对安全负责和员工的参与。该制度演变为如今的高级管理者对安全负责的“有感领导”。

（2）1812—1911 年的 100 年里，杜邦公司在“物的不安全状态”方面做了大量工作，不断丰富其安全管理规章制度和安全操作技术规则。杜邦公司在安全技术和装备保障方面至今保持独特做法，即不向保险机构缴纳

财产保险，而将这部分资金投入到技术装备安全保障中。

（3）1912 年，开始收集各种与安全有关的数据、信息、事例和资料，着手进行认真细致的安全分析统计工作。

（4）1926 年开始创立安全管理体系，实施系统化的安全管理。

（5）20 世纪 40 年代，提出“所有事故都是可以避免的”理念；在全公司逐渐形成“所有事故都是可以避免的”的安全理念，并开始提出“零死亡”“百万工时零事故频率”“20 万工时零损失工作日”等安全目标。

（6）20 世纪 50 年代，推出工作外安全预防方案和安全数据统计，直至提出零伤害、零疾病、零事故的目标，即从每一单位的设计、建造、施工、投产到维修，直至运输各环节，全体人员均力求避免工伤意外的发生，以期达到零的纪录。20 世纪 60 年代，安全业绩开始领先于美国工业界主流公司水平，提出“零事故”目标。

（7）20 世纪 70 年代，安全理念走向成熟，形成独具特色的杜邦安全文化。20 世纪 80 年代，开始协助其他企业（壳牌等）建立安全文化，取得更好的安全业绩。

（8）1991 年，成立杜邦安全资源部，正式对外开展咨询业务。2002 年咨询业务收入突破 1 亿美元，2003 年咨询业务进入亚洲地区，也进入了中国，并单独成立中国咨询部。

三、杜邦公司的安全纪录

杜邦公司的安全目标就是零事故，而且现在已经多年实现并保持这个目标。杜邦公司的安全纪录如下。

（1）安全事故率低于工业平均值的 1/10，杜邦员工在工作场所比在家里安全 10 倍。

（2）公司每 100 万个工时发生损失工作日的频率是 1.5（包括划破一个手指、手脚扭伤等），是美国各行业平均记录的 1/10。

（3）超过 60%的工厂实现了“零”伤害率，杜邦每年因此而减少了数百万美元支出。

（4）据 2001 年统计，杜邦的 370 个工厂和部门中，80%没有发生过工伤病假等安全事故，至少 50%的工厂没有出现过工业伤害纪录，有 20%的工厂10年以上没有发生过安全伤害纪录。

（5）杜邦公司连续被评为“美国最安全的公司”“世界500强企业最安全的公司”“对社会最负责任的公司”。2003年9月9日杜邦公司被*Occupational Hazards*杂志九月号评为最安全的美国公司之一。

（6）杜邦公司从来不进行财产保险，依靠在安全方面的投入及完善的安全管理系统保证安全生产。

（7）杜邦公司深信所有的职业伤害和疾病、安全和环保事故都是可以避免的。此外也特别努力地推动员工非工作时间的安全。如今在杜邦，健康、安全和环境保护（HSE）被认为是业务蓬勃发展不可分离的一部分。HSE的目标作为整个公司、各个业务部门和分支机构全面成功的关键因素而融入其企业战略和经营计划中。随着杜邦公司不断发展和扩张，杜邦的HSE管理体系不断充实和完善，并不断得到世界同行及相关机构的认可。

（8）安全是一项具有战略意义的商业价值，它是企业取得卓越成就的催化剂，不仅能提高企业生产率、收益率，而且有益于建立长久的品牌效应。这是享有“全球最安全公司之一”美誉的杜邦正在中国全力推广的一个理念。

四、杜邦人是如何理解安全的

杜邦公司认为安全与企业的绩效息息相关

（1）安全是习惯化、制度化的行为，影响企业的组织变革、感召力和员工。

（2）所有的职业伤害和疾病、安全和环保事故，都是可以避免的。

（3）安全具有显而易见的价值，而不仅仅是一个项目、制度或培训课程。

（4）安全不仅仅是安全管理部门的事，企业全体员工都必须积极参与。安全不是花钱，而是一项能给企业带来丰厚回报的战略投资。

（5）安全事故不仅可以影响到员工、股东及客户，还会影响到企业在公众心目中的形象，最终影响到企业的经营效益。

（6）杜邦公司认为，当安全成为战略商业价值的一部分时，就成为企业取得优秀经营业绩的催化剂。杜邦把安全作为衡量业务成功与否的标准，视为先进的企业文化。防止员工在工作中，甚至在工作时间外受到伤害，避免伤亡使公司的资源得到了更为有效的利用，员工的更替率有所下降，企业的运营更加顺畅，企业的收益也就会有所增长。杜邦公司的决策者们认为，所有这些因素都反映了一个真理，即良好的安全管理意味着企业有一个良好的商业表现。也就是说，杜邦公司将安全视为企业市场竞争的一个筹码，视为赚取利润的一个方法，视为企业生存的一项必不可少的条件。一流的安全业绩能促进商务发展，保护品牌在公众心目中的形象。

（7）工作场所从来没有绝对的安全。伤害事故是否会发生取决于处于工作场所员工的行为。

五、杜邦十大安全管理理念

1. 所有事故都是可以避免的

从高层到基层，都要有这样的信念，采取一切可能的办法防止、控制事故的发生。

2. 各级管理层对各自的安全直接负责

因为安全包括公司各个层面、每个角落、每位员工点点滴滴的事，只有公司高级管理层对所管辖的范围安全负责，下属对各自范围安全负责，车间主任对车间的安全负责，生产组长对管辖范围安全负责，直到小组长对员工的安全负责，涉及的每个层面、每个角落安全都有人负责，这个公司的安全才能真正有人负责。安全部门不管有多强，人员都是有限的，不可能深入到每个角落、每个地方 24h 监督，所以安全必须是从高层到各级管理层再到每位员工自身的责任，安全部门从技术上提供强有力的支持。员工是企业的组成元素，企业由员工组成，每个员工、组长对安全负责，最后才有信心说企业安全有人负责，否则管理层对哪里出安全问题都不知道。这就是直接负责制，是员工对各自领域安全负责，是相当重要的一个理念。

3. 所有操作隐患都是可以控制的

在安全生产过程中所有的隐患都要有计划、有投入地治理，对隐患进行控制。

4. 安全是被雇用的必要条件

在员工与杜邦的合同中明确写着，只要违反安全操作规程，随时可以被解雇。每位员工参加工作的第一天就意识到这家公司是讲安全的，从法律上讲只要违反公司安全规程就可能被解雇，这是把安全与人事管理结合起来。

5. 员工必须接受严格的安全培训

让员工安全，要求员工安全操作，就要进行严格的安全培训，要想尽办法对所有操作进行安全培训。要求安全部门与生产部门合作，知道生产部门要进行哪些安全培训。

6. 各级主管必须进行安全检查

这个检查是正面的、鼓励性的，以收集数据、了解信息，然后发现问题、解决问题为主。当发现员工的不安全行为时，不是批评，而是先分析好的方面在哪里，然后与之交谈，了解员工为什么这么做，还要分析领导有什么责任。这样做的目的是拉近距离，让员工谈出内心的想法；知道这么不安全的动作真正的原因在哪里，是这个员工不按操作规程做，安全意识不强，还是上级管理不够、重视不够。这样，拉近管理层与员工的距离，鼓励员工通过各种途径把对安全的想法反映到高层，只有知道了底下的不安全行为、因素，才能对整个企业安全管理提出规划、整改。如果不了解这些信息，抓安全是没有针对性的，不知道要抓什么。当然安全部门也要抓安全，重点是检查下属、同级管理人员有没有抓安全，效果如何，对这些人员的管理进行评估，让高层管理人员知道这个人在这个岗位上安全重视程度怎么样，为管理提供信息。这是两个不同层次的检查。

7. 发现事故隐患必须及时消除

在安全检查中会发现许多隐患，要分析隐患发生的原因是什么，哪些是可以当场解决的，哪些是需要不同层级管理人员解决的，哪些是需要投入力量来解决的。重要的是必须把发现的隐患加以整理、分类，知道这个部门主要的隐患是哪些，解决需要多少时间，不解决会造成多大风险，哪些需要立即加以解决，哪些需要加以投入。安全管理真正落到了实处，就有了目标。这是发现事故隐患必须及时消除的真正含义。

8. 工作外的安全和工作内的安全同样重要

员工在工作时间外受伤对安全的影响，与在工作时间内受伤对安全的影响实质上没有区别，因此对员工的教育就变成了 24h × 7 的要求。可以进行各种安全教育，如旅游如何注意安全，运动如何注意安全，用煤气如何注意安全等。

9. 良好的安全创造良好的业绩

这是一种战略思想。如果把安全投入放到对业务发展投入同样重要的位置考虑，就不会说这是成本，而是生意。这在理论上是一个概念，但在实际上是很重要的。抓好安全帮助企业发展，安全使企业有良好环境、条件，实现发展目标。否则，企业每时每刻都在高风险下运作。

10. 员工的直接参与是关键

没有员工的参与，安全就是空想。因为安全是每一位员工的事，没有每位员工的参与，企业的安全就不能落到实处。

六、杜邦公司的安全体系

表 2-1 为杜邦公司的安全体系的举例。

表 2-1　杜邦公司的安全体系

新员工的安全教育	办公室的安全规定	安全激励机制	安全生产禁条
1.每月必须召开安全会议。 2.所有的会议第一个议题必须是安全。 3.通过电子邮件、员工通信、刊物等发布安全常识。 4.所有访问者必须登记	1.上下楼梯必须扶扶手。 2.在办公室不准奔跑。 3.铅笔芯朝下插在笔筒内。 4.不干与工作无关的事情	1.董事会奖励。 2.“零事故英雄”奖励。 3.工厂安全奖励。 4.车间安全奖励。 5.班组安全奖励。 6.特殊安全奖励	1.发生事故不报告。 2.发生事故不调查。 3.未遵守安全制度。 4.工作前未接受安全培训教育。 5.隐患治理不及时或未完成

七、杜邦 STOP 安全管理方法简介

杜邦安全训练观察计划（safety training observation program），简称为杜邦 STOP，是一种以行为为基准的观察计划，能让人拥有达到安全绩效卓越的条件。STOP 训练采取行动，帮助员工改变某些工作行为，以达到安全之目的。它还能培养观察及沟通技巧，使人采取积极而正确的步骤，确保一个工作场所更安全。实际运用 STOP，可以使工作场所安全绩效及员工沟通方面更上一层楼。“主管的 STOP”是专为各级主管所设计的，包括从资深管理层，乃至第一线主管及小组领导人。STOP 是个非惩罚性的计划，所以不该列入公司的一般惩戒制度。

STOP 是美国杜邦公司在 HSE 管理中提出的新的管理方式，已被世界上大部分石油公司和钻井承包商所采用。杜邦鼓励并倡导现场全体作业人员使用 STOP 卡纠正不安全行为，以达到防止不安全行为再次发生和强化安全行为的目的。

1. 关于 STOP 卡的主要理论

（1）所有事故都是可以避免的，安全是每一个人的责任。

（2）STOP 是一种观测程序，通过观察人的行为，并且和雇员交谈关于如何安全工作的方法，以达到防止不安全行为和强化安全行为的目的。

（3）因为安全或不安全行为是由人引起的，而不是机器，所以 STOP 卡注重观察人的行为。

（4）STOP 是基于对以往事故发生原因的统计分析结果，其中，人的反应占 14%；劳动防护用品占 12%；人的位置占 30%；设备和工具占 28%；程序和整洁占 12%，物的不安全状态占 4%。

（5）几乎所有不安全状态都可以追溯到不安全行为上。

（6）一种错误的观点是提高安全管理成绩的唯一方法是纠正不安全行为。但是，肯定、加强安全行为和指出不安全行为一样重要。

（7）STOP 安全观察程序是非惩罚性的，必须和组织纪律分开，或者说它不应和组织纪律相联系。

（8）当雇员知道其行为会威胁到他人生命安全时，或明知工作程序或制度规定，却故意违反和不遵守时，就必须立即停止 STOP 的观察程序，而采取纪律惩罚手段。

（9）STOP 安全观察循环周：决定→停止→观察→行动→报告。

（10）制定高的安全标准，对雇员安全工作行为的最高期望值取决于所制定和保持的最低标准。

（11）当决定要做一次安全观察时，STOP 卡是非常有价值的。在做观察之前，看一下 STOP 卡，会提醒在观察过程中注意和寻找什么。做完观察并且和雇员谈过之后，用 STOP 卡对观察做出总结，然后存档。

（12）STOP 卡上的类别顺序是根据所做的观察顺序来做的，是以人的行为基础来组织的。

（13）关于个人防护用品（PPE）。能够在工作当中正确穿戴个人防护用品的人，也会遵守其他的安全规定和安全工作程序。反之，不能正确穿戴个人防护用品的人，也不会严格遵守其他安全规定，或在工作当中会无视安全规定。

2. 运用 STOP 卡的目的

（1）大幅度减少伤害及意外事件。

（2）降低事故赔偿或损失成本。

（3）提高员工的安全意识。

（4）增强相互沟通的能力。

（5）培养监督及管理的技巧。

（6）传达管理层对安全的承诺等。

3. STOP 观察周的含义和原则

（1）决定。要注意员工如何遵守程序，准备做一次安全观察。

（2）停止。停止其他工作，在距员工较近的地点止步。

（3）观察。按照 STOP 卡所列观察内容和顺序，观察员工如何进行工作，并特别注意工作的进行与安全程序。

（4）行动（沟通）。与被观察人员进行面对面交流，特别注意他们是否知道并了解工作程序和操作规程，坚持非责备原则。

（5）报告。利用 STOP 卡来完成报告。

STOP 安全观察五部曲见图 2-1。

观察原则：明白对员工的安全表现负责；制定对员工的最低安全标准；安全与其他要素同等重要，甚至更为重要；对不安全行为立即纠正，

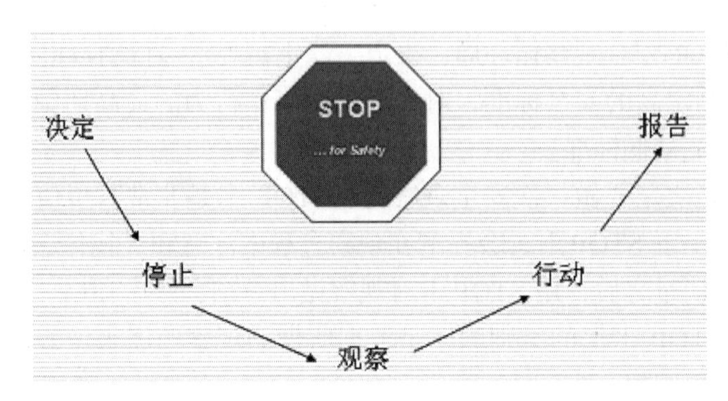

图 2-1　杜邦 STOP 安全观察五部曲

采取行动防止再发生；沟通是 STOP 程序中十分重要的环节；让员工了解不安全行为的危害性；判断力是讨论安全与否的关键。

4. STOP 的运用技巧

不要当着被观察人员写观察报告（STOP 卡），不要把被观察人的名字写在报告里，因为目的是纠正员工的不安全行为，鼓励员工的安全行为，进而预防事故和伤害的发生，而不是记录所观察的人。这也就是我们常说的“对事不对人”。

在与员工进行沟通和交谈时要注意以下事项：提出安全问题并聆听员工回答；观察交谈时采用询问的态度；坚持非责备原则；和员工双向交流，并在交流中赞赏其安全行为；鼓励员工持续的安全行为；了解员工的想法和开展安全工作的原因；评估员工对自身角色和安全责任的了解程度；找出影响员工想法的因素；培养正面与员工交谈的工作习惯；了解工作区各种不同工作场所涵盖的各种安全工作事务。

5. 如何在现场使用 STOP 卡

（1）做好使用 STOP 卡的宣传工作。STOP 卡是一种在现场进行 HSE 管理的新方式，要在员工中做好宣传动员和培训工作，使大家对使用 STOP 卡有一个正确的认识，并能在工作中正确使用。

（2）STOP 卡的使用。为便于及时正确使用 STOP 卡，各作业队、车间、工段、班组应将 STOP 卡放在员工容易拿到的地方或发给每位员工，使每位员工在进行作业前对照 STOP 卡进行必要的自我检查，或在作业过程中发现人的不安全行为和物的不安全状态后及时进行观察记录，以确保作业的安全。

（3）STOP 卡的收集。各作业队、车间、工段、班组应在值班室、会议室或操作间等地方建立 STOP 卡收集站，员工将当天观察到的不安全行为写在 STOP 卡上投进 STOP 卡收集箱，由企业 HSE 监督负责收集，对于所收集的 STOP 卡要妥善保管。

（4）STOP 卡的奖励。为鼓励员工积极使用 STOP 卡，每个作业队、车间、工段、班组对每月收集的 STOP 卡进行一次评选，对很有价值的 STOP 卡的观察者给予一定的物质奖励，以此促进现场安全管理和作业安全培训的顺利进行。

（5）STOP 卡适用范围。STOP 卡适用于员工不了解情况下安全行为的观察记录，是非惩罚性的。当员工知道其行为威胁到他人的安全时却故意违反安全制度和规定，或明知工作程序却不遵守时，就必须立即停止 STOP 观察程序，而采取相应的组织纪律惩罚手段。

第三节

杜邦公司的安全文化管理

一、行为安全系统的基本要素

行为安全也就是每位员工的意识、知识、技能、反应能力、价值观、行为准则等在工作过程中的综合表现，具体体现为企业整体安全文化。共有 12 个要素：可见的管理承诺，组织结构，安全方针，目标指标，职责、责任及义务，（安全）专职人员，程序和标准，正向激励，培训和训练，交流沟通，审核观测，事故调查研究。其具体内容如下。

1. 可见的管理承诺

杜邦认为安全来自高层管理者和各级组织者，真正的安全更多依赖“领导”而不是“管理”。要求企业最高管理者面向社会和员工作出明确的安全管理承诺，并设身处地为员工着想，在不断削减现场存在的“物的不安全状态”的同时，以身作则地引领大家走向行为安全，培育强大而有益的企业安全文化。

2. 组织机构

组织机构设置及其职能分工中应切实体现出“谁主管、谁负责”原则，将安全责任更多地交给各级生产作业指挥者。公司应建立综合性的中央安全委员会，委员会应包括各个专业和领域的代表，委员会下设若干分委员会或临时性小组具体负责相应专业、领域或重大具体活动的专项安全研究、咨询和决策。

3. 安全方针

公司最高管理者或中央安全管理委员会制定公司安全方针。安全方针是对于一个较长期间内公司安全政策的凝缩和提炼，方针应对当前安全的实际表现具有实践性指导意义或作用，不能流于口号。

4. 职责、责任及义务

从公司总经理到基层班组长，各级生产组织者均需要明确且牢记其对于上级应负的安全责任和对于下属应发挥或承担的安全作用和义务，切实引领员工走向行为安全。每位员工都应该对于下道工序或后继作业者负安全责任，对上道工序或此前作业者承担安全确认义务。“谁主管、谁负责”在杜邦公司看来是自然而然的事情。

5. 目标指标

公司最高管理者需要制定公司整体安全目标，各级部门和单位均应分解或制定本部门安全目标和具体指标。目标、指标应依据实际表现水平在科学统计分析基础上制定，且应该是通过一定努力可以真正实现的，不应该成为口号或理想去靠运气实现。

6. 程序和标准

这里的“标准”泛指业务和作业活动开展的所有规则，包括制度、程序、规程、技术标准和规范等。事故或事件基本上都发生在那些日常反复性的作业活动中，应该对这些活动制定安全而可操作的规则，并确保规则之间的协调和有序，所有规则均应不断改进和完善。规则应明确划分为

“严禁”和“指南”两种类型。严禁类规则确保全员严格遵守，发生违禁事件应予以不能承受之重罚或解聘；指南类规则尽可能通过劝说、谈话、劝告、辩论等引导员工遵守，该类规则的重点部分必须明确陈述不按指南作业可能出现的后果。

7. 正向激励

公司应设立形式多样、内容广泛的正向激励机制和政策，鼓励员工走向行为安全。这样的激励不能只表现在专职安全人员方面，应面对所有员工。对于发生的奖励应客观公正且公开透明，让大多数员工认可和服气。

8. 交流沟通

领导与员工、领导与领导、员工与员工之间应建立广泛的安全信息、安全经验（历）、安全事件、防范措施、应急体会等的交流沟通机制。各级管理者应该经常深入基层了解员工作业场所存在的危害和风险并予以协调解决，及时发现和纠正员工作业时的不安全行为（靠说服而不是简单的考核）。领导之间亦应经常讨论安全问题，沟通认识，交流经验。员工之间的广泛交流更有益于安全表现。各种会议之前进行几分钟的安全小话题、见闻或交流并长期坚持是必需的。

9. 培训和训练

对于员工出现的各种不安全行为仔细观察，统计分析并有针对性地提出培训计划和目标并努力实现是必需而重要的；对于员工安全作业技能、意识、思想等的培训和训练同样要分轻重缓急逐步进行；培训和训练的形式应多种多样并讲究实效。

10. 审核观测

有组织地对各个作业场所、业务活动场所实施系统的审核、观察、调查和测量是必需的。审核观测的结果不仅是确定方针目标、调整标准、实施培训的前提，也是促进员工行为安全的重要手段。公司应确定合适的审核观测调查人员并建立科学的工作机制。审核观测的结果必须统计分析和沟通。

11.（安全）专职人员

一定数量的（安全）专职人员是安全表现的重要贡献者，对于一个风险较大的组织是不可缺少的。（安全）专职人员应该是各作业区技术、经验、安全技能和知识最丰富的人员。（安全）专职人员的责任是提供各种安全咨询，协调安全作业的实施，指导安全措施的落实和监督，是本级生产指挥者的得力顾问和助手，而不是安全工作的指挥者和管理者。

12. 事故调查研究

事故调查研究是避免类似事故发生的最佳手段，持续的事故调查研究是实现安全目标的最有效途径。事故（或事件）是重要技术资源，事故调查研究应针对所有已经发生的各类伤害事件（不论后果的轻重），通常至少包括滑倒、碰撞、需要医务处理、出血、划伤、危险缠绕等严重程度以上事件。事故调查研究应以原因分析为主，且追究到管理系统上的不足或缺陷。事故调查研究的根本目的应在于系统防范，而不是简单处罚。

二、工艺安全系统的基本管理要素

工艺安全系统的基本要素包括工艺、设备、人员 3 个方面的 14 个要素，其中人员方面的 6 个要素和行为安全要素相似（交叉），见表 2-2。

表 2-2　杜邦工艺安全系统的基本要素

工艺	设备	人员
1.工艺加工处理技术。 2.操作程序和安全技术。 3.技术变更管理。 4.工艺危险性分析	1.设备本身的质量保证。 2.启动或使用前的安全回顾。 3.设备的完整（好）。 4.异常情况的管理	1.审核观测。 2.应急计划和响应（准备）。 3.人员变更管理。 4.事故调查研究。 5.承包方安全表现（业绩）。 6.培训及其效果

在杜邦的安全管理要素中有职责、目标、标准、培训、检查、鼓励、事故调查等，唯独没有“惩罚”和“罚款”。杜邦认为，安全生产是管理层的承诺，是最高管理者的责任。有安全专职人员是非常重要的，但是，如果有人说安全由安全部门来负责，将被视为不安全因素。在这些要素

中，杜邦公司重鼓励、轻检查，他们需要的是安全成为员工的行为准则。对于惩罚，杜邦的做法是如果有人出事故，无论大小，无论是不是在工作时间内，这个分公司全体员工的年终奖金将被取消。因此，重视安全不仅被看成是个人的事，更被看成是集体团队的事。

杜邦公司 200 多年来形成了其特有的企业安全文化，杜邦把安全、健康和环境作为企业的核心价值之一，每位员工不仅对自己的安全负责，而且也要对同事的安全负责。这种以对个人和集体负责的概念，连同以任何事故都可避免的信念为指导原则，企业上下一致实现零伤害、零疾病、零事故的目标。其为杜邦在工业安全方面确立了领先地位，具有非凡的记录，并在安全管理方面享誉全球。杜邦风险管理和安全文化要素如图 2-2 所示。

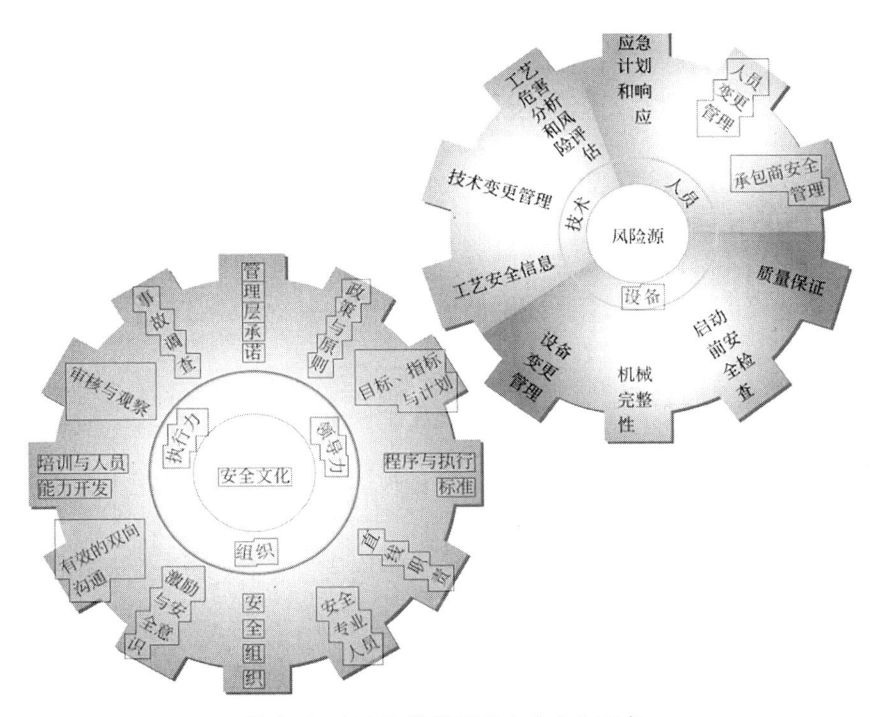

图 2-2 杜邦风险管理和安全文化要素

三、杜邦公司安全文化建设与员工安全行为模型

杜邦公司安全文化建设与工业伤害防止和员工安全行为模型描述了杜

邦公司安全文化建设过程中经历的四个不同阶段。这四个阶段如下。

① 自然本能反应阶段；

② 依赖严格的监督阶段；

③ 独立自主管理阶段；

④ 互助团队管理阶段。

该模型的建立基于杜邦历史安全伤害统计记录，以及在这过程中公司和员工在当时对安全的认识条件下曾做出的努力和具备的安全意识，是杜邦安全文化建设实践的理论化总结。该模型表明，只有当一个企业安全文化建设处于过程中的第四阶段时，才有可能实现零伤害、零事故的目标。应用该模型，并结合模型阐述的企业和员工在不同阶段所表现出的安全行为特征，可初步判断企业安全文化建设过程所处的状态以及努力的方向和目标。

四、企业安全文化建设不同阶段员工的安全行为特征

根据杜邦的经验，企业安全文化建设不同阶段中企业和员工表现出的安全行为特征可概括如下。

（1）第一阶段。处在该阶段时，企业和员工对安全的重视仅仅是一种自然本能保护的反应，事故发生是早晚的事。表现出的安全行为特征有以下几方面。

① 依赖人的本能。员工对安全的认识和反应是出于人的本能保护，没有或很少有安全的预防意识。

② 服从为目标。员工对安全是一种被动的服从，没有或很少有安全的主动自我保护和参与意识。

③ 将职责委派给安全经理。各级管理层认为安全是安全管理部门和安全经理的责任，他们仅仅是配合的角色。

④ 缺少高级管理层的参与。高级管理层对安全的支持仅仅是口头或书面上的，没有或很少有人力、物力上的支持。

（2）第二阶段。处在该阶段时，企业已建立起了必要的安全管理系统和规章制度，各级管理层对安全责任作出承诺，但员工的安全意识和行为往往是被动的，零事故的目标很难实现。表现出的安全行为特征有以下几方面。

① 管理层承诺。各级管理层对安全责任作出承诺并表现出无处不在的有感领导。

② 受雇的条件。安全是员工受雇的条件，任何违反企业安全规章制度的行为都会导致被解雇。

③ 害怕/纪律。员工遵守安全规章制度仅仅是害怕被解雇或受到纪律处罚。

④ 规则/程序。企业建立起了必要的安全规章制度，但员工的执行往往是被动的。

⑤ 监督控制、强调和目标。各级生产主管监督和控制所在部门的安全，不断强调安全的重要性，制定具体的安全目标。

⑥ 重视所有人。企业把安全视为一种价值，不仅就企业而言，而且是对所有人，包括员工和合同工等。

⑦ 安全培训。这种安全培训应该是系统的和有针对性的。受训的对象应包括企业的高、中、低管理层，一线生产主管，技术人员，全体员工和合同工等。培训的目的是培养各级管理层、全体员工和合同工具有安全管理的技巧和能力，以及良好的安全行为。

（3）第三阶段。此时，企业已具有良好的安全管理及其体系，安全获得各级管理层的承诺，各级管理层和全体员工具备良好的安全管理技巧、能力以及安全意识，事故发生是极偶然的。表现出的安全行为特征有以下几方面。

① 个人知识、承诺和标准。员工具备必要的安全知识，员工本人对安全行为作出承诺，并按规章制度和标准进行生产。

② 内在化。安全意识已深入员工之心。

③ 个人价值。把安全作为个人价值的一部分。

④ 关注自我。安全不但是为了自己，也是为了家庭和亲人。

⑤ 实践和习惯行为。安全无时不在员工的工作中及工作外，成为其日常生活的行为习惯。

⑥ 个人得到承认。把安全视为个人成就。

（4）第四阶段。此时，企业安全文化已深入人心，安全已融入企业组织内部的每个角落。安全为生产，生产讲安全，事故的发生除非是遇到不可抗拒的自然因素，如地震等。表现出的安全行为特征有以下几方面。

① 帮助别人遵守。员工不但自己自觉遵守，而且帮助别人遵守各项规

章制度和标准。

② 留心他人。员工在工作中不但观察自己岗位，而且留心他人岗位上的不安全行为和条件。

③ 团队贡献。员工将自己的安全知识和经验分享给其他同事。

④ 关注他人。关心其他员工，关注其他员工的异常情绪变化，提醒安全操作。

⑤ 集体荣誉。员工将安全作为一项集体荣誉。

杜邦安全文化发展阶段如图 2-3 所示。

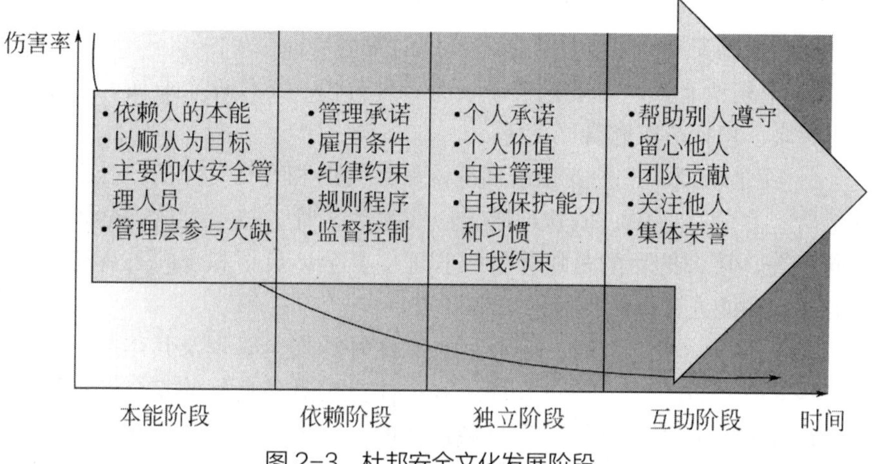

图 2-3 杜邦安全文化发展阶段

杜邦的安全管理为全球工业界的典范，甚至许多航空公司都在引进杜邦的管理系统。在杜邦公司，所有的安全目标都是零，这意味着零伤害、零职业病和零事故，进入杜邦的任何一个工厂，面对这个有着 200 多年历史的跨国企业，无论是员工，还是来访者、客户，谈论最多、感受最深的永远是安全。杜邦在中国的一个工厂总经理的年终总结中，超过 20%的内容是关于安全的，员工的日常交流中，超过 40%的内容与安全有关，在安全方面的表现，是评价员工业绩的最重要方面。在杜邦看来，一切事故都是可以避免的。公司对事故的理解是基于简单的统计分析，每 100 个疏忽或失误，会有 1 个造成事故，每 100 起事故中，就会有 1 起是恶性的。所以，要避免造成大事故，不是要从“大”处着手，而是要从“小”处着手。当然，光宣传还不行，还要有培训，要有软件和硬件保证，还要有应急措施。

杜邦公司安全文化建设与工业伤害防止和员工安全行为模型是杜邦 200多年安全文化建设实践的理论化总结。应用该模型，可初步判断某企业安全文化建设过程所处的状态。该模型也表明，只有当一个企业安全文化建设达到该模型中的第四阶段时，才有可能实现零伤害、零疾病、零事故的安全目标。这也为企业安全文化建设提出了努力的方向和目标。

第三章

通用电气公司安全管理

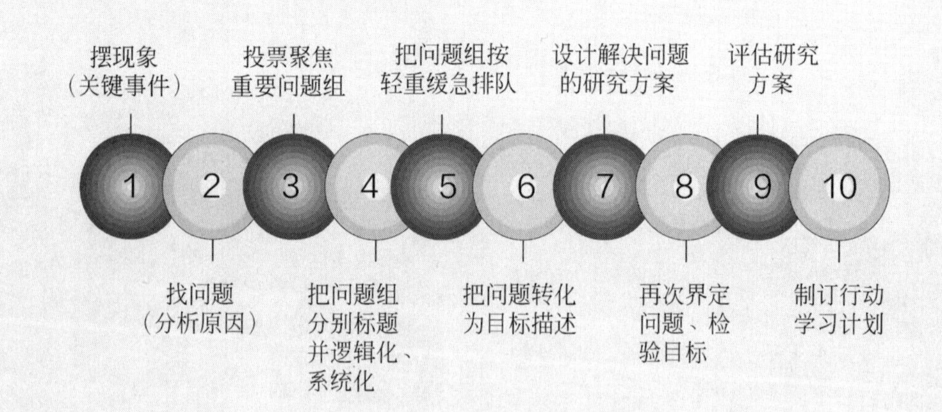

通用电气公司（General Electric Company，GE），创立于 1892 年，又称奇异公司，是世界上最大的提供技术和服务业务的跨国公司。自从托马斯·爱迪生创建了通用电气公司以来，GE 在公司多元化发展当中逐步成长为出色的跨国公司，业务遍及世界上 100 多个国家，拥有员工 315000 人。

GE 公司主要业务领域涉及电力设备、电气设备、家用电器、喷气发动机、医疗电器、航空航天设备等十大类共 25 万种产品。其中，大型火电厂和核电站成套设备、医疗电器、喷气发动机、工业材料（主要是工程塑料、硅材料、绝缘材料、工业用钻石、石油和天然气）等类产品居世界领先地位。电工领域是 GE 公司发展的根基，世界上 10 万千瓦以上燃气轮机，GE 公司生产了一半，生产的大型汽轮发电机组有 950 台。全美国一半的电力由 GE 公司制造的机组生产。GE 公司的发展几乎与电工的发展同步。在美国电气与电子工程师学会（IEEE）推举的世界电工科技史上最杰出的人物中，GE 公司拥有 2 名，即爱迪生和 C.P.施泰因梅茨；在 IEEE 推举的对电力工业和电工制造业发展最有贡献的 10 名人物中，GE 公司有 3 人，即爱迪生、C.A.科芬、D.沙诺夫。

通用电气公司的电工产品技术比较成熟，产品品种繁多。它除了生产消费电器、工业电气设备外，还是一个巨大的军火承包商，制造宇宙航空仪表、喷气飞机引航导航系统、多弹头弹道导弹系统、雷达和宇宙飞行系统等。闻名于世的可载原子弹和氢弹头的阿特拉斯火箭、雷神号火箭就是这家公司生产的。

第一节 通用电气公司基本情况

一、公司简介

GE 公司一直重视技术研究与开发。公司成立以来，共获得数万项技术专利。1900 年，GE 公司在纽约创立了美国第一家从事基础研究的工业实验室，1968 年又发展成为公司的研究发展中心。中心有职工 2200 多名，其中科学家和工程师有 1200 名，他们中的博士学位者共有 465 名（包括 1 名诺贝尔奖获得者、9 名美国科学院院士和工程科学院院士）。

GE 公司一直重视经营管理，这使其不仅平稳度过了大萧条时期，而且发展至今天的规模。在管理上，公司实施纵向高度集权和各管理层的独立决策同时存在的制度；采用重视控制幅度（每个经理一般只管理七八个人，工厂各管理层不设副职）和横向协调的措施，广泛应用现代管理手段和方法（管理用计算机网络系统、全面质量控制系统、产品技术经济分析方法等）。公司重视人才培训，每年为一半以上职工创造受培训的机会，其中 5000 人能脱产到公司培训中心（在纽约）学习。对职工以实绩考核结果决定升迁。每年都有许多公司希望招聘到 GE 公司雇员中的高级管理人才。因此，GE 公司被誉为“董事长的摇篮”。公司中约 1/10 职工有理工科大学及以上学历。GE 公司自 20 世纪 80 年代起实施新的发展战略：公司所经营的产品或业务须在其所处行业中居世界领先地位；否则，即退出该领域。

二、公司历史

1876 年，托马斯・阿尔瓦・爱迪生位于新泽西州门洛帕克的实验室建成开放。在那里，爱迪生对在电气展上看到的发电机和其他电气设备的可行性进行了研究。就在这个实验室里诞生了该时代最伟大的发明——白炽电灯。

1890 年，爱迪生将自己的各项业务进行整合，成立了爱迪生通用电气公司。就在那时，一位竞争对手出现了。鞋业制造商查尔斯・A.科芬，通过一系列合并，使汤姆森-休斯顿公司成为一家主要的电气创新企业。

随着两家公司业务的扩展，单靠自己的发明和技术生产全部电气设备变得越来越困难。1892 年，两家公司进行合并，新公司被命名为通用电气公司（GE）。

目前，GE 公司依然经营着爱迪生时代的一些业务，包括照明、运输、工业产品、电力传输和医疗设备。早在 19 世纪末，GE 即在 Ft.Wayne 电气工厂生产了首批电风扇，并于 1907 年开发了全套加热和烹饪设备产品线。GE 飞机发动机部门的命名是在 1987 年，但其历史却可追溯到 1917 年，那时美国政府开始寻找公司，为羽翼未丰的美国航空业开发首款飞机发动机“booster”。GE 的首个塑料部门成立于 1930 年，而该部门的起源则是 1893

年托马斯·爱迪生采用塑料细丝制造电灯泡的试验。

经过多年的努力，GE 领导人建立了多样化的领先业务，并通过一系列公司范围的重大举措推动着公司不断发展并降低成本；坚实的财务实力和控制制度使 GE 能够利用各种经济周期带来的商机，共同的价值观使 GE 能够充满信心地面对任何环境。

三、管理体制

由于通用电气公司经营多样化，品种规格繁杂，市场竞争激烈，它在企业组织管理方面也积极从事改革。20 世纪 50 年代初，该公司就完全采用了“分权的事业部制”。当时，整个公司一共分为 20 个事业部。每个事业部独立经营，单独核算。以后随着时间的推移，企业经营的需要，该公司对组织机构不断进行调整。1963 年，当波契（Boych）接任董事长时，公司的组织机构共计分为 5 个集团组、25 个分部和 110 个部门。当时公司销售正处于停滞时期，五年内销售额大约只有 50 亿美元。到 1967 年以后，公司的经营业务增长迅速，几乎每一个集团组的销售额都达 16 亿美元。波契认为业务扩大之后，原有的组织机构已不能适应。于是把 5 个集团组扩充到 10 个，把 25 个分部扩充到 50 个，110 个部门扩充到 170 个。他还改组了领导机构的成员，指派了 8 位新的集团总经理、33 位新的分部经理和 100 位新的部门领导。同时还成立了由 5 人组成的董事会，他们的职责是监督整个公司，并为公司制定比较长期的基本战略。

第二节

安全新思维——HOP

GE 以严格的安全管理闻名于业界。自 2012 年起，GE 所有的工厂和工厂管理层陆续接受关于人与组织安全绩效（Human and Organizational Performance，HOP）的培训，并取得了突出成效。

HOP 起源于美国核工业，众所周知，核工业对安全的要求是特别严格的。根据数据统计，在美国核工业涉及的安全事故中，80%以上的事故是由人的因素造成的。HOP 就是以控制人的错误为基础的一种新的安全生产思维方式与管理哲学。正因为经历了核工业的检验，GE 对 HOP 的效果就更有信心了。

具体而言，在试图降低工伤事故率时，GE 之前主要是采取措施使工人们“更关心”“更专注于”他们正在从事的工作，从而降低工人犯错的概率。例如，将操作规程制定得细之又细，并要求工人倒背如流。但是，成效并不明显。GE 在接触 HOP 之后，受其影响，开始改变对工人的态度，以及公司对工人犯错误的反应。GE 不再因工人的错误而谴责或处罚他们，而是通过成立学习小组的形式，聆听工人犯错误的经过，并讨论改进的方法。当工人看到管理者的改变后，他们更加愿意参与到安全生产工作中去。HOP 核心思想见图 3-1。

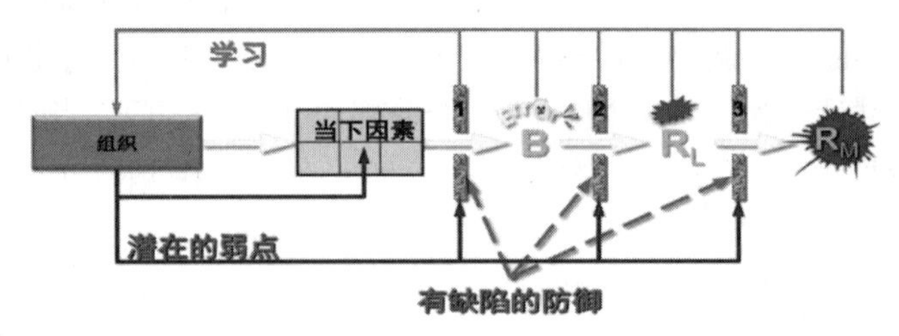

R——行为

R_L——结果（L：个体的）

R_M——结果（M：多样的）

事件：一个不想要的结果，人为错误引发的，导致了严重的损害或终止的资产，以履行其所需的功能，对环境的破坏能力，或人重伤

图 3-1　HOP 核心思想示意图

对此，GE 的管理者们已经达成了共识：让工人与管理者共同讨论，而不是管理者单方决定应该怎样改进，能够使讨论结果获得前所未有的“操作智慧”。

经过几年的实施，GE 管理层都感受到，HOP 不仅仅是一种安全管理方法，更是一种全新的思维模式。

一、人并不是机器，安全管理要充分考虑到人的本能和一些个人特质

不能将安全生产寄希望于每个人都不犯错。在这种认识的基础上，GE

找出潜在的隐性错误，推测出工作中的不安全因素，最终避免事故发生。也就是说，企业的安全管理不应只盯着事故或不发生事故，应采取措施积极防御，应在工人的错误中学习和成长。

HOP 是一种最小化人为失误的频率和后果严重性而设计的系统、项目和战略，是经理、主管、专业技术人员和员工每天使用的来理解和避免工作中人为危害的系统、流程和工具。HOP 包括：如何避免人为失误和人为失误造成的事件；为了应对和避免人为失误，如何建立系统；作为经理和组织，对于人为失误应该如何回应。HOP 关注的是人们的行为，以及这一行为带来的结果。HOP 等式示意图见图 3-2。

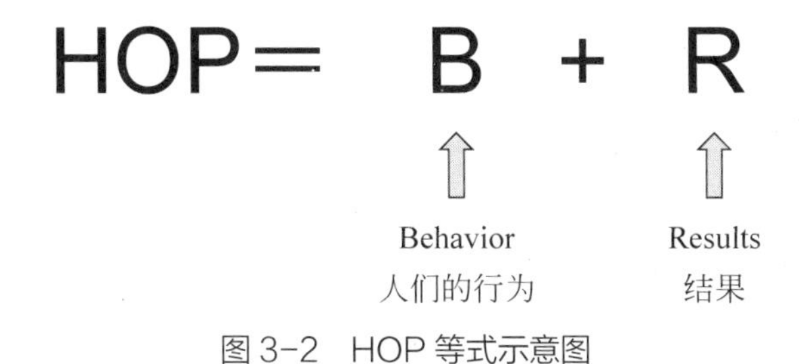

图 3-2 HOP 等式示意图

HOP 的一个重要理念是犯错误不等于违规。人的能力是有局限性的，也是很容易犯错误的。认为犯错误在很多时候是一种无意的行为，是其偏离预期工作实践和程序的体现。但是，要查清错误背后的动机，以及造成错误的原因。犯规是一种故意的行为，是一种偏离既定工作程序或经批准的工作实践的体现。人为失误根源示意见图 3-3。

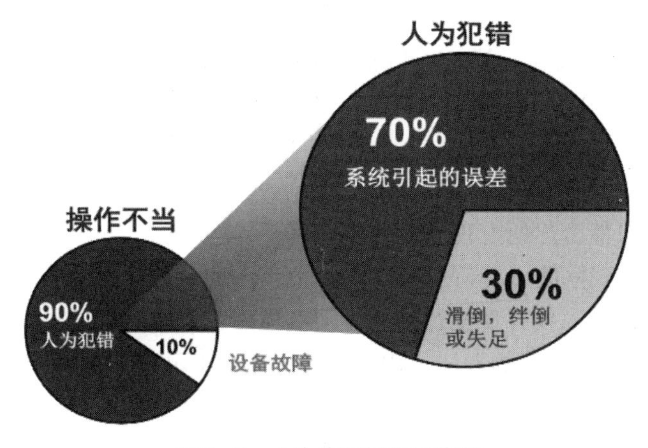

图 3-3 人为失误根源示意图

二、HOP包含的安全理念

（1）犯错误是人的天性，哪怕是天才。犯错误不等于违规。

（2）事故每时每刻都在，只是等着被“启动”。

（3）安全不是没有事故，是防御强度的体现。

（4）潜在的隐形错误是能够被推测出来的。

（5）工作中的不安全因素是可以避免的。

三、HOP具体操作步骤（图3-4）

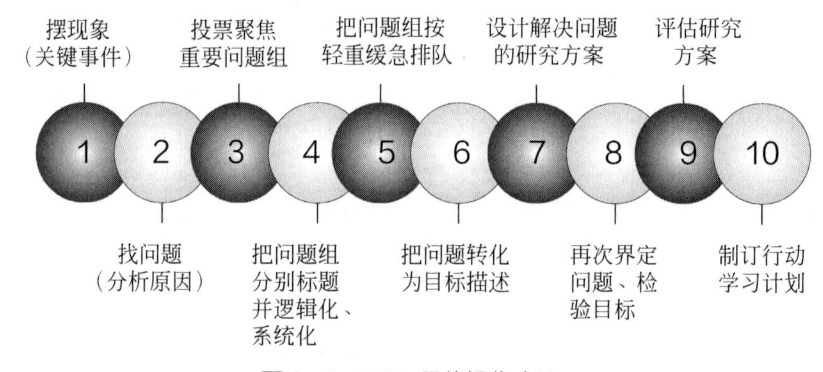

图3-4 HOP具体操作步骤

第1步：摆现象（关键事件）。

（1）从事件和现象入手。

① 对公司发展和业绩提高有负面影响的事件和现象。

② 违背公司文化、战略、制度和流程的事件和现象。

（2）从描述事件的情景开始，不要试图概括事件的本质，不要推测和想象，就事论事。

（3）事件一定是可观察到的事实。

（4）尽可能穷尽所有现象。

第2步：找问题（分析原因）。

（1）刨根问底找寻现象背后的深层次原因，聚焦关键问题。

① 用类似剥洋葱的办法，由表及里，聚焦真正重要的对公司发展有重要影响的问题。

② 可能几个现象或事件都归因于某个问题。

（2）要用强烈的好奇心来探寻文字后面的信息，找出灯光照不到的地方，问题可能就在哪里。

（3）不要用“早已知道”的态度限制自己的视野，影响深入探寻。

第3、4步：聚焦重要问题组。

（1）把所有的关键问题列出来。

（2）合并同类项，将问题分类归入不同的“问题组”。

（3）给每个问题组一个专业化的题目。

（4）理解每个问题组内每个问题之间的联系，了解跨组的问题之间的联系。

（5）同时投票选出重要问题组。

第5步：把问题组按轻重缓急排队。

把问题组植入“紧迫性-重要性”矩阵，见图3-5。

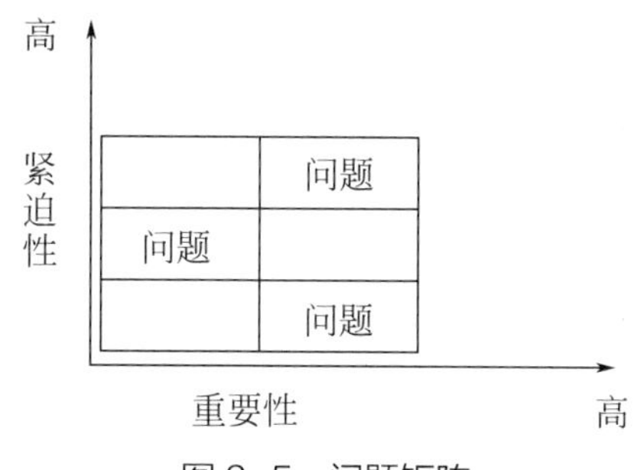

图3-5　问题矩阵

第6步：把问题转化为目标描述。

（1）把问题转化为目标，使用表述目标的语言（smart）原则。

① 明确的（specific）。

② 可衡量的（measurable）。

③ 可达成的（achievable）。

④ 相关性（relevance）。

⑤ 时间性（timeliness）。

（2）把目标度量化。

（3）讨论实现目标的条件和资源是什么。

第7步：研究设计解决问题的方案。

（1）预期的结果是什么。

（2）解决问题的顺序如何。

（3）解决问题需要的条件和资源是什么。

（4）解决问题要使用的工具和方法有哪些。

（5）其他因素。

第 8 步：再次界定问题、检验目标。

（1）召开会议，草拟方案建议，必要时多举行几次会议。

（2）与经理商讨，由他们当场做出对问题与检验目标的决议。

第 9 步：评估解决方案。

（1）预测解决方案实施后的结果。

（2）评估解决方案是否简易可行。

（3）解决方案操作性是否强。

① 行动起来后也一定会有所改变；

② 没有最优方案，只有满意方案。

第 10 步：制订行动学习计划。

（1）行动学习小组对按标准完成任务、达到目标负有共同责任。

（2）小组成员个人的成长是完成任务的保证。

（3）建立过程成果汇报制度。

（4）鼓励各小组之间的良性竞争。

第三节 GE 安全工作方法

一、诚信原则

在 GE 有一个人人熟知并被常常提及的词：integrity，其含义是正直诚信。人力资源部在对新员工进行的入职教育课上常常强调的一句话是：员工能力不足可以通过培训来提升，诚信出了问题就不可原谅。GE 对于诚信原则的坚守，是其一直以来引以为傲的。杰克·韦尔奇曾说过：“我们公司和员工最关注的就是诚信，常常有人问‘在 GE 你最担心什么？什么事会使你彻夜不眠？’其实并不是 GE 的业务使我担心，而是有什么人做了从法律上看非常愚蠢的事，而给公司的声誉带来污点，并把他们和他们的家庭毁于一旦。我们在诚信上绝对不可有任何的松懈。”

GE 有一个专门的部门负责合规问题——“Compliance”。在入职 GE 的第一天，新人会同每位经理见面，包括“Compliance”部门的经理，也会签署一份诚信协议，从那时起，诚信就会贯穿于新人整个工作过程，是行为的条条框框，也是一个监督，随时关注着非诚信行为的发生。

GE 制定了一套诚信政策，政策内容涵盖了与客户和供应商的关系、与政府部门的交往、全球性竞争、GE 社区和保护、GE 资产等方面。例如 GE 要求员工“防范任何公司利益冲突”，不得从供应商、客户或竞争者处接受超过一般价值的礼物等。在执行诚信政策时，GE 不仅要求自己的员工严格遵守，还要求所有代表公司的第三方，如代理、销售代表、经销商等承诺遵守适用的 GE 政策。

部门会定期举办关于诚信的培训，如发现某些员工、经理或供应商违反了诚信政策，任何时候都可以随时走到“Compliance”部门经理的办公室反映问题。该部门的存在，体现了 GE 对于诚信的重视，同时对于潜在的非诚信行为，也是一种威慑。

诚信是 GE 的核心价值观，它使大家绷紧了一根弦，也时时刻刻提醒着每一个人，诚信是不可逾越的红线。

正如 GE 董事长所说：随着 GE 在 21 世纪的学习和发展，GE 公司的三个传统变得更加重要。除了注重业绩和渴求变革，必须始终表现出坚定不移的诚信。

GE 是一个注重诚信的公司，一个强调水准的公司。他们在全世界的诚实可靠商业行为的声誉是由许许多多的人历经多年建立起来的，并且在开展的每一笔商业交易中得到检验和证实。

今天的 GE 比以往都更具活力、更全球化并且更加以客户为中心。他们正积极进取，不断尝试新的事物，取得业务的成功——优质的产品和服务；与客户、供货商彼此之间坦诚的关系；最终在竞争中获胜。但是，GE 在竞争中取得的成功自始至终都以合乎法律和道德为原则。作为一家全球性的公司，必须建立并遵循一套全球性的准则。

GE 社区中的每个人均对遵守 GE 道德准则做出承诺。GE 在关键诚信问题方面的政策对坚持道德承诺起到了指导作用。全体 GE 雇员不仅必须在文字上遵守这些政策，而且必须遵守其精神。

所有 GE 领导者都负有培养 GE 文化的额外责任，在该文化中，遵守 GE 政策和适用法律是其业务活动的核心，而且必须是其工作的方式。

当今的商业环境中，特别是在对公司业务仍有怀疑的状况下，存在较高的风险。所以要想方设法满足并超越人们的要求和期望。

对于其后继者，必须保持并加强 100 多年来 GE 赖以成功的基础，那就是 GE 对诚信的承诺。

二、无边界行为

无边界行为是 GE 安全管理的灵魂。无边界是人们摆脱机构框架和办公室的束缚，加快合作、快速工作的一条途径。

无边界行为是 GE 的灵魂。这一行为把阻隔了公司与外部世界之间的围墙一点一点打开，最终彻底推倒。无边界行为穿透了公司内部财务、工程、制造、销售之间的层层大墙，并且把这些部门的员工团聚在一起，求同存异，共享成功喜悦。尽管中国和美国两国的社会制度不同，企业所有制不同，但有一点应该是相同的，那就是努力提高劳动生产率。一个企业如果不能在世界市场上以最低价格出售质量最好的产品，那就意味着要被淘汰出局。

在传统的意义上，企业靠严格的边界制胜，未来的企业则要靠无边界赢得竞争。传统的企业组织结构里面一般包括四种边界：垂直边界、水平边界、外部边界、地理边界。垂直边界是企业内部的层次和职业等级；水平边界是分割职能部门及规则的围墙；外部边界是企业与顾客、供应商、管制机构之间的隔离；地理边界是区分文化、国家、市场的界限。

在传统的企业管理模式下，企业按照需要把员工和业务流程进行划分，使得各个要素各负其责，各尽其职。传统的企业组织机构是一种自上而下的金字塔式的管理模式，管理机构恪守各自严格的边界，企业有着严格的组织和等级界限。而这往往造成组织规模庞大、等级过多、职权过于集中、组织效率低下、应变迟缓乏力、内部沟通阻隔，阻碍创新和抑制员工的主动性。为适应经济全球化、信息网络技术和知识经济的挑战与冲击，企业的管理模式不能恪守依据职权划分和层级管理来机械设置管理层次和职能部门的传统模式，而应充分体现组织对环境的适应性和应变力，使之能够在第一时间对环境变革做出快速反应，同时也允许设计过程具有高度的灵活性和可变性。

无边界原理是受生物学的启发，认为企业组织就像生物有机体一样，存在各种隔膜使之具有外形或界定。虽然生物体的这些隔膜有足够的结构和强度，但是并不妨碍食物、血液、氧气、化学物质畅通无阻地穿过。无边界原理认为，信息、资源、构想、能量也应该能够快捷顺利地穿越企业的边界，使整个企业真正融为一体。在无边界原理中，企业各部分的职能和边界仍旧存在，仍旧有位高权重的领导，有特种职能技术的员工，有承上启下的中层管理者，使各个边界能够自由沟通、交流，实现最佳的合作。在无边界原理下需要重新分析企业原有的边界。

杰克·韦尔奇被誉为全球第一 CEO。从 1981 年入主美国通用电气开始，在短短 20 年的时间里，韦尔奇使通用电气的市值达到了 4500 亿美元，增长了 30 多倍，排名从世界第 10 位升到第 2 位。令韦尔奇获得巨大成功的关键就在于他突破了科学管理的模式，创造了扁平的、“无边界”的管理模式。可以说是无边界的管理模式再造了 GE，无边界的管理思想渗透到 GE 管理的各个方面。

杰克·韦尔奇提出了“无边界”的理念，希望这一理念把 GE 与其他世界性的大公司区别开来。他预想中的无边界公司是：各个职能部门之间的障碍全部消除，工程、生产、营销以及其他部门之间能够自由流通，完全透明；“国内”和“国外”的业务没有区别；把外部的围墙推倒，让供应商和用户成为一个单一过程的组成部分；推倒那些不易看见的种族和性别藩篱；把团队的位置放到个人前面。经过多年的硬件建设——重组、收购以及资产处理，无边界变成了 GE 公司结构的核心，也形成了区别于其他公司的核心价值。正是在无边界管理理念的指导下，GE 才不断创新，走在其他公司的前面，始终保持充沛的活力，取得了惊人的成就。

三、群策群力

群策群力的中心点就是人们创造更好的工作条件，如果员工们看到自己的建议付诸实施，他们的自信心就大大增强了。他们不再感到自己无关紧要，像机器一样，而是感到自己很重要，他们的确非常重要。

GE 将群策群力总结为一种企业管理理论，并将这一创举在实践中长期坚持下去，获得好的结果。杰克·韦尔奇认为，在未来竞争激烈的年代里取得成功，只能靠群策群力，集思广益，让每个人在企业的成功中参与其事，获得发言权，并扮演一个角色。

就本质而言，群策群力其实是个很简单的概念，它有一个前提假设，就是最接近工作的人必然最了解工作。不管他们的职务和岗位如何，当他们的想法被当场激发出来并化为具体行动时，整个组织就会充满难以估量的活力、创造力和生产力。GE 每年举办几十万场群策群力代表会议，所激发出的点子不计其数。它旨在以简明的方式打破官僚体制，并迅速解决组织问题。来自组织中的不同级别和职能部门的众多员工与经理人齐聚一堂，一起讨论他们所发现的问题，或者高层主管所关注的问题。大家分成小组检讨“过去惯用的做法”，并对如何大幅改善组织流程提出建议。改革组织的建议会被指派给各个自愿执行的“认领人”，一直做到有结果为止，且群策群力几乎可以用到任何形式的组织上。

群策群力通常先从“低垂果实”，即容易实现的目标做起，消除组织系统中的多余的辅助性工作，精简流程。这一点颇似旨在消除浪费的精益思想。从去官僚化开始，各部门的流程实现迅速瘦身。当然，群策群力不仅仅用于解决具体的问题，它更是实现授权的催化剂，使员工有信心挑战组织中有增无减的官僚作风，并有助于建立一种快速反馈、创新和没有界限的文化。因为群策群力迫使管理者要与员工对话、迅速决策，而不是躲在办公室里发号施令，所以，在戴维·尤里奇眼里，它“还可以成为培养领导者和管理者的摇篮”。由于 GE 把群策群力融入了自身的 DNA，所以它才能有坚实的基础去推动实施其他战略举措，如六西格玛和电子商务等。对于企业来说，群策群力不是简单的头脑风暴，更不是一场运动，而是永无休止的过程。

六西格玛是一种能够严格、集中和高效地改善企业流程管理质量的实施原则和技术，以“零缺陷”的完美商业追求，带动质量成本的大幅度降低，最终实现财务成效的提升与企业竞争力的突破。

GE 不是六西格玛的发明者，却是做得最有声有色的一个，被商界奉为成功样板，六西格玛也因在 GE 的成功而名声大振。

GE 对于六西格玛的重视起源于杰克·韦尔奇时代。在 GE，几乎每个正式员工都要做六西格玛项目，对于某些“管理培训生”项目的学员来说，“绿带”更是毕业的前提条件。在年初制定目标时，通常经理会将“绿带”作为一个必须完成的项目，放到工程师的目标中。每年 GE 都会举行至少一次“绿带”的培训，旨在教会大家六西格玛的思想和应用。GE 自引入六西格玛以来，其培训体系也一直在完善，同时不断引入新元素，现在 GE 已经将六西格玛和精益管理做了互补和融合，在六西格玛的基础上引入了精益思想，并提供精益设计课程——DFSS 培训。

通常在 GE 公司内部，至少会有一名“黑带”或“黑带大师”，来指导绿带项目的实施。绿带项目不是凭空而来，其源头是客户需求，即一切以客户为中心。绿带项目最终会以 PPT 的形式来呈现，通过目标的定义、测量工具和方法的选择、原因的分析、改进的实施、流程的控制（合称 DMAIC）过程，以目标为导向，分析原因，针对性地解决问题。

以 GE 航空苏州工厂为例，绿带项目可以是通过改进工装夹具，来减少机加工的时间，也可以是通过改变装配区域的布置、工人的排班、节拍的设置等，减少每个装配环节零件的积压，从而减少单个零件的装配时间。绿带项目不要求一次性做特别大的改进，也不要求将所有影响因素全部消除，只要有改进，就可以称之为一个绿带项目，因为质量的改进是持续进行的。这也是六西格玛所秉持的理念，持续改进，精益求精。

杰克·韦尔奇这个被认为全球最成功、最强势的 GE 前领导人曾说过：“有一种办法可以证明群策群力已经成功了，那就是在公司里再也不用容忍我的领导风格。”群策群力有四个主要目标。

（1）建立信赖。让所有级别的 GE 人都坦率直言，这样企业才能得到员工最好的安全生产主意。

（2）建立主人翁精神。实际接触工作的人，通常比他们的顶头上司知道得更多。为了员工们乐于奉献他们的知识和情感，韦尔特希望赋予他们更多的权力。当然反过来他们也要承担更多的责任。

（3）清除不必要的工作。要求更高的生产效率只是推动目标的理由之一，另一个原因是要想办法缓解员工过重的负荷。韦尔特希望“群策群力”能够向员工展示一些直接、明显的利益，使他们对此活动热衷起来。

（4）建立高效的执行文化。培育出崭新的无边界组织。活动的最终目标是定义和培养出崭新的“无边界组织”，韦尔特强调无边界组织是将各个职能部门之间的障碍全部清除，工程、生产、营销以及其他部门之间能够自由沟通，工作及工作程序和进程完全透明。

群策群力的主要关注点如下。

（1）关注“延伸性”。当组织目标定得很低时，人们会朝着目标更努力地工作。但是，当组织目标很高时，人们就不得不后退一步，从根本上重新想一想，如何实现目标。所以“群策群力”的威力就在于，它能促使组织重新思考它要做什么。在这个过程中，所有人都能分享信息，进一步了解组织的安全生产目标。

（2）开发系统思考。群策群力迫使人们采用系统的看法看待组织目标。没有哪个部门或企业单位靠自己的力量来实现组织目标。改变一个计划可能会影响其他的计划，甚至可能有损于总的绩效。中国有句俗语：牵一发而动全身。在这个过程中，人们不再局限于自己的范围内思考问题，而是能放开视野，站在组织的高度看问题。

（3）鼓励横向思考。一旦参与者有了紧迫感，并开始看到当前的全局形势，他们就会乐于关注新的想法，“群策群力”还促使人们对这些想法进行快速和至关重要的分析，以便选出那些值得继续探讨的点子。

（4）赋予真正的权力和责任。通常，组织中很多人有“如何用更好的方式工作”的想法，但是很少能真正实现。通过“群策群力”，拥有想法的人可以被赋予一定的权力，创造一种使想法变为行动的成果的执行文化。

（5）注入快速的周期变化，并迅速制定决策。由于“群策群力”要求每个主持会议的高级主管对于每一个建议，都要快速做出“行”或“不行”的决定，所以，这让组织做出决策的时间不再是几天、几周或几个月，从根本上解决了组织开会议而不决的现象。在通用电气，这种决策的时间往往是几个小时。

四、客户满意度

在商业活动中，应该重点考虑客户的满意程度。如果提高了客户的满意程度，在全球市场上的份额肯定也会提高，可以获得高效的劳动生产力、优秀的质量、自豪感和创造力。

满足客户需求并为客户提供高质量的服务不仅是一种承诺，在 GE 公司的每个部门都是切切实实的行动。GE 公司里有一句口号：“当你需要我们时，我们就在你身边。”GE 公司里有这样一条原则，每个人都要经常问自己两个问题：我们这个工作对客户有用吗？如果没有，为什么还要做？还有人会比我们做得更好吗？如果有，为什么不学习？GE 认为，发现一个客户需要几个月甚至更长的时间，而失去一个客户则仅仅需要几秒钟。而且客户越来越成熟，对产品的辨识能力也越来越强。因此，需要更全面、更好的服务，更高的质量和具有竞争力的价格。面对这样的挑战，必须保护客户，并与他们建立更紧密的联系，时时倾听他们的需求，不断向他们提供有关新产品服务项目的信息。

就拿中国商用飞机有限责任公司来说，GE 是 C919 大型客机的发动机供应商，基于此双方建立了紧密的合作关系。当今时代变革时刻都在发生，“唯一不变的是变化”，而变化的动力之一来自学习。不但学习世界上优秀企业的技术，更要学习其先进的管理经验。作为大飞机事业的直接承担者，作为实现国家振兴先进制造业的直接参与者，需要向 GE 这样优秀的供应商去学习先进的管理经验与理念，把事业建设得更加美好。

总之，安全是企业永恒的主题。任何企业都离不开安全管理、安全生产、安全检查、安全教育、安全文化。美国通用电气公司总结出的优秀的安全管理理念、管理方法是值得我们认真学习和努力实践的。

第四章

英国石油公司安全管理

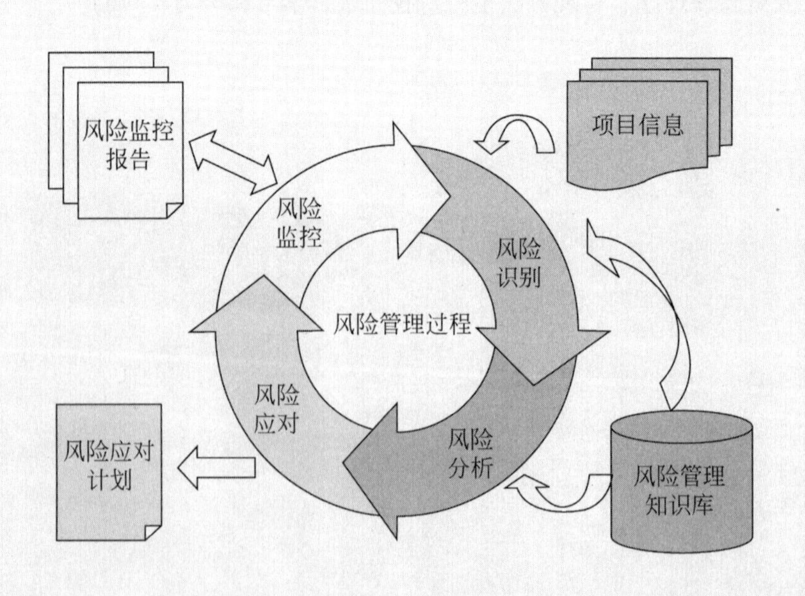

1909 年 BP（Business Plan）由威廉·诺克斯·达西创立，最初的名字为 Anglo Persian 石油公司，1935 年更名为英（国）伊（朗）石油公司，1954 年改为现名。1973 年，BP 中国成立。BP 由前英国石油、阿莫科、阿科和嘉实多等公司整合重组形成，是世界上最大的石油和石化集团公司之一。BP 的太阳花标志是根据古希腊的太阳神设计的。

BP 总部设在英国伦敦。BP 近 11 万员工遍布全世界，在百余个国家拥有生产和经营活动。2019 年，BP 在全球 500 强中排名第 7，2019 年营业收入 3037 亿美元。

BP 公司发明了一种方法——T 型管理，其效果非同凡响。所谓 T 型管理，是指在公司内部自由地分享知识（T 的水平部分），同时致力于单个业务单元业绩（T 的垂直部分）。成功学会 T 型管理者会在这种双向责任产生的紧张中生存，最终获得发展。T 型管理通过跨单元学习，共享资源，沟通思想，来创造横向价值（T 的水平部分），同时致力于单个业务单元的业绩（T 的垂直部分）。这需要管理者改变他们的行为和支配时间的方式，打破传统的公司等级制度。BP 把 T 型管理融入企业文化，大力推广，最终结出了丰硕果实。

第一节
基本情况

BP 公司的主要业务是油气勘探开发，炼油，天然气销售和发电，油品零售和运输，以及石油化工产品生产和销售。此外，在太阳能发电方面的业务也在不断壮大。经营范围涉及油气勘探、开采、炼制、运输、销售、石油化工，以及煤炭、有色金属、计算机、海运、保险等多方面。

为适应其广泛及多样化业务活动的需要，从 1981 年以来，公司先后建立了 12 个下属分公司，即 BP 国际石油公司、BP 国际化工公司、BP 石油勘探公司、BP 国际天然气公司、BP 煤炭公司、BP 国际矿产公司、BP 食品公司、西康国际公司、BP 船舶公司、BP 企业公司、BP 国际金融公司、BP 国际洗涤剂公司。该公司的下属分公司在世界多个国家有业务活动。

BP 国际化工公司在乙烯、聚乙烯和醋酸的工艺技术和生产方面有专长。乙烯、聚乙烯生产能力各占整个西欧的 10%，居欧洲第二位。拥有用气相法生产高密度聚乙烯和低密度线型聚乙烯的新工艺。醋酸生产能力占整个欧洲的 32%。BP 国际石油公司在润滑油加氢精制、馏分油加氢精制、加氢裂化、石蜡加氢精制、催化脱蜡、异构化等方面拥有专利技术。

BP 是世界最大私营石油公司之一（即国际石油七大公司之一），也是世界前十大私营企业集团之一。BP 是世界上最大的石油和石油化工集团公司之一。

自 1973 年在中国拓展业务以来，BP 在一系列商业项目中累计投资超过 40 亿美元，积极参与了中国的经济建设。迄今 BP 是中国最大的海上天然气生产企业，中国第一家液化天然气（LNG）的唯一外方合作伙伴，石化领域最大的外资投资企业，中国最大的液化石油气（LPG）进口和营销企业，唯一参与航空燃油服务的外方合作伙伴等。BP 在中国参与的项目有向海南和香港供气的崖城天然气田、BP 广东液化天然气站线项目等，主要的合资企业有上海赛科、宁波华东 BP 液化石油气有限公司、珠海 PTA、重庆扬子乙酰、蓝天航空燃油服务公司等。

第二节

BP 公司的安全管理

BP 公司安全管理的最大特点之一，就是牢固树立 HSE 管理体系为主线的管理方针，并全力推行落实。虽然在当今世界石油石化企业中，建立和推行 HSE 管理体系已经十分普遍，但 BP 公司有着与众不同的做法，这就是他们得以取得“与众不同”管理业绩的根本所在。

一、坚定信念，始终如一

BP 公司把 HSE 体系的建立和推行，始终作为公司开展各项生产经营工作的头等大事，贯穿于生产经营各项活动全过程，以各项基础工作的整体进步推动安全管理的持续改进。上至公司决策层，中到企业管理部门，下至各个操作岗位员工，不仅人人拥有超强的 HSE 观念，而且个个全力推行 HSE 管理体系，使得 HSE 的管理观念在公司上下蔚然成风。

二、体系科学，切合实际

在 BP 公司建立的 HSE 体系中，BP 公司本着人类社会总体需求，结合生产经营各个环节，并针对企业经营管理的具体实际，确定了 13 个管理要素，分别为领导重视并负责，风险评估和管理，人员培训和行为，与承包商和其他方合作，装置设计和安装，运行和维修，变更的管理，信息和资料，用户和产品，社区和相关各方的意识，危机和应急管理，事故分析和预防，评估、保障和改进。BP 公司各项业绩考核标准的设立，都由各业务单元控制，并且严格按照“PDCA”循环原理进行工作，确保 13 个要素落实到位。

三、政策有力，要求严格

为了确保 HSE 体系的全面运行和实行，BP 公司制定了特殊的 HSE 政策和方针，承诺以实际行动来体现对自然环境的重视，并努力实现其 HSE 工作目标，即不发生事故、不损害人员健康、不破坏环境。同时要求切实做到以下 8 项：

① 不论在世界上的任何地方开展生产和经营活动，都要完全遵守所有的法律法规，达到或超过要求。

② 提供安全的工作环境，保护人身、财产和生产经营活动不受伤害或损害。

③ 确保所有的雇员、承包商和其他有关人员的信息沟通，训练有素；积极参与，并承诺不断改进 HSE 的过程。要意识到安全生产不仅要有技术可靠的装置和设备，还离不开称职的员工和活跃的 HSE 文化，没有任何活动重要到可以置安全于不顾。

④ 定期检查，确保所采取的措施行之有效。

⑤ 全员参加危害识别和风险评估，保障审查以及 HSE 结果报告。

⑥ 保持公众对其生产整体性的信心。公开报告 HSE 业绩，征求外部人士的意见，以增进与 BP 公司生产活动有关的内外部 HSE 问题的了解。

⑦ 要求代表BP公司工作的各方，都要认识到他们会影响到BP公司的生产及声誉，因而必须按照BP公司的标准开展工作。确保BP公司自身、承包商和其他各方的管理体系充分支持BP公司对HSE业绩的承诺。

⑧ 每一项生产和经营活动都必须满足HSE各项要求。要针对每项要求建立书面的管理体系和程序文件，确保逐步实现HSE目标和业绩指标，并通过HSE保障程序确认这些管理方法行之有效。

四、运行规范，整齐划一

有先进的理念、科学的体系和有力的政策，还必须辅以规范的运行方法，才能取得良好的工作业绩。在体系方面，BP公司有一套规范的运行机制和工作方法，不仅明确了各个业务单元在HSE体系中的角色，而且规定了具体任务，如体系框架建立、HSE政策、领导的责任、风险评估与管理、人员培训和行为、医疗管理、承包商合作与管理、信息和文件管理、操作和维护、客户和产品、社区和利益相关方的意识、危机和紧急情况的处理、装置设计和建设、事故分析和预防、体系评估保障和改进等，可谓包罗万象、无所不至。上至决策高层，下到操作岗位；远至设计源头，近到当下操作，无不一一明确，从而保证了BP公司HSE体系的健康运行。

第三节
BP公司安全绩效考核

一、概述

安全绩效的概念很广，它可以是一个结果，也可以是我们安全工作的效率、安全工作产生的效益或对待工作态度、人际关系、勤奋等。可以这么说：只要有目标、组织、工作就必然存在绩效问题。总而言之，绩效就是一切我们想要的东西。也可以说是结果，但如果某些因素相对于其他因素而言，对结果有明显、直接的影响时，绩效的意义就与这些因素等同起来了。也可以这样说，绩效首先是结果，当其他因素对结果的影响相对不变，改变特定因素能促进产生良好的结果时，控制这些因素就等于同时控制了绩效。影响绩效的关键因素主要有以下五个方面：

① 安全工作者本身的态度、工作技能、掌握的安全知识等；

② 安全工作本身的目标、计划、资源需求、过程控制等；

③ 包括流程、协调、组织在内的安全工作方法；

④ 文化氛围、自然环境以及工作环境；

⑤ 安全管理机制，包括计划、组织、指挥、监督、控制、激励、反馈等。

其中每一个具体因素和细节都可能对绩效产生很大的影响。控制了这些因素就等于同时控制了绩效。管理者的管理目标实质上也就是这些影响绩效的因素。

几乎所有的管理人员，都会重视上级领导分配任务与责任，在大多数的情况下，如果某个人没有被指定负责某项工作，几乎可以肯定，他不会承担与此项工作相关的责任。但是，他却会关注管理层对其所衡量和强调的工作绩效：生产、质量、成本或管理层近期所施加的任何一项其他的任务。因此，如果企业针对所有主管人员制定了明确的岗位责任、安全绩效标准和绩效管理的程序，必须激励各级管理人员努力贯彻实施，以求履行安全职责和实现安全的绩效目标。

“谁主管，谁负责”，安全必须是主管负责人的责任。管理层应该通过设置安全目标、计划、组织和管理机制引导安全工作，明确各级主管人员的安全责任，并且赋予他们相应的权力。在这里“主管”这一词不仅指现场监督的管理人员，还包括从现场班组长到企业高层的各级管理人员。有些企业在明确绩效与责任、推行安全生产责任制的时候，却将安全责任制变成推卸责任的工具!在推行绩效与责任的时候，应该明确各级人员的职责和任务，而不是安全指标的分解。企业的安全责任管理机制，可以以多种形式体现出来，例如：

① 公司管理绩效评估系统中包括安全指标（不仅是事故指标，还包括行动指标等）；

② 制定明确、切合实际、可以衡量的各级安全管理行动目标；

③ 由公司高层及安全管理人员参与的安全委员会定期评估管理的人员的安全绩效。

二、企业安全绩效考核方案

为了确保公司整体安全目标的实现，同时客观、公正地评价各部门、车间、员工的安全绩效和贡献，通过安全绩效反馈，加强安全绩效管理过程控制，强化各级管理者的安全管理责任，使公司可持续发展，全面完成安全生产经营任务，特制定安全绩效考核方案。

1.基本目标

（1）通过安全绩效管理系统实施安全目标管理，保证公司全年安全目标的实现，提高公司在市场中的整体运作能力与核心竞争力。

（2）通过安全绩效管理帮助各单位提高安全工作绩效，为以后员工胜任力的提高打下基础，建立适应企业发展战略的人力资源队伍。

（3）在安全绩效管理过程中，促进考核与被考核之间的沟通与交流，形成开放、积极参与、主动沟通的企业文化，增强企业的凝聚力。

2.基本原则

（1）公开性原则。安全绩效考核指标的制定，要坚持公开、公正的原则，考核者与被考核者要就指标、目标的确定，考核的程序等进行充分的沟通，并达成一致，使安全绩效管理考核有透明度。

（2）客观性原则。安全绩效管理要做到以事实为依据，对被考核车间的任何评价都应有事实根据，避免主观臆断和个人感情色彩。

（3）开放沟通原则。在整个安全绩效管理过程中，考核与被考核车间要开诚布公地进行沟通与交流，考核评估结果要及时反馈给被考核评估单位，肯定成绩，指出不足，并提出今后应努力和改进的方向，发现问题或多或少有不同意见，应及时进行沟通。

（4）常规性原则。安全绩效管理是各级管理者的日常工作职责，对被考核车间作出正确的考核评估是考核部门领导重要的管理工作内容，安全绩效管理工作必须成为常规性的管理工作。

（5）发展性原则。安全绩效管理通过约束与竞争促进团队的发展，考核部门与被考核车间均要以提高安全绩效为首要目标，任何利用安全绩效管理进行打击、压制、报复他人和小团体主义的做法都应受到制度的惩罚。

3. 组织机构

安全绩效考核领导小组：组长；副组长；成员。安全绩效考核工作小组：组长；副组长；成员。

4. 安全考核评估时间和频率

公司各部门、车间安全绩效考核频率为每周进行一次，一个月为一个周期，月末进行汇总得分。

5. 绩效考核方法

（1）图尺度考核法（graphic rating scale，GRS）是最简单和运用最普遍的绩效考核技术之一，一般采用图尺度表打分的形式进行。

（2）交替排序法（alternative ranking method，ARM）是一种较为常用的排序考核法。交替排序法的操作方法就是分别挑选、排列“最好的”与“最差的”，然后挑选出“第二好的”与“第二差的”，这样依次进行，直到将所有的被考核人员排列完全为止，从而以优劣排序作为绩效考核的结果。交替排序法在操作时也可以使用绩效排序表。

（3）配对比较法（paired comparison method，PCM）是一种更为细致的通过排序来考核绩效水平的方法，它的特点是每一个考核要素都要进行人员间的两两比较和排序，使得在每一个考核要素下，每一个人都和其他所有人进行了比较，所有被考核者在每一个要素下都获得了充分的排序。

（4）强制分布法（forced distribution method，FDM）是在考核进行之前就设定好绩效水平的分布比例，然后将员工的考核结果安排到分布结构里去。

（5）关键事件法（critical incident method，CIM）是一种通过员工的关键行为和行为结果来对其绩效水平进行考核的方法，一般由主管人员将其下属员工在工作中表现出来的非常优秀的行为事件或者非常糟糕的行为事件记录下来，然后在考核节点上（每季度或者每半年）与该员工进行一次面谈，根据记录共同讨论来对其绩效水平做出考核。

（6）行为锚定等级考核法（behaviorally anchored rating scale，BARS）是基于被考核者的工作行为进行观察、考核，从而评定绩效水平的方法。

（7）目标管理法（management by objectives，MBO）是现代较多采用的方法，管理者通常很强调利润、销售额和成本这些能带来成果的结果指标。在目标管理法下，对每个员工都确定若干具体的指标，这些指标是其工作成功开展的关键目标，它们的完成情况可以作为评价员工的依据。

（8）叙述法是在进行考核时，以文字叙述的方式说明事实，包括以往工作取得了哪些明显的成果，工作上存在的不足和缺陷是什么。

（9）360°考核法又称交叉考核（PIV），亦即将原本由上到下、由上司评定下属绩效的方法，转变为全方位 360°交叉形式的绩效考核。在考核时，通过同事评价、上级评价、下级评价、客户评价以及个人评价来评定绩效水平。交叉考核不仅可以评定绩效，更能从中发现问题并进行改革提升，找出问题原因所在，并着手拟定改善工作计划。

（10）科莱斯平衡计分卡（balanced score card，BSC）是围绕企业的战略目标，从财务、顾客、内部过程、学习与创新这四个方面对企业进行全面的测评。在使用时对每一个方面建立相应的目标，以及衡量该目标是否实现。

6. 绩效考核原则

（1）公平原则。公平是确立和推行人员考绩制度的前提。不公平，就不可能发挥考绩应有的作用。

（2）严格原则。考绩不严格，就会流于形式，形同虚设。考绩不严，不仅不能全面地反映工作人员的真实情况，而且还会产生消极的后果。考绩的严格性包括：要有明确的考核标准；要有严肃认真的考核态度；要有严格的考核制度与科学而严格的程序及方法等。

（3）单头考评的原则。对各级员工的考评，都必须由被考评者的“直接上级”进行。直接上级相对来说最了解被考评者的实际工作表现（成绩、能力、适应性），也最有可能反映真实情况。间接上级（即上级的上级）对直接上级作出的考评评语，不应当擅自修改。这并不排除间接上级对考评结果的调整修正作用。单头考评明确了考评责任所在，并且使考评系统与组织指挥系统取得一致，更有利于加强经营组织的指挥机能。

（4）结果公开原则。考绩的结论应对本人公开，这是保证考核成绩民主的重要手段。这样做，一方面，可以使被考核者了解自己的优点和缺点、长处和短处，从而使考核成绩好的人再接再厉，继续保持先进；也可以使考核成绩不好的人心悦诚服，奋起上进。另外，还有助于防止考核成绩中可能出现的偏见以及种种误差，以保证考核的公平与合理。

（5）结合奖惩原则。依据考核的结果，应根据工作成绩的大小、好坏，有赏有罚、有升有降，而且这种赏罚、升降不仅与精神激励相联系，而且还必须通过工资、奖金等方式同物质利益相联系，这样才能达到考绩的真正目的。

（6）客观考评的原则。应当根据明确规定的考评标准，针对客观考评资料进行评价，尽量避免掺入主观性和感情色彩。

（7）反馈的原则。考评的结果（评语）一定要反馈给被考评者，否则就起不到考评的教育作用。在反馈考评结果的同时，应当向被考评者就评语进行说明解释，肯定成绩和进步，说明不足之处，提供今后努力的参考意见等。

（8）差别的原则。考核的等级之间应当有鲜明的差别界限，针对不同的考评评语在工资、晋升、使用等方面应体现明显差别，使考评带有刺激性，鼓励职工的上进心。

（9）信息对称的原则。凡是信息对称，容易被监督的工作，适合用绩效考核。凡是信息不对称，不容易被监督的工作，适合用股权激励。这是经多年的实战得出的结论。

7. 绩效考核的流程

（1）详细的岗位职责描述及对职工的合理培训；

（2）尽量将工作量化；

（3）人员岗位的合理安排；

（4）考核内容的分类；

（5）企业文化的建立，如何让人成为“财”而非人“材”是考核前需要考虑的重要问题；

（6）明确工作目标；

（7）明确工作职责；

（8）从工作的态度（主动性、合作、团队、敬业等）、工作成果、工作效率等几个方面进行评价；

（9）给每项内容细化出一些具体的档次，每个档次对应一个分数，每个档次要给予文字的描述以统一标准（比如优秀这个档次一定是该员工在同类员工中表现明显突出，并且需要用具体的事例来证明）；

（10）给员工申诉的机会。

绩效考核流程图见图 4-1。

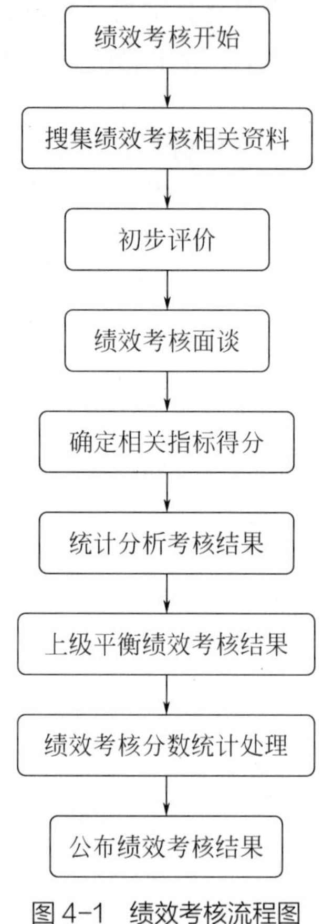

图 4-1　绩效考核流程图

三、绩效考核的依据及重要性

1. 绩效考核是人员聘用的依据

由于实行了科学的评价体系，对员工的工作、学习、成长、效率、培训、发展等进行全方位的定量和定性的考核，按照岗位工作说明书的标准要求，决定了员工的聘用与否，这在企业中有不可忽视的作用，企业管理者一定要注意。

绩效考核是人员职务升降的依据。考核的基本依据是岗位工作说明书，工作的绩效是否符合该职务的要求，是否具有升职条件，不符合职务要求应该予以降免。在企业中不是每个人都是可以升职的，这也要看员工平时工作中的绩效，这是一个很重要的标准，是企业判断的标准，要做好这方面的绩效，这样才能促进企业的发展。

2. 绩效考核是人员培训的依据

通过绩效考核，可以准确地把握工作的薄弱环节，并可具体掌握员工本人的培训需要，从而制订切实可行和行之有效的培训计划。企业的员工需要进行定期的培训，这样才能不断提升他们的职业能力，也可以提高企业的整体综合素质。

3. 绩效考核是确定劳动报酬的依据

根据岗位工作说明书的要求，对应制定的薪酬制度要求按岗位取得薪酬，而岗位目标的实现是依靠绩效考核来实现的。因此根据绩效确定薪酬，或者依据薪酬衡量绩效，使得薪酬设计不断完善，更加符合企业运营的需要。绩效考核和员工的工资是联系在一起的，也是员工很关注的一方面。

4. 绩效考核是人员激励的手段

通过绩效考核，把员工聘用、职务升降、培训发展、劳动薪酬相结合，使得企业激励机制得到充分运用，有利于企业的健康发展；同时对于员工本人，也便于建立不断自我激励的心理模式。绩效考核可以激发员工工作的积极性，使其工作起来更主动，这样企业发展才会更顺利，才会有更多的机会。

5. 把绩效考核与未来发展相联系

无论是对企业或是员工个人，绩效考核都可以对现实工作作出适时和全面的评价，便于查找工作中的薄弱环节，便于发现与现实要求的差距，便于把握未来发展的方向和趋势，符合时代前进的步伐，与时俱进，保持企业的持续发展和个人的不断进步，这点一定要记住，这样会更有利于企业的发展。

6. 绩效考核的重要性

众所周知，企业管理的核心是战略管理，战略管理的核心是人力资源管理，而人力资源管理的核心是绩效管理。可以说，公司一切整体的管理运营都是以绩效为导向的，都是围绕绩效而展开的。

绩效考核是人力资源管理体系的重中之重，目的在于增强组织的运行效率，推动组织的良性发展，提高员工的职业技能，激发其工作热情，确保工作的高效运行，最终使组织和员工共同受益。

绩效考核是绩效管理的关键环节，绩效考核的成功与否直接影响到整个绩效管理过程的有效性。考评主体对照工作目标或绩效标准，采用科学的方法，评定员工的工作任务完成情况、员工的工作职责履行程度和员工的发展情况，并且将评定结果有效地反馈给员工。只有设置合理的绩效考核指标以及全面的考核体系，并将其贯彻实施，才能确保绩效考核的实效性，否则无论绩效考核体系设计得多么完美，如果不付诸实践，只不过是纸上谈兵，相当于一纸空文，不起任何作用。

另外，绩效考核是与组织的战略目标相连的，它的有效实施将有利于把员工的行为统一到战略目标上来。整个绩效考核体系的有效性还对组织整合人力资源、协调控制员工关系具有重要意义。

第四节

BP公司的“八大黄金定律”

有着上百年从事高危行业史的BP公司积淀了关于安全的“八大黄金定律”。BP要求每一位员工仔细阅读这些关于安全的操作规程，并严格按照这些规定执行。

BP认为个人对安全的要求完全合法，同时它还是一项长久的个人责任。每一位员工都应该能在一天的工作结束后安然回家，不受任何损伤。

在一个充满风险的世界和行业里，要实现上述目标，需要每个人都牢记安全的重要性，肩负起个人的安全责任，并深知如何去行事。

BP公司的这些简单的关于安全的黄金定律，能够给员工提供基本的安全工作指导。BP要求每一位员工都仔细阅读并按例行事。企业的每个人的安全都要求其随时随地坚持高标准遵循这些规定，为确保安全生产贡献一份力量。

一、工作许可

如果需要进入狭小空间工作，工作涉及能源系统，在可能有危害的地点挖掘，或者在可能发生爆炸的环境下使用发热工具作业，必须取得许可才能进行工作。工作许可证的要求如下：

① 界定工作范围。

② 识别危险，评估危险。

③ 制定消除或减轻危险的控制方案。

④ 结合综合工作和其他有关工作许可同时进行的操作的关联。

⑤ 由负责人授权发放。

⑥ 向所有相关人员说明上述情况。

⑦ 确保有足够的措施可使运作恢复正常。

二、高处作业

在高于地面 2m 或者更高的地方必须遵守相关规定。使用栏杆或扶手的固定平台，并由专人检验或使用防跌落装置。

① 适当的固定器，最好安装在头顶。

② 系上全身式安全带，在每个接位有双碰锁、自锁挂钩。

③ 合成纤维系索。

④ 减震器。

⑤ 防跌落装置，将自由落体运动距离限制在 2m 或更短的距离之内。

⑥ 检查防跌落装置或系统，如发现任何设备损坏或松动，必须停止使用。

⑦ 工作人员必须胜任工作。

三、能量隔离

隔离任何能源时，必须遵守下列规章。

① 确定隔离方法，排除储存能源的方法已获胜任人员的同意并由他们操作。

② 排除所有储存的能源。
③ 在隔离点上锁，贴上标签。
④ 进行试验，确保隔离有效。
⑤ 定期监测隔离效果。

四、封闭空间的进入

必须满足下列条件方可进入封闭空间进行作业。
① 已排除所有其他工作方式。
② 由负责人发放进入许可证。
③ 有关人员进入需粘贴许可证。
④ 所有工作人员必须能胜任工作。
⑤ 隔离所有影响空间的能源。
⑥ 检测和检验空气质量，按风险评估的规定定期重复进行。
⑦ 配备后备人员。
⑧ 禁止未经批准进入。

五、吊运操作

使用起重机、吊车或其他机械起重装置起吊时，必须遵守以下规定。
① 评估起重过程，由胜任的工作人员确定起重方法和设备。
② 操作电力驱动起重机的操作人员必须经过培训和认证。
③ 由起重特种作业考试合格的人员进行装卸和挂绳作业。
④ 至少在过去一年中检验过起重装置和设备的使用状况。
⑤ 重物不超过起重设备的动态/静态起重能力。
⑥ 安装在起重设备上的安全装置能正常使用。
⑦ 胜任人员操作前审核所有起重装置和设备。

六、变更的管理

因组织、人员、系统、工艺、程序、设备、产品、物资以及法律规章发生临时性或永久性的改变而引起的工作，必须在完成变更的管理程序后方可进行，变更的管理包括：

① 由受影响的各方进行风险评估。

② 制订一份工作计划，指明发生变化的时间范围和即将实施的控制方案。

③ 变化涉及：设备、设施和流程；运行、维护、检查的程序；培训、人员和通信；文件和资料。

④ 由负责人批准计划直至计划完成。

七、驾驶安全

驾驶所有类型的交通工具和机动设备必须遵守以下规定。

① 车辆必须适合其用途，并经检测，确保处于安全工作状态。

② 乘员数目不得超过制造商的设计规格。

③ 装载物安全可靠，不超过制造商的设计规格或法定重量。

④ 车辆配备安全带，所有乘员必须系安全带。

⑤ 摩托车、自行车、重型汽车、雪地车和类似交通工具的驾驶者和成员佩戴安全头盔。

驾驶者必须达到以下要求才能允许驾驶车辆。

① 经培训、认证及体检，认定驾驶员适合该类车辆。

② 不得酒后驾驶，也不得疲劳驾驶。

③ 驾驶中不得使用手持电话或无线电对讲机（最好的驾驶习惯是关掉所有电话和双向无线电）。

八、岩土工程

挖凿人工通道、洞穴、壕沟或凹槽时必须遵守以下规定。

① 由合格人员对施工地点进行危险评估。

② 识别并确定所有地下危险物的位置，如管道、电缆等，必要时隔离地下危险物。

对于有人员进出的人工洞穴：

① 如果需要进入符合规定的密闭空间工作，必须取得进入密闭空间的许可证。

② 必须有防止坍塌的安全措施。

③ 必须连续监测地表和环境条件的变化。

BP 公司的“八大黄金定律”是保命的定律，它的制定和颁布对于 BP 公司的安全管理起到了至关重要的作用。虽然这八条定律很简单，但它的内涵深刻，外延宽广，涵盖 BP 公司整个安全生产、安全管理的全过程、全天候、全方面。

第五章

拜耳公司安全管理

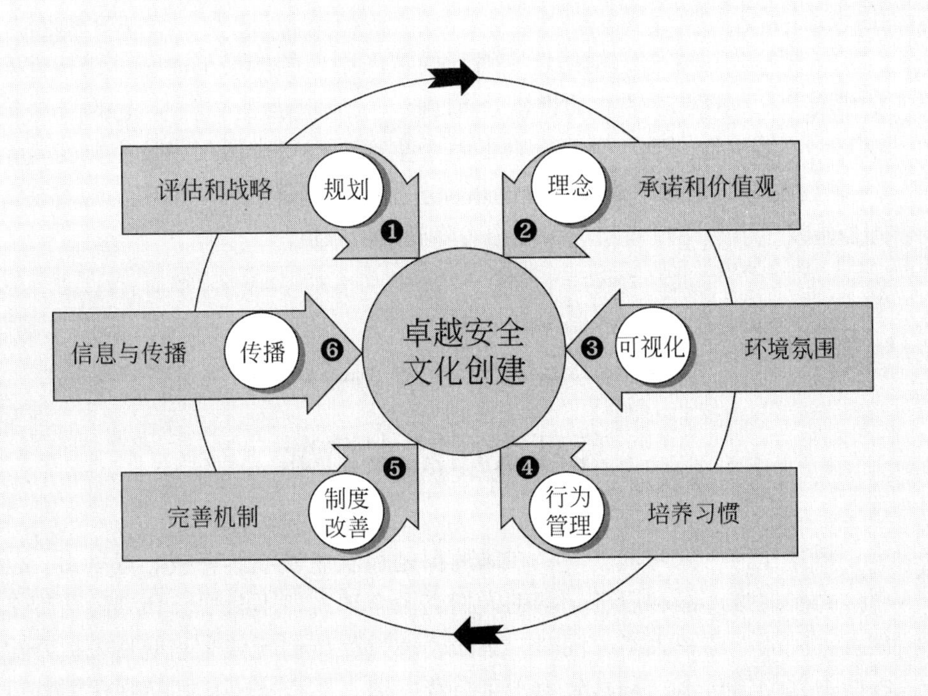

德国拜耳公司于 1863 年由弗里德里希·拜耳在德国创建。1899 年 3 月 6 日拜耳获得了阿司匹林的注册商标，该商标后来成为全世界使用最广泛、知名度最高的药品品牌，并为拜耳带来了难以想象的巨额利润。1925 年公司同其他几家化学公司合并建立法本化学工业公司。1951 年成为独立的法本继承公司，称拜耳颜料公司，1972 年取名“拜耳公司”。

拜耳公司是最为知名的世界 500 强企业之一。公司的总部位于德国的勒沃库森，在六大洲的 200 个地点建有 750 家生产厂；拥有 120000 名员工及 350 家分支机构，几乎遍布世界各地。高分子、医药保健、化工以及农业是公司的四大支柱产业。公司的产品种类超过 10000 种，是德国最大的产业集团。该公司生产的阿司匹林，被人们称为“世纪之药”。

在安全生产方面，拜耳公司也做得细致入微。在平时，有一辆安全指标测量车在厂区内穿梭，检查地点包括办公室、仓库以及实验室。在拜耳公司设在全球的所有企业中，都有同样的安全机制。拜耳公司由安全和环保方面的专家组成的小组制定企业的安全生产方案，随时采用最新的安全生产技术。

在拜耳公司安全结构的金字塔形模拟图中，图的最下面是“结构性安全措施”，中间是“主动性安全措施”，最上面是“反应上的安全措施”。“结构性安全”是指企业的整个生产结构安排做到尽量充分安全，“主动性安全”是指平时对安全的培训、检查、监督，而“反应上的安全”则是指发生事故时反应迅速，使损失降到最低限度。

第一节

拜耳公司基本情况

拜耳作为一家跨国公司，在医药保健和农业领域具有核心竞争力。公司致力于通过产品和服务，帮助人们克服全球人口不断增长和老龄化带来的重大挑战，造福人类。同时，集团还通过科技创新和业务增长来提升盈收能力并创造价值。拜耳致力于可持续发展。在全球，拜耳品牌代表着可信、可靠及优质。

拜耳在中国的历史源远流长，早在 1882 年，拜耳公司首次进入中国市场。随着中国成为世界上增长最快的市场之一，拜耳也逐步加大了在这里的投入。2019 年，拜耳在大中华区的销售额达到 37.24 亿欧元。截至 2019 年 12 月，拜耳在大中华区拥有超过 9000 名员工。

拜耳致力于以创新的产品帮助解决当今人类社会所面临的一些重大挑战。随着人类预期寿命不断延长，人口不断增长，拜耳通过专注于预防、缓解和治疗疾病的研发活动来改善人们的生活质量。与此同时，拜耳通过突破性创新引领农业未来，帮助农户、消费者得到健康、安全、可负担的食物，并且生产过程对社区、对环境友好。

随着科学的发展和技术的进步，到目前为止，拜耳已停止高毒农药的生产，现生产的农药产品均为低毒、高效、环保型产品，但是产品的安全使用是拜耳公司高度关注的工作。拜耳在开展培训时，会给施药者发放手套、防护服、面罩等。

第二节
化学品安全管理“专家”

对化学品生产和运输相关安全和环境数据进行存储和处理，是化工企业必不可少的基础工作之一。拜耳德国硅树脂分部与 GE 硅树脂分部欧洲公司联合组建的 GE 拜耳硅股份有限公司（GE 拜耳）在成立之初，需要对各公司的大量相关数据进行集中处理，SAP（Systems Applications and Products in Data Processing）产品生命周期管理软件系统中的健康、安全和环境（HSE）模块，为 GE 拜耳完成了庞大的数据处理任务。同时，HSE 还将化学品成分数据与公司生产、采购、仓库管理和销售流程的 ERP（Enterprise-wide Resource Planning）（SAP R/3）进行了全部集成。

一、环境与安全数据全球共享

HSE 模块功能包括产品安全成分管理、危险品管理、行业安全管理、排污管理等，2000 年 11 月 GE 拜耳在 ERP 系统（SAP R/3）上线后开始实施 HSE。HSE 系统集成了 GE 拜耳硅树脂公司、GE 美国硅树脂公司和 GE 日本东芝 3 个公司所有产品的成分数据，并且统一了 3 个公司的成分数据和报表，各公司可以在本地共享 HSE 数据库，通过互联网界面进行数据读取。HSE 模块的应用，使 GE 拜耳能够快速简便地产生符合各国要求的各种安全管理报表。

二、严格危险化学品管理的“专家”

GE 拜耳中央数据库中储存了 1 万多种产品和 3000 多种成分的相关法规、技术、化学和物理信息，为企业进行生产经营管理提供了依据。数据库还对有害成分和危险化学品按法规进行分级，确保企业严格按照法规和公司制度处理和运输这些物质。

GE 拜耳通过与 Ariel 的数据处理系统进行集成，获得了全球法律信息以及物质等级，比如 CAS 号、化学存货中的成分表、空气中的最高浓度或者欧盟的成分分级等。产品生命周期管理软件自动从 Ariel 中获取这些数据并送到 SAP 系统中，无须人工评价物质等级和手工输入数据。GE 拜耳负责安全的工作人员对此非常满意，有了数据服务器，可以把原来分散在各个国家的数据处理汇集到总部进行集中处理，无须再向各地派送 HSE 专家。此外，集中数据管理还可以让公司全球各地的员工在当地注明产品成分数据和特性，这样 GE 拜耳就很容易根据各个国家和地区的法规列出有害物质或成分表。SAP 解决方案提供的大量数据处理功能可支持大量主要数据的改变，当法规有变化时可及时进行相关数据处理。

GE 拜耳通过产品生命周期管理软件中的 HSE 功能还能分配和更新危险化学品的分级，包括 700 种规定为危险物品运输的产品。这些分级存储在 HSE 系统中，在运输物品的时候可自动获得。当系统按照销售订单创建发运任务以后，会根据运输路线和危险品数据自动检查，以防止违反规定运输。此外，相关物品数据将自动打印在运输文件、发运通知和标签上。

HSE 系统还能自动创建和管理文件，如物料的安全数据表、标准操作程序、有害成分、标签和有害物质库存，企业员工可在线获得所在国语言的文件。例如，当客户采购的产品需要特定的官方证明文件时，产品安全数据表可以自动跟随销售订单送出。

HSE 向 GE 拜耳提供了一个全球范围内产品数据管理和报表系统，确保了 3 家公司能无障碍地获得完整数据，及时提供物料安全数据表、标签、运输分类信息，从而使 GE 拜耳可以更方便地为国外公司进行产品运输准备。ERP 系统流程如图 5-1 所示。

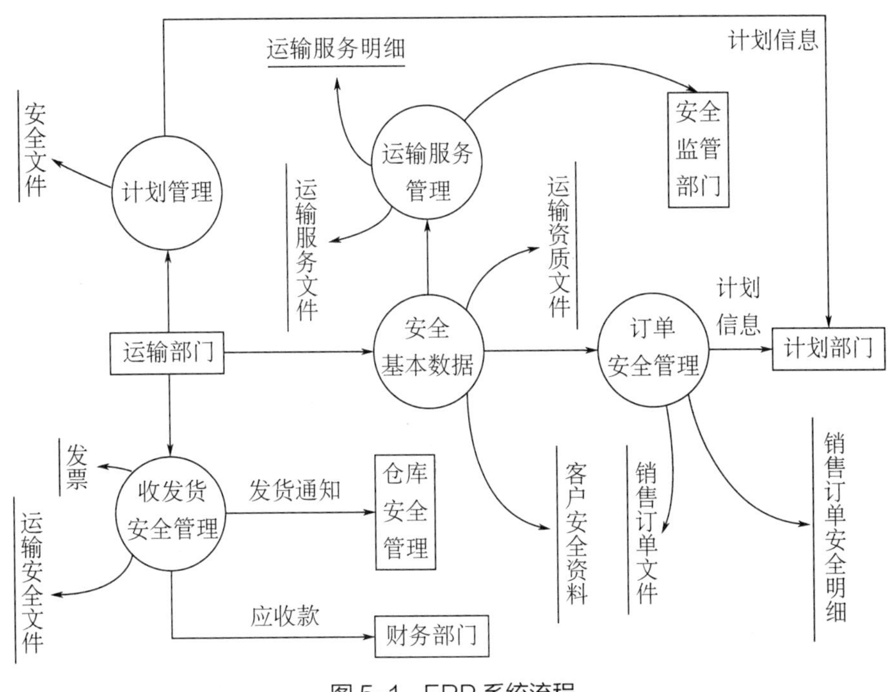

图 5-1　ERP 系统流程

三、化工巨头的绿色情结

2007 年，拜耳公司决定在全球启动“拜耳气候计划”，旨在通过运用先进设施、新技术和新方案进一步减少生产过程中温室气体的排放量，以适应节能减排的发展目标。然而，这只是拜耳多年来从事环保事业的一个节点。其实，拜耳早已“笔耕不辍”。

1987 年，“可持续发展”的概念首次出现。然而早在此之前，拜耳已经开始了对可持续发展承诺的履行。

1901 年，在德国勒沃库森最早成立的“废水治理委员会”，主要任务是收集工厂排出的废水信息和监测莱茵河河水水质，这标志着拜耳开始从体制上致力于环境保护。如今这已发展成为拜耳处理健康、安全和环境问题的公司职能。

正如拜耳相关负责人所言明的那样，当初所做的这些努力如今已经成为在经济利益、生态环境和社会利益之间保持平衡的途径。拜耳可持续发展的理念不仅反映在使人类和动物受益的产品上，而且还反映在生产标准、产品安全和产品寿命管理的最严格标准上。

最值得一提的是，在 2006 年加拿大蒙特利尔召开的气候高峰会议上，拜耳因其近 10 年中在气候保护方面的成就获得了“低碳排放先导者奖”。该奖项授予在相关方面表现最好的 5 家公司，拜耳是唯一获得此殊荣的德国企业，在总共 500 家大型企业中，它在全球气候保护方面排名第三位。

拜耳在中国的核心策略就是与中国的经济和社会发展保持同步，始终关注着中国的发展，并与政府各有关部门保持密切的联系，及时了解中国市场的需要。

在全球范围内，拜耳提出“科技创造美好生活”，在中国应用起来便是“拜耳方案，应中国之需”。这种针对性的举措，在中国的业务中得到了很好的体现。

1. 卓越创新，铺就节能减排之路

材料科技是拜耳的业务领域中节能减排的良好触发点，而新应用、环境友好的生产方法以及量身定制的产品解决方案也正是拜耳材料科技研发活动的核心所在。如拜耳材料的生产基地——拜耳上海一体化基地，位于上海化学工业区内，占地面积约为 $1.5km^2$，于 2001 年动工兴建，是拜耳有史以来在德国本土以外最大的投资项目。拜耳材料科技凭借在生产领域广泛的行业经验和一流的技术，致力于打造一个具有世界先进水平的化工园区。

2008 年 10 月，拜耳材料科技在其上海一体化基地正式启动年产能 35 万吨的 MDI（二苯基甲烷二异氰酸酯）生产工厂。这一全新的世界级工厂是当时全球最大的 MDI 生产设施。其中用于氯化氢回收的“去阴极化技术”（ODC），是在全球范围内第一次大规模商业化应用，相对传统工艺，可节省 30%的电力能耗。此外，拜耳上海一体化基地内，一个年产能 25 万吨的 TDI（甲苯二异氰酸酯）工厂已动工兴建。该装置使用了最新的气相光气化技术，可用于生产甲苯二异氰酸酯（TDI），此项技术减少了 60%的能源消耗，可使生产 1t TDI 所需的能耗（煤）从 1.5t 降低到 0.5t，每

年可减少 6000t 的二氧化碳排放量，而且工厂规模与传统工厂相比大幅缩小，使投资成本降低 20%。生产基地内的许多创新技术都是在世界范围内首次亮相的。采用了先进技术和节能设施后，拜耳上海一体化基地比标准生产工厂节省了近 100MW 的能耗，这些能源可满足 1 万户家庭的日常供电需求。此外，纳米技术也带来了一系列全新的可能性。通过使用拜耳的碳纳米管，材料可变得极为稳定坚固，而其重量也可以显著减小。随着中国新能源的发展，风力涡轮机装置的转动叶片使用碳纳米管将更为节能和高效，这也是拜耳材料科技的所涉范围。

2. 先进科技，引领建筑节能时代

调查显示，建筑物的温室气体排放量约占全球总排放量的 18%，是影响全球气候变暖的一个重要因素。未来人们在设计气候友好型建筑时，将面临巨大的挑战，如果不立即采取措施，气候变暖将导致人们更加依赖高能耗的空调系统。作为拜耳气候保护计划的一部分，拜耳于 2012 年前斥资约 10 亿欧元，用于改善气候的研发工作。

近年来，随着绿色建筑的兴起，绿色材料的需求也骤然激增。作为生态建筑“宠儿”的聚碳酸酯板材也越来越受到欢迎。据李斌博士介绍，拜耳模克隆聚碳酸酯板材具有很高的透光率、很轻的重量、极高的强度，且持久耐用。作为中国北京 2008 年奥林匹克运动会主要比赛场地之一的天津奥林匹克中心体育场已采用模克隆聚碳酸酯建造屋顶，成为该体育场的特色之一。多层 UV 防护聚碳酸酯板更具卓越的隔热性能、出色的冷弯特质和超低重量特性，与相同厚度的传统板材相比，可节省能源 25%。节能建筑可以为气候保护作出巨大的贡献。根据当地的气候条件来设计建筑并非新创意，拜耳将这一理念与尖端材料、高科技照明以及 IT 管理结合在一起，使它变成了现实。

拜耳材料科技在中国市场的另一个增长动力则是有利于气候保护的高环保性产品。拜耳的材料能够提高建筑的隔热性能，从而在降低取暖成本的同时，减少二氧化碳的排放量。以拜耳聚氨酯喷涂泡沫为例，可为建筑提供出色的节能效果，有效地降低能耗，提高能效。在整个使用周期中，硬质聚氨酯泡沫塑料产品可节省的能源相当于生产该产品所消耗能源的 70 倍。

3.气候计划、拜耳中国碳足迹，践行可持续发展承诺

拜耳将可持续发展的理念和承诺作为发展的基石，并付诸行动。拜耳于 2007 年开始在全球范围内贯彻执行“拜耳气候计划”，其中最重要的内容就是规定了集团自 2005～2020 年的碳排放量控制，在 2005 年的基础上拜耳三大业务集团——拜耳材料科技、拜耳作物科学和拜耳医药保健在 2020 年前力争将全球的生产和商务活动中的碳排放分别减少 25%、15%和 5%，每吨产品的废水排放减少 10%。此外，拜耳设立奖励机制，鼓励员工使用环保型车辆。在拜耳气候计划的框架下，重点发展的灯塔项目包括生态友好商业建筑、抗逆性植物、植物源可再生能源及拜耳气候检测。

拜耳中国在其所有子公司和生产基地启动“拜耳中国碳足迹”检测项目，全面检测其生产和商务过程中所产生的碳排放量，这就意味着“拜耳中国碳足迹”检测的范围不仅包括受到普遍关注的生产活动，而且扩大到了公司的办公楼宇、商务用车、商务旅行等非生产活动。该项目旨在对拜耳在中国的碳排放进行科学系统的检测和控制，并为制定明确的碳排放标准和目标提供参考。项目的特点在于运用科学的分析和检测机制将企业的经济利益、技术创新和对环境的社会责任感有机地结合，集中体现了拜耳的可持续发展理念。

“拜耳中国作为拜耳集团在世界范围内第一个实施以国家为单位计算碳排放的分支机构，再次体现出拜耳对协助中国应对气候变化的决心和承诺。”拜耳集团大中华区总裁表示。目前此项目已在拜耳中国的生产基地及办公楼开始实施。与此同时，拜耳中国在整个集团内部开展“绿色办公计划”，呼吁和倡导员工养成在工作中的环保习惯，循环利用资源，节省电和水的消耗，从身边的小事做起，为应对气候变化和能源问题出一份力。

拜耳集团致力于可持续发展，并致力于培养、提高作为企业公民的社会责任和道德责任，并将经济、生态和社会责任视为同等重要的企业目标。在当前倡导绿色科技的时代，拜耳以自身清晰的定位，践行着自己的绿色承诺，同时也协助中国企业履行节能减排的使命。

第三节
拜耳公司安全管理

一、拜耳在世界一体化

一体化基地就是把多个不同的生产单位合理地集中在一起，以便最大限度地共享统一的基础设施。基础设施的集中化，使每个生产单位得以把主要精力放在自己的核心生产活动上，而不需要过多担心后勤工作。与独立设置的生产经营单位相比，一体化基地充分地利用了系统效能。拜耳在全球设有 200 多个生产基地，其中很大一部分都是按照一体化的模式建设的。一体化主要包含：推进产品项目一体化；推进公用辅助一体化和物流传输一体化；推进安全环保一体化；推进管理服务一体化。如在上海漕泾一体化生产基地，拜耳计划建设 8～10 个生产项目，目前在基地内已经注册了 3 个公司，即拜耳（上海）涂料系统有限公司、拜耳（上海）聚合物有限公司和拜耳（上海）聚氨酯有限公司。年生产能力 11500t 的涂料公司，已于 2003 年 4 月开始生产。就在这里，拜耳将用 30 多亿美元，打造一个崭新的化工生产基地。这是拜耳集团在全球的 200 多个一体化生产基地之一。一体化模式的益处很多，可以节省很多资源，形成一套共享公用设施的集中管理系统。基地建设中有四个关键因素，即公用工程，健康、环境和安全管理，行政管理，原材料管理。也就是说，一体化基地把多个不同的生产单元合理地集中在一起，不用重复建设，最大限度地共享统一的基地水、电、气等公用工程和环境安全及原材料等管理。基础设施的集中化使每个生产单元得以把主要精力放在自己核心的生产活动上，而无须为后勤支援服务操心，而每个生产单元，都可以充分利用基础设施各个关键因素间的协同效应，一举多得。

拜耳漕泾一体化生产基地的管理组织机构很明晰，在基地管理机构中同时设有健康、环境和安全管理，行政，协调服务，人事，技术服务，工艺控制技术等部门，这些部门直接面向基地中的生产单元，提供技术保障、服务和监督。而基地各生产单元的生产经理对责任区 HSE 事务负责，承担连带的法律责任，并接受基地各职能部门的监督和服务。

二、安全贯穿拜耳成长全过程

拜耳认为生产是产品生命周期的最重要环节之一，产品的生产工序除尽量减少对环境的破坏和降低原材料的耗用外，更重要的是确保生产的高度安全。拜耳发展到今天已有 150 多年，仍然在世界上傲视群雄，与他们对安全的认识不无关系。早在 1898 年，拜耳就建立了工业技术自我监控系统，并得到官方承认；1903 年，拜耳公布首组事故统计数据；1934 年组建事故预防处；1974 年举行第一次安全知识竞赛；1985 年《生产过程与设备准则》出台；1994 年制定出台《责任关怀、环境保护与安全指导准则》；2000 年举办环保与安全信息论坛。可以说，针对安全环保的工作，始终贯穿在拜耳的成长过程中。如今，由拜耳最高层组织结构就能看出，安全管理在这个跨国公司中所占的位置，如图 5-2 所示。

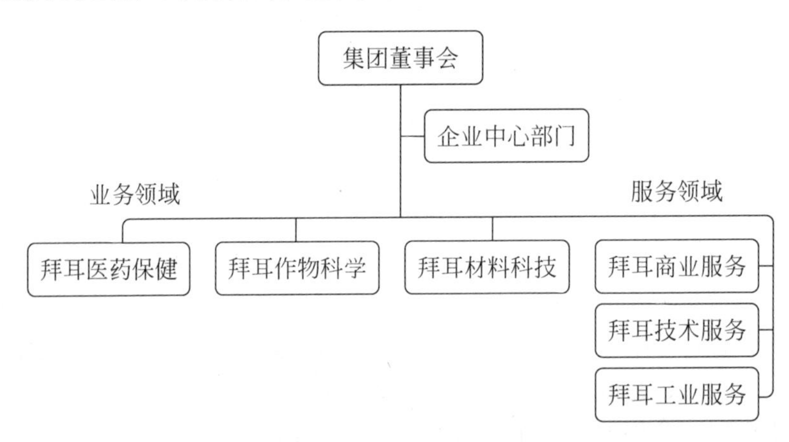

图 5-2 拜耳最高层组织机构

1976 年，意大利塞维索的伊克梅萨化工厂逸出三氯苯酚，其中含有剧毒化学品二噁英，造成严重的环境污染。塞维索事故发生之后，欧盟实施了《塞维索指令》（即《重大危险指令》）。安全管理体系是《塞维索指令》的一项重要要求。其他国家也有关于安全管理体系的类似法规。这些法规促进了拜耳公司安全管理体系的实施。

1. 拜耳公司安全管理体系

拜耳公司的安全管理体系可以形象地比喻成一座七柱式宫殿（图 5-3）。宫殿的穹顶，自然是安全管理系统；支撑宫殿的是七根重要支柱，即识别和评估危害、运行控制、人员和组织架构、变更管理、应急管理、绩效监控、审计和复核；宫殿的地基，则是程序和文件，包括一系列的内部政策和指令来描述安全理念和强制要求。

图 5-3 拜耳公司安全管理体系七大支柱

工作现场的每一个人，必须知道安全管理体系及其要求，还有他们的角色和职责。安全管理体系是一个动态的系统，具有全面性和综合性的特点。

2. 拜耳公司过程安全管理

过程安全管理是拜耳公司安全管理体系的核心组成部分。过程安全在安全管理体系下的主要体现是：全面的风险评估及安全措施制定；运行程序、作业许可、检测和可靠性管理；合理的组织架构，工厂与过程安全资质及培训要求；技术性和组织结构变更管理流程；事故后果缓解性措施以及应急响应预案；过程安全关键绩效指标；过程安全审计和复核——内审和外审。拜耳过程安全管理见图 5-4。

3. 识别和评估危害

对于每一个工艺流程，拜耳公司都要求进行详细的过程危险分析，其中包括全面的风险评估程序（图 5-5）。风险评估始于识别各种操作（如正常、不正常、开停车、维修等）可能面临的危险场景（如高压、高温等），紧接着基于危险场景的严重性和发生频率进行风险评估，并通过采取与特定风险等级相匹配的安全措施来降低风险水平。基于团队的危险和可操作性分析（HAZOP 分析）方法被用于进行彻底的危险辨识和风险评估，同时专注于制定预防性措施降低风险的方法被加以运用。

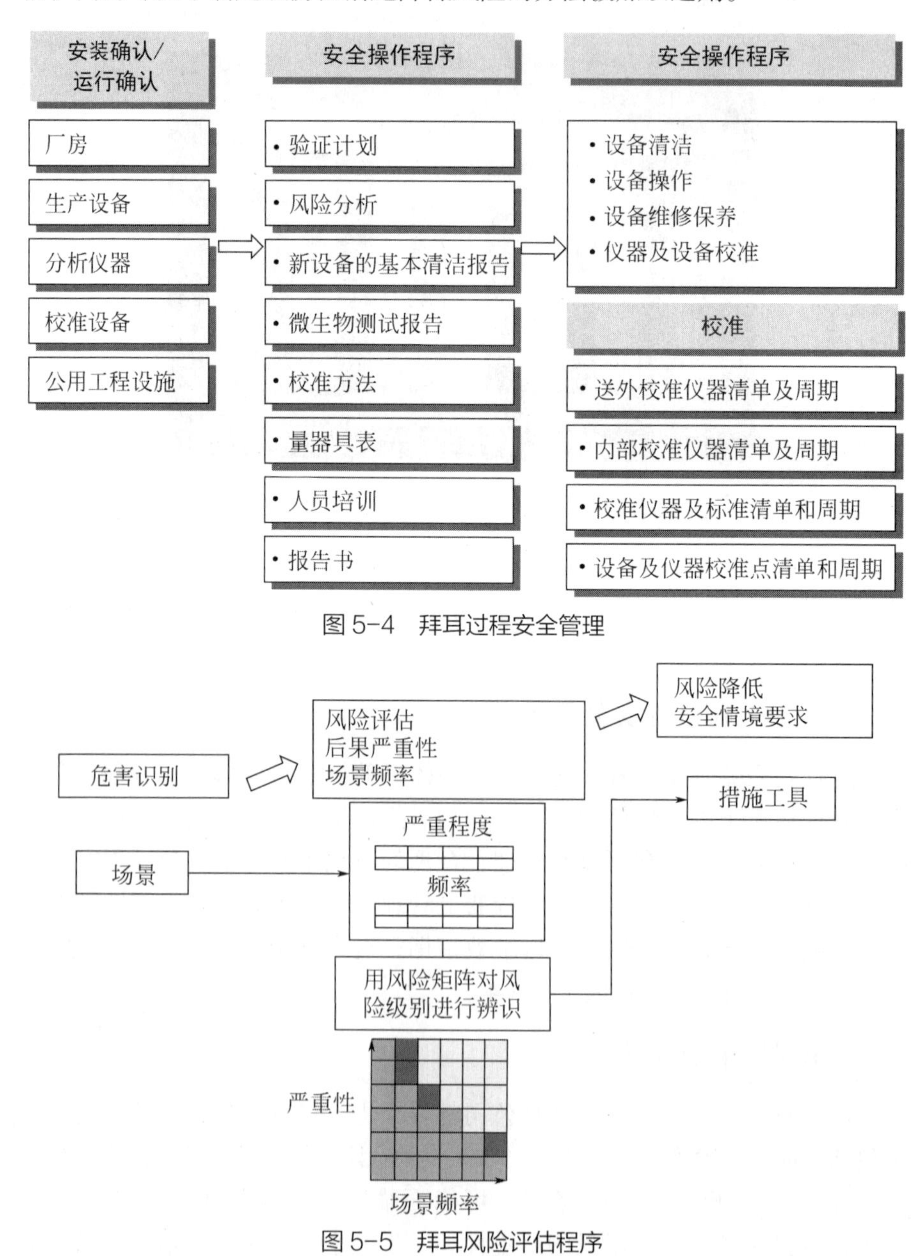

图 5-4　拜耳过程安全管理

图 5-5　拜耳风险评估程序

4.运行控制

拜耳公司的过程安全管理包括各种程序和文件，以管理过程风险，主要有：标准操作程序覆盖正常运行、维修、启动、关闭以及在出现故障的情况下所应采取的行动；确保安全进行危险作业的作业许可流程，在风险评估和作业审批实施中充分应用“四眼原则”；检测和可靠性管理，包括火灾、爆炸防护相关的安全设施和设备；压力容器、设备、管道、压力安全阀的可靠性管理，安全仪表功能的测试（PCT联锁）等。

5.人员和组织架构

组织架构、人员的资质和培训、工厂管理人员的角色和职责，均在拜耳公司的《工厂管理指令》中被明确定义，其中也包括与工厂和过程安全相关的具体职责。员工的（针对特定工厂或基地）培训计划依照资质矩阵加以制定，包括上岗培训以及周期性复训等。此外，作为整个“卓越的工厂和工艺安全绩效倡议”（TOPPS倡议）的一部分，拜耳公司已经制定了一个非常详尽而系统的“工厂与过程安全培训计划”（图5-6）。根据该计划，各级运行人员依据他们的职能，都要接受不同程度的过程安全全面培训。截至2018年底，整个拜耳集团超过26000名制造领域的员工得到培训。

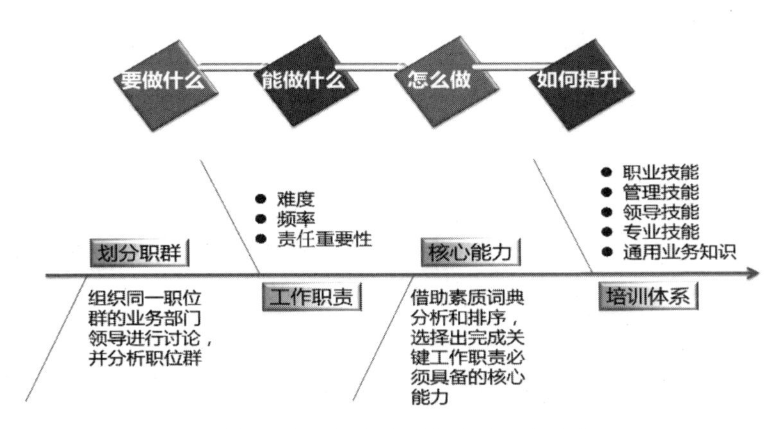

图5-6　拜耳工厂与过程安全培训计划

6.变更管理

每一个变化都可能影响已有安全概念或者操作安全。因此，任何一个变化都必须就变化是否影响安全、环境、合规性（如生产许可）等进行评估。评估应当由工厂管理者、工厂经理或项目负责人来负责完成。一个适当的变更管理程序规定当发生技术性和组织机构方面变更时所应进行的全面风险评估，应用“四眼原则”严格审批流程，以及应当制定并实施的措施。

7. 应急预案

拜耳公司每一个基地都要求有不同层级的应急预案，包括工厂应急预案、基地应急预案、（适用的）基地外应急预案。必要时，必须采取额外的缓解性措施降低过程安全风险，此类措施诸如隔离房、收集围堰等。

拜耳集团安全系统有四个组成部分，其中重要组成部分之一就是他们的应急系统。在漕泾一体化基地按照拜耳集团的要求和多年积累的应急理念，建立了一套适合拜耳漕泾基地的应急系统，以对突发事件采取积极有效的应对，将财产损失及对环境的影响降至最低，保证员工不受伤害。紧急警报可分为 2～3 个级别。一级警报，事故影响仅局限于本装置，如果发出该报警，所有非装置人员要立即离开此装置，并在指定的紧急集合点汇合；二级警报，事故可能影响本装置以外的其他相邻工厂，可能要报告消防队，所有可能受到影响的工厂均按照其相应的应急预案行动；如果需要，可执行三级警报，通知拜耳公司以外的其他公司，并执行各自相应的应急预案。通过制定周密的应急预案，可有效地防止员工在突发事件中受到暴露于外的有害物质的伤害。

8. 绩效监控

绩效监控的一个重要方面是事故调查，关键是要分析所有的事件和事故（包括未遂事故）：找出这些事件的根本原因；消除事故发生的根本原因，以预防其再次发生（避免下一次可能发生的更为严重的事故）；审查安全概念；提高整体安全水平。

另外一个重要的方面是使用关键绩效指标（KPI），对过程安全的绩效进行明确评估。例如，拜耳材料科技已选定 4 个绩效指标，专门解决工厂在其整个生命周期的整体安全概念的完整性问题。过程或工厂的整体安全概念通常包括以下要素：健全的运行理念；可靠的预防理念；有效的缓解理念。安全理念必须得到全面有效的制定、实施、运行、维护和检查，以确保工厂能够安全和可靠地运行。

过程安全的关键绩效指标有 4 个：危害分析绩效（HAP），指过程危害分析以及过程危害分析开工项未及时完成的百分比，此指标重在确认安全理念得到及时更新，且全面实施；检测和验证性测试绩效（IPP），指（设备、管线）检测和（安全仪表回路）验证性测试未及时完成的百分比，此指标重在保持设备完整性及安全措施功能的有效性；安全概念有效性（SCA），指安全仪表系统回路（如回路失效或者特定工艺状况）、旁路的频次，此指标重在保持过程安全措施的有效在线运行；第一级保护层失效（LOPC），指每 20 万运营人员工作小时内所发生的泄漏数量，此指标重点关注如何监控和避免物料或者能量的释放，即使这种释放不影响人员安全健康及环境。

这 4 个指标中的 3 个，即危害分析绩效、检测和验证性测试绩效和安全概念有效性是主要的指标。在确定改进空间和促进变革方面，这些主要指标已经被证明是有效的。即使经由这些指标所显示的安全绩效水平较高时，这些指标也被定期有效监控，确保整体水平不会出现非预期的降低。在整个化工行业，一个合适的滞后指标，如第一级保护层失效事故（LOPC），可以成为长效的标准过程安全绩效指标。

三、行为安全管理是核心

行为安全管理的核心是针对不安全行为进行现场观察、分析与沟通，以干扰或介入的方式，促使员工认识不安全行为的危害，阻止并消除不安全的行为。行为安全管理理论中的 4 个主要步骤如下。

① 识别关键行为；

② 收集行为数据；

③ 提供双向沟通；

④ 消除安全行为障碍。

因此在拜耳公司，针对员工不安全的行为，不是责备和找错，而应该识别关键的不安全行为，监测和统计分析，制订控制措施并采取整改行动，最终降低不安全行为发生的频率。影响员工不安全行为的因素可能来自很多方面，如管理系统、员工身体健康状况、设施、工艺流程、产品等。

拜耳认为，不安全行为的类型和频率是安全管理现状的尺度，是事故的预警信号。对员工工作习惯的细心观察和分析可以找到许多潜在的不安全或冒险行为的原因。人的心理状态，可能很难客观地界定和直接改变，但有时候它却对由系统因素造成的目标行为有很大的影响。通常可通过改变导致行为的原因，包括管理体系、安全方针和工作条件，进而改善员工的行为和态度。绝大多数伤害事故都是由不安全行为所导致的。事故调查证明，在工作场所发生一次伤害事故，其实已发生了数百次的不安全行为。大量的不安全行为增加了重大事故发生的概率。要避免发生重大伤亡事故，就必须减少导致伤害事故的不安全行为；而要减少或杜绝伤害事故的发生最有效的途径就是控制、避免和消除所有的不安全行为。

四、安全文化建设创新

拜耳在安全文化建设方面首先是非常注重创新，并认为安全文化建设的方法需要不断地推陈出新，扎实推进并注重实效，拜耳非常重视这方面的工作。

1. 按照 HSE 管理体系，建立健全安全生产制度

公司有合规准则，要求所有部门、任何员工都要遵守国家的所有法律法规。所以 HSE 部门通过查阅报纸、杂志及政府网站，查找所有新颁布的法律法规，并修改或建立公司相应的制度。拜耳公司有 150 多年的历史，涉及医药保健、材料科技和作物、医学领域，在安全生产方面保持世界高水平。当拜耳医药保健的德国总部发布这方面的准则时，拜耳工厂也据此修改制度。经过工厂管理层审阅批准，建立制度后，在生效前组织所有的员工进行培训。由于工厂每天连续三班生产，同样的培训进行三期，由专人负责这个培训工作，保证所有相关人员参加培训并通过考试。各部门经理、主管在日常工作中检查制度的执行情况。

拜耳用文件管理系统（DMS）对制度进行电子化管理，任何人可随时查阅。所有制度可以根据实际情况随时修改，并且最晚每三年回顾一次，以确定是否需要修改。

2. 抓好建设项目安全设施“三同时”

拜耳医药保健对建设项目有严格的安全审查制度，具体如下。

（1）初步安全审查。在项目的最初阶段，对准备购买的设备进行初步的安全审查。审查安全数据、工艺参数、工艺框图等方面，审查结果写在A1安全证书中。A1安全证书是投资预批准的前提条件。

（2）安全设计审查。在项目初步设计阶段，系统性地审查关键工艺和设备的安全要素，形成A2安全证书。

（3）详细的安全审查。在完成详细设计后，进行综合安全审查，形成A3安全证书。

（4）调试前的安全审查。在设备调试前，对整体安全概念的实施情况进行审查，形成A4安全证书。

对于现有的设备，每5年重新进行安全审查，审查设备的现状是否达到安全要求。

所有安全审查必须由公司认定的有资质的专家带领相关专业的人员一起进行，这个专家必须参加总部的相关培训并通过考核，并经常从事安全审查工作，所以保证了安全审查的质量，以确保设备的本质安全。

3. 抓好隐患排查治理工作

德国总部派检查组每3年来工厂检查职业健康和安全生产工作，对工厂的制度、现场、应急管理、法规符合性等各方面检查至少3天。

厂长带领管理层在全工厂排查隐患。各部门经理和主管在自己的职责范围内检查安全。公司邀请专家为大家培训如何进行工作危害分析，培训结束后各岗位开展工作危害分析，所有员工汇报安全隐患。公司奖励在隐患排查中表现优秀的员工。

在全体员工的共同努力下，实现工厂本质化安全，连续较长时间不发生任何事故。

4. 面向全体员工，安全成果由全体员工分享

拜耳在安全文化建设中，让所有员工充分参与，面向所有员工开展多种多样的活动，并注重实效。员工真正地从心里积极参与安全文化建设，贡献自己的力量。

例如，工厂每年组织全体员工去国外或外地开展为期 4~5 天的活动，包括会议、团队建设和休息，工厂还每年数次召开员工沟通会。HSE 部门参与所有这些活动的安排，以确保不发生事故。在这些活动中，厂长为大家总结拜耳在安全生产方面的情况，安排下一步安全生产工作的重点，并奖励在安全生产方面表现优秀的员工。在这些活动结束后拜耳将活动的照片制成大的专栏张贴在餐厅。通过这些活动，大家感觉工厂有家庭的温暖，大家是兄弟姐妹，拜耳关心彼此的安全与生命。所以大家在工作中自觉做到不伤害自己，不伤害他人，不被他人伤害，保护他人不被伤害。大家从心底里关心自己和他人的安全，关心工厂的安全发展。

工厂进行过全体员工参加的问卷调查，了解员工对工厂安全生产状况的看法。问卷采用不记名的方式，让外部公司对问卷进行总结，所以每个人不必担心自己的答案会被别人知道。这个问卷调查的结果是：几乎百分之百的员工都认为拜耳的工厂是很安全的工作场所，愿意继续在这里工作。也正是由于员工们有了这样的认知，拜耳工厂的员工辞职率很低，队伍很稳定，所以能保持并不断提高安全文化水平。

5. 营造安全文化的氛围

拜耳在工厂的大厅设置安全生产无事故天数电子统计牌，在全厂张贴安全生产宣传画，设置安全文化专栏，悬挂安全生产横幅，每季度向全体员工发 HSE 沟通信，并组织多种多样、形式新颖、注重实效的活动，大家积极主动地参加这些活动。例如举办安全生产知识竞赛、安全生产征文比赛、邀请职安全局的领导和外部的专家讲课、安全管理制度培训、急救培训、针对特种设备从业人员的讲座、安全生产知识答卷等活动。通过这些活动，不断提高员工的安全意识、安全知识和安全技能。拜耳还在各处放置安全警示标识，比如：在楼梯上有“上下楼梯抓好扶手”的安全警示标识。

厂长邀请生产一线员工召开沟通会，在会上鼓励大家说出自己的心里话，反映对安全生产状况的真实看法，让生产一线员工感受到工厂最高管理层对安全的承诺。拜耳安全文化建设见图 5-7。

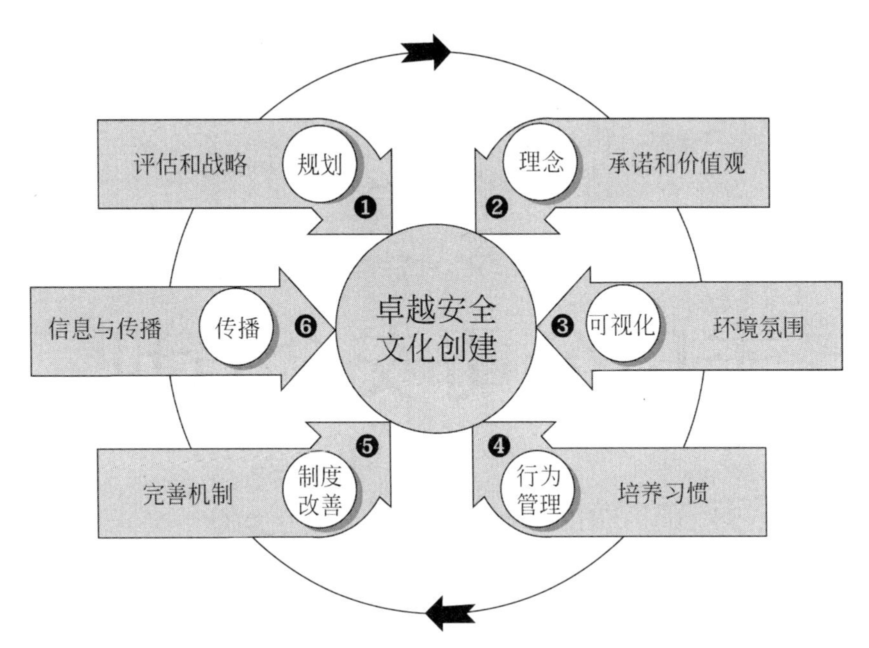

图 5-7　拜耳安全文化建设内容

第六章

丰田公司安全管理

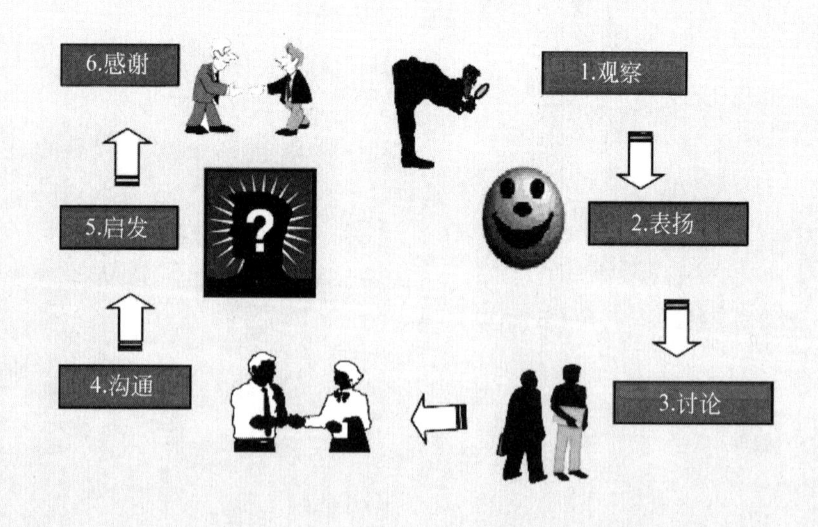

丰田公司是世界十大汽车工业公司之一，总部设在日本国爱知县丰田市。前身是 1933 年丰田自动织机制作所设立的汽车部，1935 年丰田 A1 型汽车试制成功，1937 年即成立丰田汽车工业公司，1938 年投产。第二次世界大战后公司加快了发展步伐，通过引进欧美汽车技术和管理专家，很快掌握了先进的汽车生产和管理技术，并根据日本民族的特点，创造了著名的丰田生产管理模式并不断加以完善提高，大大提高了生产效率和产品质量。20 世纪 60 年代，其汽车产品大量进入北美市场。1982 年与丰田销售公司合并改称现名。1974 年首次在美国加利福尼亚建厂生产车身部件，1984 年在美国建的新联合汽车制造公司（NUMMI）投产。

丰田汽车公司旗下品牌主要包括雷克萨斯、亚洲龙、卡罗拉等系列高中低端车型等。

第一节 企业简介

一、企业文化

作为企业文化和人力资源管理结合中的一部分，丰田公司的企业教育取得了很大的成果。较高的教育水平和企业人才培训体系的建立，是企业乃至社会经济飞速发展的基础，这一点在丰田的企业文化和人力资源管理中得到了证实。丰田公司对新参加工作的人员，有计划地实施主业教育，把他们培养成为具有独立工作本领的人。这种企业教育，可以使受教育者分阶段地学习，并且依次升级，接受更高的教育，从而培养出高水平的技能人才。丰田教育的范围不仅限于职业教育，而且还进一步深入到个人生活领域。教育的目标具有生活中的实际意义而能够被员工普遍接受。有人问："丰田人事管理和文化教育的要害和目标是什么？"丰田的总裁曾做了这样的回答："人事管理和文化教育的实质是通过教育把每个人的干劲调动起来。"丰田教育的基本思想是以"调动干劲"为核心。

丰田汽车纲领体现了丰田公司的目标、信念、追求、哲学和价值观的总和，体现了丰田精神。几十年来，丰田公司一直是在该纲领的指导下从事企业活动的。这样的企业精神已经牢固地树立在每个丰田人的心中，从而形成了全体丰田人统一的价值观、共同的生活信念和一致的人生目标。正是在这种企业精神的激励下，丰田人忠于职守、努力工作，不断提高劳动生产率，创造出了惊人的成绩。

二、基本理念

（1）遵守国内外的法律及法规，通过公开、公正的企业活动争做深得国际社会信赖的企业。

（2）遵守各国、各地区的文化和风俗习惯，通过扎根于当地社会的企业活动为当地经济建设和社会发展作出贡献。

（3）以提供有利于环保的安全型产品为使命，通过所有的企业活动为创造更美好、更舒适的生存环境和更富裕的社会而不懈努力。在各个领域不断开发和研究最尖端的科学技术，为满足全球顾客的需求提供充满魅力的产品和服务。

（4）以劳资相互信赖、共同承担责任为基础，造就出能够最大限度发挥个人创造力和团队力量的企业文化。通过全球化的创造性经营，努力实现与社会的协调发展。

（5）以开放性的业务往来关系为基础，致力于相互切磋与创新，实现共生共存、长期稳定发展的良好关系。

（6）人是丰田生产体系中最重要的因素，因此必须构建相互信赖的良好劳资关系，培养个人的创造力及团队精神，从而确保世界各地都能生产高质量的丰田汽车。

丰田生产体系（TPS）是日本丰田汽车公司所创造的一套进行生产管理的方式、方法，以消除浪费、降低成本为目的，以准时化（just in time，JIT）和自动化为支柱，以改善活动为基础。丰田管理核心见图 6-1。

图 6-1　丰田管理核心

三、关键原则

丰田式生产管理的关键原则归纳如下。

1. 建立看板体系

重新改造流程，改变传统由前端经营者主导生产数量，重视后端顾客需求，后面的工程人员通过看板告诉前一项工程人员需求，比方零件需要多少，何时补货，亦即是“逆向”去控制生产数量的供应链模式，这种方式不仅能节省库存成本（达到零库存），更重要的是将流程效率化。

2. 强调实时存货

依据顾客需求，生产必要的东西，在必要的时候，生产必要的量，这种丰田独创的生产管理概念，在 20 世纪 80 年代即带给美国企业变革的思维，现已经有很多企业沿用并有成功的案例。

3. 标准作业彻底化

丰田对生产每个活动、内容、顺序、时间控制和结果等所有工作细节都制定了严格的规范，例如装轮胎、引擎需要几分几秒。但这并不是说标准是一成不变的，只要工作人员发现更好、更有效率的方法，就可以变更标准作业，目的在于促进生产效率提高。

4. 排除浪费

排除浪费任何一丝材料、人力、时间、能量、空间、程序、运搬或其他资源。即排除生产现场的各种不正常与不必要的工作或动作、时间、人力的浪费。这是丰田生产方式最基本的概念。

5. 重复问五次为什么

要求每个员工在每一项任何的作业环节里，都要重复问为什么（why），然后想如何做（how），以严谨的态度完成制造任务。

6. 生产平衡化

在丰田，所谓的平衡化指的是“取量均值性”。假如后工程生产作业取量变化大，则前作业工程必须准备最高量，因而产生高库存的浪费。所以丰田要求各生产工程取量尽可能达到平均值，也就是前后一致，为的是将需求与供应达成平衡，降低库存与生产浪费。

7. 充分运用“活人和活空间”

在不断改善流程下，丰田发现生产量不变，生产空间却可精简许多，而这些剩余的空间，反而可以做灵活的运用；人员也是一样，例如一个生产线原来六个人在组装，抽掉一个人，空间空出来而工作由六个人变成五个人，原来那个人的工作被其他五个人取代。这样灵活的工作体系，丰田称呼为“活人、活空间”即鼓励员工都成为“多能工”以创造最高价值。

8. 养成自动化习惯

这里的自动化不仅是指机器系统的高品质，还包括人的自动化，也就是养成良好的工作和学习习惯，员工的不断学习创新，也是企业的责任。正如日本企业管理大师松下幸之助所说：“做东西和做人一样”。通过生产现场培训教育的不断改进和对人员的激励，使员工的素质越来越高。

9. 弹性改变生产方式

以前是生产线上（line）作业方式，一个步骤接着一个步骤组装，但现在有时会视情况调整成几个员工在一作业平台（cell）上同时作业生产。日本电气公司（NEC）的手机制造工厂，因为需同时生产二十几种款式手机，所以激活机器人并无法发挥效率，他们就采用上述方式，一桌约三四个员工作业，来解决现场生产问题。

第二节

创造和谐安全的交通世界

一、什么才是“好车”

在丰田看来，只有对人和地球环境没有伤害的车，才能称其为“好车”。一直以来，丰田都致力于制造这样的“好车”，不仅追求车辆功能性和舒适性的提高，更致力于提高车辆的环保性和安全性。

二、零伤亡

丰田在安全领域以交通事故零伤亡为远景目标，同时从主动安全、被动安全以及“预防碰撞安全系统”等方面开展汽车安全技术的研发来实现这一目标。在丰田，安全技术及车辆的开发是以“综合安全”为目标的。“综合安全”是指统合车身搭载的各项安全技术和系统，通过车与道路状况、与其他车辆之间的协调，实现根据道路状况进行最适宜的驾驶辅助，真正实现“不易引发或不轻易引发事故”的汽车。

三、主动安全

主动安全性能是车辆安全中最重要的环节，主动安全性能好的车辆“不易引发或不轻易引发事故”。丰田在汽车的主动安全方面，不但充分考虑如何确保车辆的行驶、转向和制动这三个基本性能，而且还要保证驾驶者能准确无误地进行操控。

具有主动安全的汽车，当然就有着比较高的避免事故能力，尤其在突发情况的条件下保证汽车安全。丰田主动安全套装共有 5 大系统，包括预防碰撞型预碰撞安全系统、车道偏离警示系统、远光灯自动控制系统、自适应巡航系统以及附带行人探测功能的预碰撞安全系统。这套系统命名为“丰田安全意识”（Toyota Safety Sense，TSS）。

四、被动安全

丰田考虑的被动安全是汽车发生碰撞时，可吸收碰撞能量的车身和保护乘员的高强度座舱空间，以及约束乘员的安全保护系统的结合。丰田认为，不仅要用法律规定的安全标准规范车辆的被动安全，还应对车辆进行安全评价，广泛地收集实际发生的各种交通事故的数据，追求更具实效性的安全性能。

五、GOA 车身

丰田独有的 GOA（Global Outstanding Assessment，世界高水准的安全

性能）是根据世界多数国家和地区的安全基准，结合实际事故的发生状况独立研究开发的安全目标。其基本理念是碰撞发生时有效吸收碰撞能量，将其分散至车身各部位骨架，有效减少驾驶室的变形程度，保护座舱空间。GOA 车身做到了对驾乘者与行人的双重保护。其发动机舱盖内部采用能吸收碰撞能量的构造和缓冲材料，能把外来的冲击能量或转移或降低，以柔克刚，在发生意外碰撞时，缓和对行人的冲击力作用；而乘员所在的座舱，保证碰撞时不被损坏，以保护乘员。

在保障驾乘人员的安全的同时，为防患于未然，丰田对车身结构采用了可减轻对行人伤害的设计。在发动机罩、翼子板、雨刷器和前保险杠等部位都采用了缓冲结构，减轻一旦发生意外时对行人头部及腿部的伤害。

六、交通安全教育从孩子开始

统计数据表明，中国儿童因交通事故的死亡率是欧洲的 2.5 倍、美国的 2.6 倍，交通事故已成为威胁中国儿童生命的第二大原因，仅次于溺水。以强化儿童交通安全教育，促进家庭幸福、社会和谐为目标，中国一汽丰田联合中华全国妇女联合会儿童工作部、中国家庭文化研究会于 2008 年末正式启动了“小手拉大手•中国家庭交通安全教育”活动。其主题为“安全•和谐•未来”，通过儿童之间、儿童与教师和家长之间的互动，广泛宣传珍惜生命、保障安全的理念，提高儿童和家庭的安全意识，增强儿童自我保护能力。活动面向全国 21 个省市 345 所幼儿园的 3 ~ 6 岁儿童。通过发放“哆啦 A 梦”交通安全手册，使儿童在快乐阅读中了解交通安全知识，并间接影响父母，实现家庭乃至全社会的交通安全意识的提高。

第三节

丰田公司的安全管理

一、为了人类，为了社会，为了地球

早在 1930 年，丰田佐吉逝世以后，他的遗训被归纳为五条并作为“丰

田纲领”而流传下来。

①上下一致、志诚服务，产业造福社会；

②致力于研究与创造，始终走在时代的前列；

③切忌虚荣浮夸，坚持质朴刚毅；

④发挥团结友爱的精神，营造和谐家庭式氛围；

⑤具有敬畏感，知恩图报。

这几条纲领后来成为丰田社训的内容，也成为丰田经营理念的基础，作为员工们的精神支柱起了很大的作用。时代在前进，丰田的经营者也在不断交替，然而丰田佐吉有关事业的思想却没有因此而改变，它依然是丰田精神的强大支柱。

在丰田公司，它的企业经营理念还有一种简洁明快的表达方式，就是为了人类、为了社会、为了地球。

20世纪90年代初，时任丰田公司董事长的丰田英二和社长丰田章一郎向世人承诺：“本公司以通过汽车创造美好的社会为基本理念，自创立以来，开展了各种各样的活动。今后，我们还要在贯彻顾客第一思想的同时，通过及时提供最迅速的体现时代变化的产品，为实现更加美好的生活做出贡献。”

“顾客第一”的思想，在丰田公司的经营者和全体员工的心目中是根深蒂固的。早在丰田公司创业初期，丰田喜一郎提出的“五点方针”的第一条就明确指出：“最终以大众车为目标！”几十年来，丰田汽车一直以质优、价廉、节约能源为世界各国的消费者所称赞，与公司始终不渝地贯彻“大众化”的目标是分不开的。他们为所有的消费者“量体裁衣”，以各种各样的努力满足顾客的需求。在汽车的质量管理上，丰田公司靠世界一流、独具一格的质量管理保证每一辆丰田车的质量。他们不允许一辆有毛病的车流入市场。当雷克萨斯（Lexus）车刚刚在美国上市时，新车市场的启动非常顺利，销售价格远远低于竞争对手梅赛德斯，汽车杂志的记者们对雷克萨斯的品质大为惊叹。底特律的一位汽车杂志主编心里暗暗盘算应该给雷克萨斯车写点什么，因为他认为它的性能完美无缺，雷克萨斯轿车没有任何缺陷和不足。但是这些称赞有些失实，新车投放市场仅几个星期，就发现后轮制动有毛病。这个问题并不太严重，在常规检修时就可以解决，但是负责销售的东乡行泰坚持要收回这批汽车。车主们被告知如果他们同意的话，丰田公司将派人把汽车开走，一夜的时间就可以修理完毕。第二天车主们发现，检修后的汽车清洗一新，油箱内加满了汽油。当地的新闻媒体全都主动报道此事，称赞回收汽车是件好事。车主们也认为丰田公司的办事效率值得称赞，这种召回修理服务在美国从未有过。丰田公司在国外建立了能够快速满足顾客希望与要求的销售网络及售后服务体系。在丰田公司的装配线的出口，人们会看到醒目的标语："带着顾客第一主义的意识奋力拼搏！"丰田自动车贩卖株式会社社长神谷正太郎有名的"销售理论"的精髓也是"用户第一，销售第二，制造第三"。丰田公司正是靠着"顾客第一"和"为了人类"的思想在世界范围内赢得了至高的商誉。

在 20 世纪 70 年代初，正值日本经济发展的鼎盛期，社会各界强烈要求大企业在推动日本经济发展的同时，肩负起社会责任。丰田英二此时也认为丰田公司除了纯粹的工业生产之外，也应对日本社会文化有所影响，于是于 1974 年 10 月成立了丰田财团。丰田财团由丰田英二出任理事长，日本国总理府任监督，丰田出资 33 亿日元，其宗旨是回报社会、进行不计利益得失的赞助或投资。它除了赞助国内一些长远研究项目外，也赞助海外一些项目。例如，和福特基金约定在特定的时期内，共同给在海外的日本留学生提供奖学金。这一计划持续到 1983 年才告一段落。同时，美国财团"洛克菲勒基金会"发起的"赞助东南亚保存传统建筑"的研究进行了一半，也由丰田接手进行赞助。到 1984 年，丰田财团的基金会已达 110 亿日元，在民间财团中名列前茅，而且最为活跃，对日本的社会文化影响甚大。

随着世界汽车拥有量的逐年增加，汽车尾气排放成了导致地球大气环境恶化的一大公害。保护地球上有限的能源，也是人类面临的重大课题之一。为了保护环境，丰田公司在不断改善发动机、努力降低尾气对大气污染的同时，积极推进天然气汽车、甲醇汽车、电动汽车以及太阳能汽车的开发和研制。1995 年年末，丰田公司确立了开发电力-汽油两用车的目标，这就是 1997 年 10 月在东京车展上亮相的划时代的新车——"普利维斯"。人们高度评价了"普利维斯"车的电力–汽油两系统的有效性和对环境问题的充分考虑。用户听了丰田公司在环境对策方面所做的努力之后纷纷称赞："丰田为我们地球、为我们人类做了很大的努力和贡献。"

二、以人为本的安全管理

丰田公司的经营者们深深地理解这样一个哲理，那就是"人是创造财富的财富”。丰田公司有一句全员皆知的口号：“丰田既要造车，也要造就人。”公司的第三任社长石田退三说过：“谋事在人，任何事业要想获得较大的发展，最重要的是必须造就既积极为企业动脑筋，又拼命为企业卖力气的丰田人。”丰田自动车贩卖株式会社副社长山本定藏也说：“企业是由人、财、物三个要素构成。第一是人，人就是财产。培养优秀的人，就是增加企业的资产。因此无论是谁都应该在造就人上下功夫。”为了造就丰田具有开拓精神的人才，丰田英二于 1981 年 4 月创办了丰田工业大学。在丰田公司里，和所有的企业一样，都有一批能力很强、本人也希望上大学的员工，但是由于种种原因却没能继续上大学。企业固然可以提供奖学金、在职进修等方式帮助这些人完成学业，但是社会上的学校教育过于偏重“教书”而忽视“育人”，丰田英二认为自办大学是造就人的好途径。在自办丰田工业大学的基础上，1984 年又成立了丰田工大研究院，使丰田公司有了培养高级人才的场所。图 6-2 为风险管理文化。

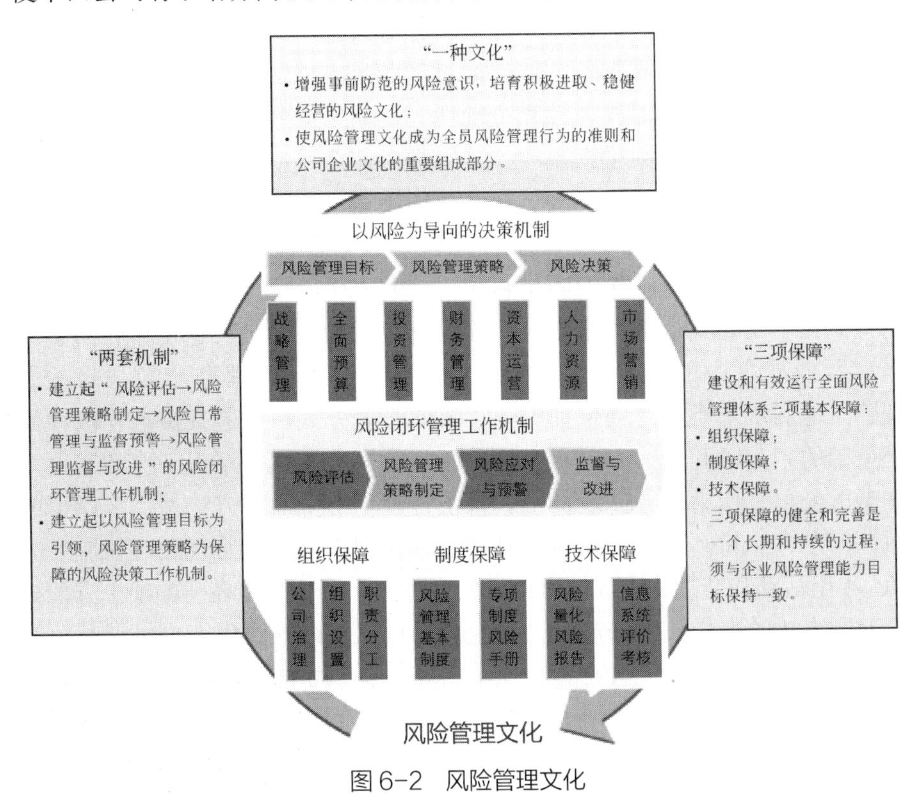

图 6-2　风险管理文化

在平时的生产经营活动中，丰田公司常年举办形式多样的“解决问题讲座”“顾问讲座”以及培养工长们的“教练员讲座”，组织员工参加面向中国的香港或者台湾的“船上学校（海上大学）”，组织有现场监督人员参加的赴美国或欧洲的考察旅游。通过一系列的教育形式，不断提高普通员工的素质。1960 年，丰田集团中的丰田自工、丰田自动织机制作所、日本电装、爱机精机、爱知制钢、丰田工机、丰田通商等企业共同出资成立了丰田中央研究所，专门从事技术开发和发明创造。1982 年丰田公司又成立了国际研究所，专门从世界政治经济和社会文化的角度进行与丰田工业有关的前瞻性战略研究。丰田公司的研究机构中聚集了大批经济技术人才，也培养了一批高级后备人才，为丰田公司的发展做出很大的贡献。在经营管理的全过程中，丰田公司也时时处处体现“以人为本”的思想。除了促进员工形成“家族观念”和“从一而终”的凝聚力之外，他们还通过“自下而上的决策”，培养员工成为具有多种技能的“多能工”，给每个员工以“创造机会均等”的工作环境。“尊重人格”、提倡“自主管理”，是丰田公司管理的一大特色。他们通过“尊重人格”来提高士气，从而焕发和挖掘每一位员工的积极性和主动性，提高生产效率，保证产品质量。丰田公司从设计合理的生产流程、改善员工作业环境、改进设备的安全性能、提高生产线的自动化程度、建立上下左右畅通无阻的交流渠道等方面体现对全体员工人格的尊重。他们懂得让员工理解自己所从事的工作意义，充分体会对自己工作的满足感和自己的人生价值。因为丰田公司经营的特征在于团体式运作，所以人们意识到管理人员就是“把工作目的交给同事”的同事中的一员，每一个部下都进行自己管理自己的“自主管理”。他们从来不搞“糖果加鞭子”式的管理方式，而激发员工积极性的是员工的“羞耻和自尊心”，是凭自己的上进心和竞争意识工作的态度。在丰田公司，作为充分体现员工“自主管理”的手段和方法是持之以恒的 QC 小组（quality control circle，质量控制小组）活动和合理化建议制度。QC 小组活动和合理化建议制度的目的和意义，正如高悬在装配线上方的标语上所表达的那样——好产品，好主意。意思是说既要生产出好产品，又要拿出好主意；进而，只有不断地拿出好主意，才能生产出更好的产品。丰田公司的 QC 小组是员工们进行“自主管理”的群众组织。它与作业或工作场所的正式生产、经营组织有直接的关系。全体员工都参与某一个 QC 小组，包括间接部门在内，67000 多名员工都参加到几千个 QC 小组当中，自主而持续地开展保证质量、降低成本、设备保全、保障安全、消除产业公害、研究替代能源等方面活动。

与 QC 小组活动密切相关的是合理化建议制度，在丰田公司叫作“提案制度”。“提案制度”在丰田公司已经有数十年历史了。1950 年 6 月，丰田英二参观考察福特公司，将福特公司的“建议制度”引入丰田公司，石田退三又将它逐步完善，形成目前丰田公司广泛深入开展的富有日本特色的“提案制度”。据统计，丰田公司 1986 年的合理化建议数为 2648740 件，平均每人 47 件，员工参加率为 95%，采用率达到了 96%。自 1989 年以来根据员工提出的合理化建议而减少的生产成本已达数亿美元，其中仅 1997 年一年就减少 7200 万美元。可见，合理化建议活动在丰田经营管理中的作用和产生的巨大经济效益。QC 小组成果和被采用的合理化建议根据其产生的经济效益的大小，会得到公司不同档次的奖励。1988 年，丰田公司合理化建议的表彰金就达 3 亿多日元。但是，员工们更看重的是通过自身参与公司管理而体会到的人生价值和被公司及同事们认可的满足感，使他们感到自己就像经营者中的一员一样，对公司抱有忠诚心和归属意识。“以人为本”的理念在这里得到了充分的体现。丰田公司 QC 小组解决问题的思维导图如图 6-3 所示。

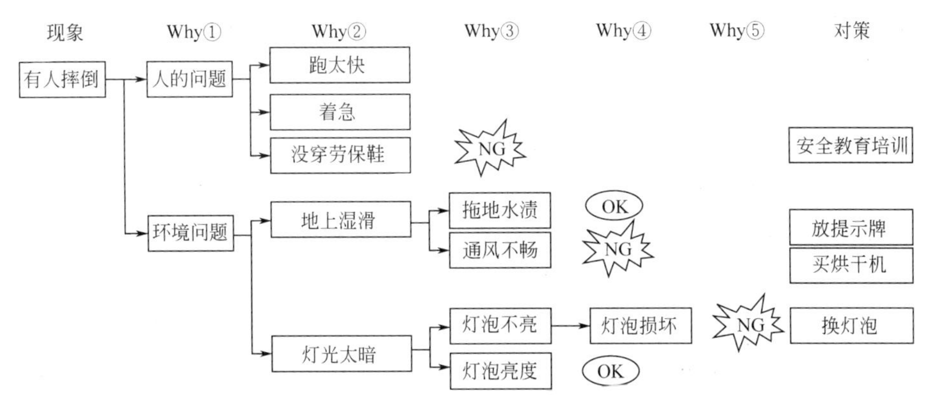

图 6-3　丰田公司 QC 小组解决问题的思维导图

三、永不停步的“改善”

当人们走入丰田公司的办公室或生产现场，听到的一个最流行、使用频率很高的词汇就是“改善”。丰田合成的根本正夫社长有一句座右铭，就是“改善，改善，再改善”。这句话道出了丰田式经营的真谛。可以这样说，著名的丰田生产方式的孕育和发展，生产技术手段的优化，公司的经济效益的提高，都源于广泛开展的“改善”活动。

凡是作业场所、生产现场，都存在着各种各样的不合理现象。无论现场属于哪种行业，无论现场的规模是大是小，无论现场的生产手段是先进还是落后，都存在着各种各样不合理的现象和需要解决的问题，只不过随着科学技术的发展，人员素质的提高，机械化、自动化、信息化程度的进步，不合理的现象越来越少而已。从另一个角度讲，旧的不合理现象解决了，新的层次上的不合理现象又产生了。丰田公司正是抓住了“改善”这把钥匙，才使企业在充满竞争的经营之路上一步一步攀登新的高峰。

丰田公司的“改善”活动是有着悠久传统的。丰田佐吉正是靠着他锲而不舍的改善意识，把原始的木制手动织布机改造成铁木混合结构的用蒸汽驱动的织布机。进而又进一步改善，研制成功了具有类似于人的智能、能够自动停车的自动织布机。大野耐一 1943 年从丰田纺织转入丰田自动车工业株式会社时，看到在汽车工厂一个车工只负责一台车床，一个铣工只负责一台铣床，一个钻工只负责一台钻床，而在织布厂一个女工要负责 20～30 台织布机的情况，萌发了改善汽车厂生产方式的构想，创造出了有名的“多工序操作法”和汽车组装作业的“连接式 U 形生产线”。在位于福冈县的丰田汽车九州株式会社的宫田工厂，传统的汽车装配线已经被改善到了人们想象不到的程度——生产线改变了以往的传送带方式而引入了带有升降机的可动式平台。作业人员可以乘坐在平台上进行作业，旁边的零部件箱也跟着移动，所以能够像处于相对静止状态那样工作。这种可动式平台还结合人体高度的工作姿势设计了可以上下移动的平台车，解除了工人们半蹲着工作时身体的不适与劳累。所有这一切都是不断进行改善的结果。丰田公司的“改善”不仅在本公司永不休止进行，而且走出了国门，传播到了海外。在丰田汽车公司与美国通用汽车公司的合资公司 NUMMI，“Kaizan”（改善一词的日语读音）成了当地美国员工的日常用语。在丰田肯塔基汽车制造公司，有一天一名班组工人向当时任社长的张富士夫报喜说，他对古老的东方餐具——筷子进行了改善。这位发明者说着掏出了他的得意之作，一双安装在晾衣架上的“筷子”，据说可以像镊子一样便于夹物品，张富士夫微笑着说：“这个嘛，也算是改善。”

“改善”，并没有什么至深的理论体系，也无须什么烦琐复杂的方法手段。它必需的是认真求实的敬业精神、一丝不苟的细致作风和永无止境的进取意识。使“改善”活动不断取得成果的方法有两个，就是上面所谈到的QC小组和合理化建议活动。把丰田公司的“改善”活动与欧美诸国的类似活动加以比较，就会发现两者存在着根本性的区别。其中最突出的一点是在丰田公司，无论是谁提出某项改善方案，无论是部长、课长、工长或者是作业人员，就必须承担起这项改善的责任，负责完成并获得相应的奖励。欧美诸国的企业一般由管理人员或技术人员提出方案，然后责成工人去执行，提出方案和落实往往是“两层皮”，所以与丰田公司的做法相比效果截然不同。因此，有的日本学者说：“欧美各国没有改善。”走进丰田公司的生产现场，到处都可以看到醒目的“改善看板”。看板的内容分成两部分。一边是改善前的状况，另一边是改善后的状况。改善的课题、改善的着眼点、改善的措施、改善之后的效果、效果产生的经济效益、改善承担者的姓名及得到的奖励都写在看板上公布于众。而且，“改善看板”更换的速度很快，一项改善的成果刚刚公布几天，新的改善成果又换了上去，可见丰田公司员工参与改善的踊跃程度。

四、综合安全管理

综合安全管理使各种安全技术及系统协作的同时，还利用道路与车辆之间以及车辆与车辆之间的信息，根据驾驶情况提供驾驶支援，通过这些措施来实现“无事故车辆”这一理念。为此丰田进一步改进了“预防冲撞安全”“预防安全”“泊车”方面的安全技术。

预防冲撞安全技术方面，除新型毫米波雷达外，还采用可识别立体物体的立体摄像头，实现了对行人的检测。另外，还利用后方专用毫米波雷达检测后方车辆的接近程度，提醒后方车辆注意的同时，追加了将前座头枕移动至最佳位置等后方应对功能。

预防安全技术方面，在巡航控制功能中配备了全车速追踪功能。并没有像原来一样，划分为低速区（0 ~ 30km/h）和高速区（40 ~ 100km/h）进行控制，而是从停止状态到100km/h的全车速区域进行连续控制。

泊车支援方面，利用车辆前部的超声波传感器检测其他停放车辆后，推算泊车空间，设定目标泊车位置。另外，还配备了根据原有后摄像头拍摄的影像识别停车框（白线）后设定泊车位置的功能。

五、公司推行的防呆法

1.什么是防呆法

防呆法（fool proof）就是如何去防止错误发生的方法。通常人性的弱点总是在怪罪一件错误的发生，而较少去动脑筋想想如何去设计一些方法来避免错误的发生。这也难怪，因为“人非圣贤，孰能无过”。而事实上，许多人误解了这句话的意思，把它当作“做错事是正常应该有的现象”的负面意义。事实上，这句话的积极意义是在鼓励人们“不要怕改过，有了错误应该彻底检讨，努力改过向善”。

防呆法，即防止呆笨的人做错事，亦即连愚笨的人也不会做错事的设计方法，故又称为愚巧法。日本的质量管理专家、著名的丰田生产体系创建人新乡重夫根据其长期工作经验，首创了POKA-YOKE的概念，并将其发展成为用以获得零缺陷，最终免除质量检验的工具。

狭义的解释：如何设计一个东西，使错误绝不会发生。

广义的解释：如何设计一个东西，而使错误发生的机会降至最低限度。

因此，“防呆法”具体如下：

① 具有即使有人为疏忽也不会发生错误的构造——不需要注意力。

② 具有外行人来做也不会错的构造——不需要经验与直觉。

③ 具有不管是谁或在何时工作都不会出差错的构造——不需要专门知识与高度的技能。

2.防呆法的功用

① 积极的功用：使任何的错误，绝不会发生。

② 消极的功用：使错误发生的机会降至最低限度。

3.防呆法的应用范围

任何工作无论是在机械操作，产品使用上，以及文书处理上皆可应用到。

4.防呆法的基本原则

① 使作业的动作轻松。难于观测、难拿、难动等作业即变得难做，变得易疲老而发生失误。区分颜色使得容易看，或放大标示，或加上把手使得容易拿，或使用搬运器具使动作轻松。

② 使作业不要技能与直觉。需要高度技能与直觉的作业，容易发生失误，进行机械化，使新进人员或支持人员也能做不出错的作业。

③ 使作业不会有危险。因不安全或不安定而会给人或产品带来危险时，加以改善使之不会有危险，马虎或勉强进行而发生危险时，设法装设无法马虎或无法勉强的装置。

④ 使作业不依赖感官。依赖像眼睛、耳朵、感触等感官进行作业时，容易发生失误。制作治具或使之机械化，减少用人的感官来判断的作业。又一定要依赖感官的作业，譬如，当信号一红即同时有声音出现，设法使之能做二重三重的判断。

5. 防呆法的实施步骤

步骤 1：发现人为疏忽。发生人为疏忽，搜集数据进行调查，重估自己的工作，找出疏忽所在。平常即搜集异材混入、表示失误、数量不足、零件遗忘、记入错误等数据，加以整理即可发现问题点。调查抱怨情报、工程检查结果、产品检查结果数据，掌握发生了何种问题。

步骤 2：设定目标。制定实施计划。目标具体言之仅可能以数字表示。计划是明示“什么”“什么时候”“谁”“如何”进行。

步骤 3：调查人为疏忽的原因。仅可能广泛收集情报与数据，设法找出真正的原因。

步骤 4：提出防错法的改善案。若掌握了原因，则出创意将其消除。提出创意的技法有脑力激荡法、检核表法、5W2H 法、KJ 法等。

步骤 5：实施改善。有人在自己的现场中进行者，有与其他部门协力进行者，有依赖其他部门进行者。

步骤 6：确认活动成果。活动后必须查核能否按照目标获得成果。

步骤 7：维持管制状态。防呆法是任何人都能使作业不出差错的构造。不断注意改善状况，若发生新问题要能马上处理，贯彻日常的管理乃是非常重要的事情。

六、丰田公司零事故六程序安全管理法

1. 零事故运动模式是一套简单易操作的员工行为管理模式

行为管理模式依据海因里希法则（1∶29∶300∶3000∶30000 的原

则），通过控制虚惊事件、消除安全隐患、强化安全习惯三个层次来控制生产安全风险，是一种主动的、立足基层和风险预控的行为管理模式。它改变了传统的企业安全管理的被动的、行政强制的、应付检查的、事故处罚式的管理模式，是一种员工以作业现场为阵地，自主开展虚惊提案、危险预知和手指口述（零事故运动三板斧），自主改正人的不安全行为、物的不安全状态和管理的缺陷，群策群力对员工的自身安全健康进行自保互保的措施，实现主动、团队和超前的风险管理，是实现企业从“要我安全”向“我要安全、我能安全、我会安全”转变的活动载体。

2. 零事故运动模式是一种安全生产一体化的安全风险管理模式

零事故运动模式是一种集理念、方法和实践为一体，员工自主管理为特色的生产现场风险管理模式。理念模式是以“目标为零、以人为本、预知预制、群防群控”为核心的四个理念，方法是以“虚惊提案、危险预知、手指口述、行为观察”为核心的四个支柱，实践是“安全教练、培训导入、自主管理、持续改善”的现场实践。通过零事故运动，将企业领导层、管理层、执行层和操作层全部发动起来，在实施零事故运动过程中，提高危险预知、安全确认、风险预控的意识和技能，不仅对安全（S）事故起到立竿见影的效果，同时对质量（Q）、成本（C）、生产（D）、士气（M）、环境（E）都产生积极推动，提升企业执行力、企业精益管理水平和企业整体运营水平，是从安全入手推动企业文化变革和提升的有效模式。

3. 零事故运动模式是一种科学有效咨询方法

零事故运动的核心是 12345 导入法，是丰田公司在咨询实践中总结提炼开发出来的一套零事故运动咨询工具库，能够迅速有效向客户企业复制零事故运动导入的流程、工具和方法，快速培养内部零事故运动人才，使零事故运动快速有效转化为客户内部的知识体系和人才队伍，保障零事故运动的顺利实施。

其中，1 代表 1 个规划或目标，即零事故运动实施规划或零事故目标（包括零工亡、零重伤、零轻伤、零危害、零三违）；2 代表 2 个评价系统，即 510 月度评价系统和 516 星级评价系统；3 代表 3 个阶段，即培训导入、全员行动、持续改善三个阶段；4 代表 4 个行动，即虚惊提案、危险预知、手指口述、行为观察；5 代表 5 个工具，即零事故运动一纲领四册，包括《零事故运动实施纲要》《零事故运动评价手册》《零事故运动指导手册》《零事故运动学习手册》《零事故运动成果手册》（包括《stop10 虚惊教育手册》《危险预知手册》《手指口述手册》等）。丰田公司零事故六程序见图 6-4。

图 6-4　丰田公司零事故六程序

七、丰田生产管理模式

1. 拉动式准时化生产

要求以最终用户的需求为生产起点，强调物流平衡，追求零库存，要求上一道工序加工完的零件立即进入下一道工序的加工。生产线依靠看板传递信息。生产节拍由人工干预、控制，重在保证生产中的物流平衡（对于每一道工序来说，均要保证对后道工序供应的准时化）。由于采用拉动式生产，生产中的计划与调度实质上是由各个生产单元来完成的，在形式上不采用集中计划，但操作过程中生产单元之间的协调则极为重要。拉动式准时化生产见图 6-5。

2. 全面质量管理

强调质量是生产出来而非检验出来的，由生产中的质量管理来保证产

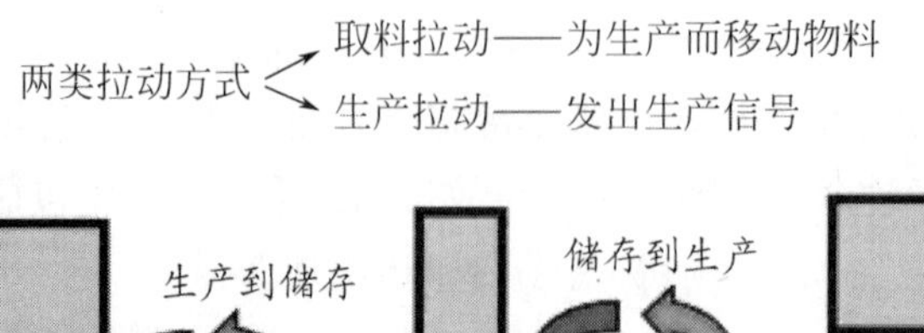

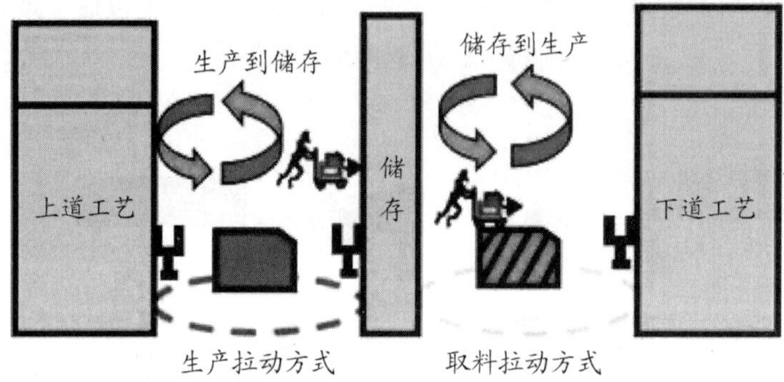

图 6-5 拉动式准时化生产示意

品的最终质量。在每道工序进行时均注意质量的检测与控制，保证及时发现质量问题，培养每位员工的质量意识。如果发现问题，立即停止生产，直至解决，从而保证不会出现对不合格产品的失效加工。过程质量管理程序如图 6-6 所示。

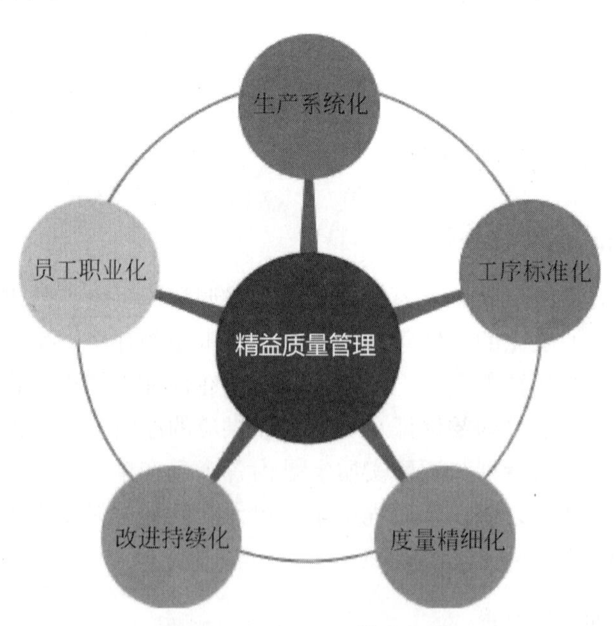

图 6-6 过程质量管理程序

3. 团队工作方法

每位员工在工作中不仅仅是执行上级的命令，更重要的是积极地参与，起到决策与辅助决策的作用。组织团队的原则并不完全按行政组织来划分，而主要根据业务的关系来划分。团队成员强调一专多能，工作的氛围是信任，以一种长期的监督控制为主，而避免对每一步工作的稽核，提高工作效率。团队的组织是变动的，针对不同的事物，建立不同的团队，同一个人可能属于不同的团队。丰田团队模式金字塔见图 6-7。

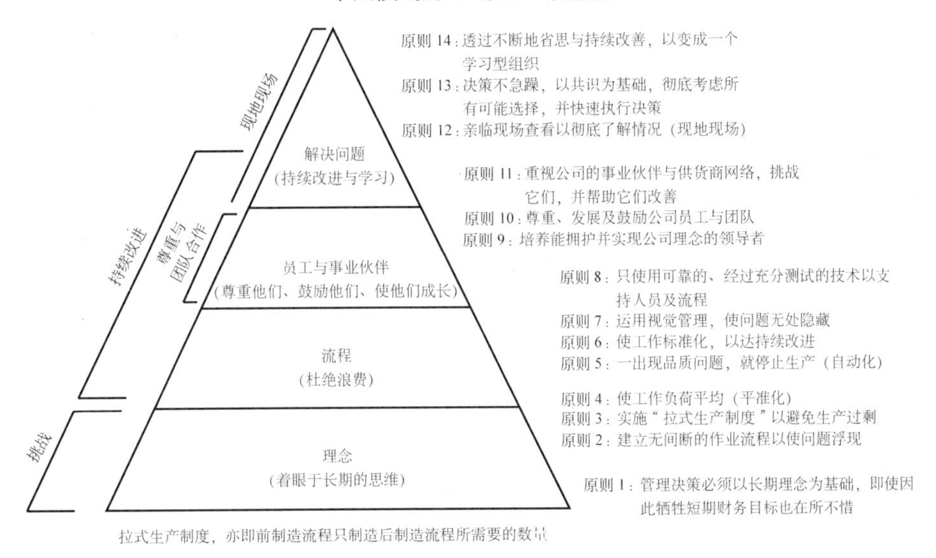

图 6-7 丰田团队模式金字塔

4. 并行工程

在产品设计开发期间，将概念设计、结构设计、工艺设计、最终需求等结合起来，保证以最快的速度按要求的质量完成。TPS（transaction per second，每秒事务处理量）的另一大理念——零库存，就是随时反馈订货信息，实现生产与销售的并行化。TPS 最终目标是企业利润的最大化。管理中的具体目标是通过消灭一切生产中的浪费来实现成本的最低化。TPS 通过准时化生产、全面质量管理、并行工程等一系列方法来消除一切浪费，实现利润最大化，见图 6-8。

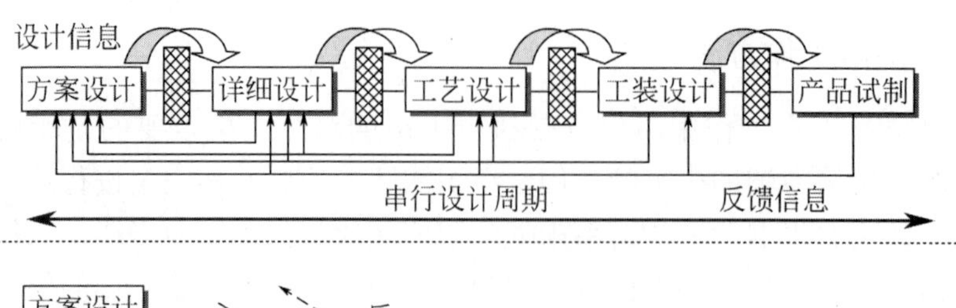

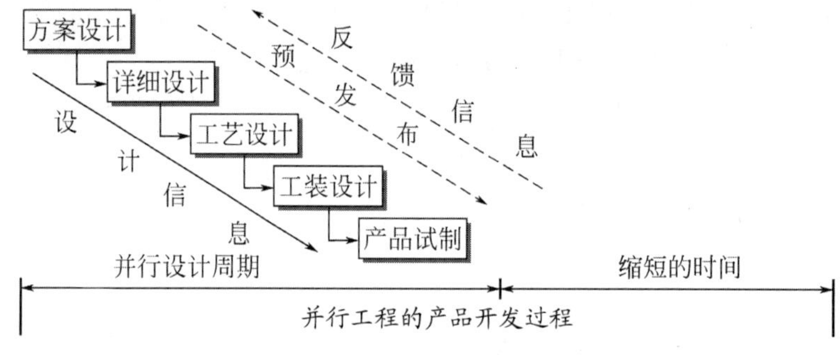

图6-8 丰田并行工程示意

如果将丰田生产方式比作一间屋子，那么构建“这间屋子”的过程应该是这样的：以均衡化生产、标准作业及目视化管理为地基，全员参与，夯实地基，建立准时化和自动化生产两大支柱，并在全员持续改善中，盖上最完美的屋顶，即实现最佳品质、最低成本、最短交期、最佳安全性、最高员工士气的目标。

第七章

壳牌公司安全管理

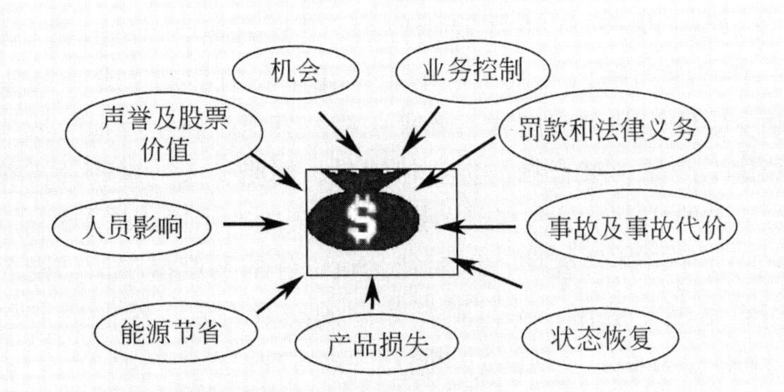

荷兰皇家石油于 1890 年创立，并获得荷兰女王特别授权，因此被命名为荷兰皇家石油公司。为了与当时最大的石油公司美国的标准石油竞争，1907 年荷兰皇家石油公司与英国壳牌运输和贸易公司合并成立荷兰皇家壳牌集团。公司实行两总部控股制，其中荷兰资本占 60%，英国占 40%，两总部分别设在荷兰鹿特丹和英国伦敦。集团公司下设 14 个分部，分别经营石油、天然气、化工产品、有色金属、煤炭等，其中石油、石化燃料的生产和销售居世界第二位。壳牌公司在中国广东惠州的石油化工合资项目总投资 43 亿美元，2005 年 10 月落成投产，是目前中外合资的大型项目之一。

① 石油的勘探和生产。壳牌集团是世界上最大的石油勘探和生产企业，在全球 50 多个国家从事石油的勘探和生产活动，拥有先进的技术，每天的石油产量超过 200 万桶，在 35 个国家拥有 55 个石油精炼厂的股权。

② 天然气的开采和输送。壳牌集团是世界主要的天然气生产和经销商。年销售天然气超过 650 亿立方米，仅次于世界最大的天然气生产国和出口国——俄罗斯。

③ 煤的开采和提取。壳牌集团是在 20 世纪 70 年代进入煤炭工业领域的。该集团每年销售的煤约 5000 万吨。壳牌集团与中国煤炭进出口总公司签订了从山西省安太堡煤矿购煤的长期协议，每年约 100 万吨。

④ 化工品的生产。以化工品销售额计算，壳牌集团是世界十大化工公司之一。壳牌集团是世界上最大的石油化工和清洁剂中介产品生产商之一，也是主要的溶剂供应商和乙烯氧化物及其衍生物生产商。集团公司生产几百种化工产品。聚合物，包括热塑料、树脂、人造橡胶约占总业务的 1/3。50%以上的化工产品是在欧洲销售，在美国的销售约占 1/3。

壳牌致力于可持续发展，以对社会负责任的态度提供清洁能源集团下属各公司都是独立运作，但是遵循相同的经营宗旨，这保证了它们在经济、环境和社会方面的表现都达到同样的高水准。

第一节

公司简介

壳牌的历史可以追溯到 1883 年。这一年，英国人马科斯•塞缪尔

（Marcus Samuel）在英国伦敦东区开办了一个小店，专门经营古玩、古董以及东方海洋的贝壳。由于利润丰厚，他不久后就把这项业务发展成了进出口贸易，并于 1890 年开始涉足石油业务。塞缪尔的儿子接手经营后，开始向远东出口石油。为了纪念父亲创业的成就，他在注册商标时，将企业命名为“壳牌运输贸易公司”，并选用一种扇面贝壳作为壳牌的可视标识。

经过 100 多年的发展，壳牌已经在全球 140 多个国家和地区设有分公司及开展业务，员工总数达到了 11.5 万人。如今，壳牌的业务涉及石油勘探与开采、油品生产、化工及乙烯生产、天然气和电力及可再生能源等五大核心业务领域。其中，壳牌生产的几百种化工产品，均被销往世界各地。壳牌集团今天已发展成为世界大型石油公司。

① 勘探和生产的区域分布最广，并创下油气深水开发的世界纪录；

② 全球最大的私营天然气生产商和贸易商，也是国际液化天然气技术先驱；

③ 全球最大的汽车燃油和润滑油的零售商，液化石油气及沥青业务亦处于国际领先地位；

④ 世界最大的化工产品经营者之一。

2019 年壳牌在世界 500 强排行榜为第三名。当年营业收入 396556 百万美元；利润 23352 百万美元。

壳牌 HSE 管理内容见图 7-1。

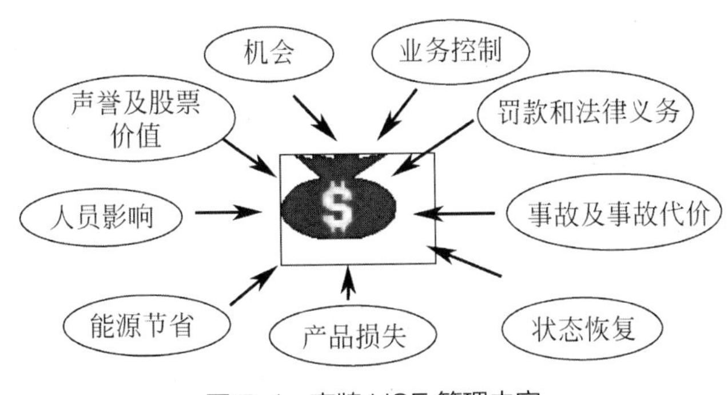

图 7-1　壳牌 HSE 管理内容

1. 业绩标准

① HSE 规划中最重要的因素是明确规定期望所做出的业绩标准和管理

部门应有明确的表现。而这些标准通常写成指导原则和步骤去强调如何完成任务。其中多数指技术方面的，但也必须包括 HSE 方面的内容，这些内容必须切实可靠，并随时得到执行者的补充，使它们能够被人们所接受和执行。

② HSE 管理部门如没建立审查制度或制度执行得很差，则往往使 HSE 计划失败或无效。

③ 壳牌石油集团把野外停工列为“事件”，把“事件”的出现频率作为检验 HSE 实施情况的一个重要尺度，这也是壳牌所有工伤统计数据的基础。

他们认为，即使对一些小作业公司，在短时间内完成地震作业任务，情况也往往如此。壳牌还认为，一个更加灵敏的显示尺度是把所有的如停工事件、保密工作案件、医疗案件、死亡事故案件和有可能发生的事故都要记录下来，并成为一个惯例的做法。应把工作重点放在基础，即放在不安全做法上，就是努力预防事故的发生。检查不安全的行为和条件是一个重要阶段，很多技术的主要目的都要通过消除事故来提高安全性能。不管危险性类型和特点如何，只要采用行为或工程手段就能加以控制，但最好采用工程的手段。在某些情况下两种手段同时采用也是可以的。行为手段包括培训、挑选和强制执行等做法。工程手段重点应放在工作场所和生产实践中来消除不安全因素，如机器设备的维护和改进防护措施等。一般处理短期内的不安全因素应采用行为手段去实施。HSE 要求每一个人从被动地接受管理充分认识安全的重要性，不仅严格遵守安全管理制度，还自觉参与到解决潜在问题的过程中。总之，为了保持有效 HSE 规划的成功，必须用行为或工程手段去做出不懈的努力。

2. 审查制度

壳牌认为要做出各种努力来提高 HSE 规划的效果，就必须配备检测设备和人员，而且应制定一套审查制度，以便能够及时监督 HSE 建议的执行情况，应该指定一个行动小组协调和贯彻执行这些建议。管理人员在观察地震作业时应注意审查人的不安全行为和案件；检查施工人员在做什么和如何去做；检查劳保用品的穿戴和工具使用情况；检查设备一般的施工现场等。“安全检查表”即现场观察的备忘录，在检查时要填写职业健康表，这些都是一种强有力的手段。如果管理部门或管理人员忽视上述一些做法将会带来消极的效果。在事故或事件的管理方面，壳牌公司要求全体职工吸取每个事故的教训。管理部门应对事故报告、反馈和交流等迅速做出行动。在调查事故、事件时从中吸取教训，把重点放在查明基本原因，并广为宣传，让每个人都知道这些事故或事件的教训。调查时要求必须彻底和深入，以便找出更深一层的根据。事故或三角图形是对事故进行深入分析的手段。

3. 鼓励交流

HSE 管理规划的成功取决于有关各方的积极参与和交谈。如果出现以下三种情况，说明可能鼓励交谈方面存在着问题。一是安全性能指标未显示出稳步改善；二是工作人员不了解或不关心 HSE；三是工作人员不能自由和积极地发表意见，或者不能经常提出改进工作方法的意见和建议。因此要采取书面通知、报告、业务通信、奖励等办法，鼓励大家关心 HSE。在鼓励交流的过程中，着重解决如下几个问题。

① 想方设法消除不安全因素及行为；

② 要求职工为 HSE 做出贡献；

③ 参与并保证执行 HSE 规划；

④ 解决大家关心的事情和出现的问题。

4. 公司培训

① 最重要的 HSE 培训是对新雇员和承包商进行的培训，要求新来的人员都必须参加。

② 实践证明，培训职工进行急救能使工伤事故率降低。

③ 应该把具体的安全培训纳入规划之中。培训要安排得当，并使行为与完成任务相结合。

④ 公司和承包商的业务经理必须接受 HSE 管理技能的培训，这是十分必要的。

壳牌安全培训体系见图 7-2。

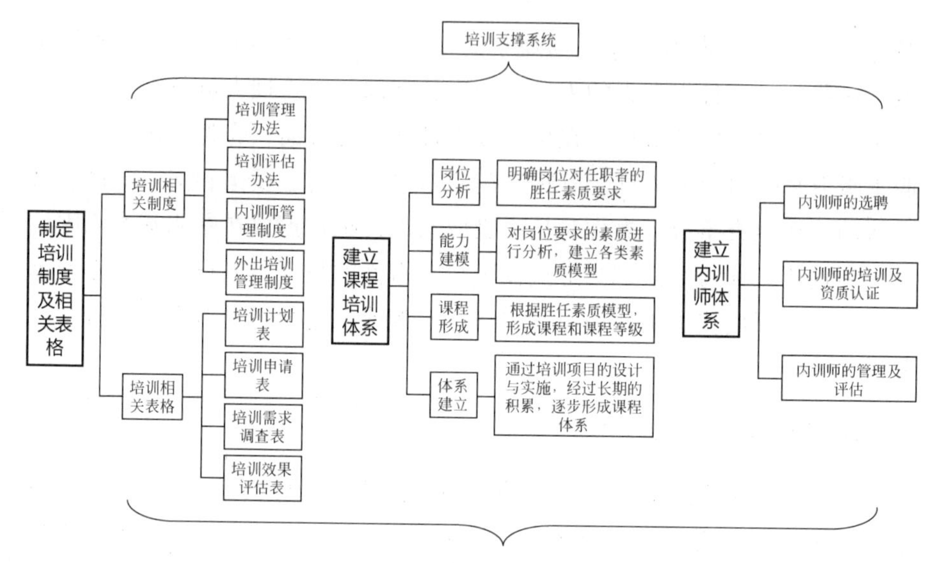

图 7-2　壳牌安全培训体系

第二节

壳牌公司的安全管理

一、各级管理者以自身的行动来实现承诺

壳牌公司要求各级管理者不论职位高低，都必须按照承诺进行工作。在日常管理中壳牌公司认为通过以下举措来实现 HSE 的承诺。

① 在计划、评价和运作所有项目时，优先考虑 HSE 成效。

② 人人关心事故。万一发生事故，公司的最高管理层要认真研究事故的全部情况，并采取措施防止事故的再次发生。要参与所有事故的跟踪调查，将所有事故通报到各个壳牌公司人员。

③ 给 HSE 部门配备有经验的、能胜任的人员。这部分人员能把他们的技能和感性认识带到 HSE 领域的管理上，同时又能把从 HSE 工作中获取的经验反馈到线性管理上。

④ 分配足够资金用在 HSE 工作条件的建立和恢复上。壳牌公司在“长

1 井”和“长 2 井”仅环保投入就超过 150 万元人民币，平均每米进尺 210 元人民币，占总成本的 10%。

⑤ 起草日常指导性文件时，应将 HSE 事项列为首要事项。

⑥ 通过公众、公司会议和出版物，进一步宣传、促进安全。

⑦ 保证所有职工都经过系统培训上岗，使所有员工都能够做到安全生产。

⑧ 良好的 HSE 行为应该是雇用人员的基本条件。壳牌公司要求任何工作都必须按照程序运行，谁都不能超越程序。壳牌安全管理见图 7-3。

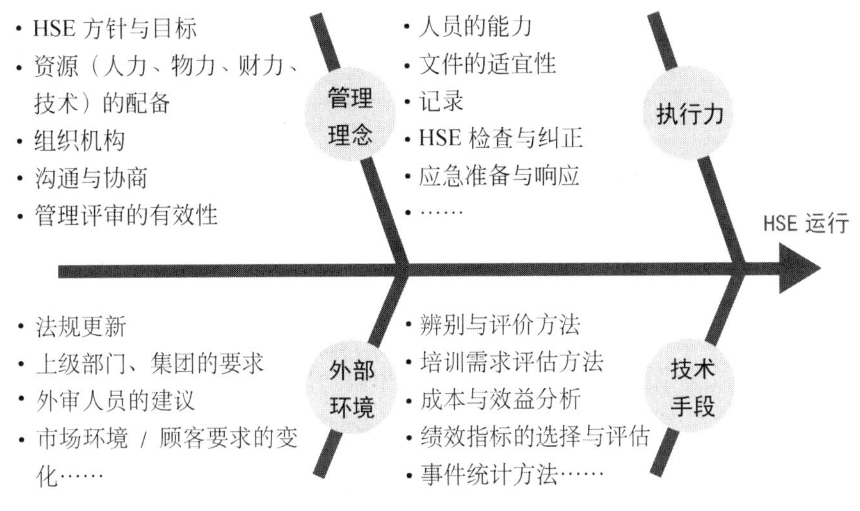

图 7-3　壳牌安全管理示意图

二、HSE 管理体系，必须严格执行标准和规定

壳牌公司每个现场管理人员，都有工作标准和规范，办公室里都备有各项工作的标准和详细资料。对工作的安排和检查，不是以管理者的职务高低来定，而是严格按照标准来检查的。“长 1 井”开钻典礼后，壳牌监督认为有些整改工作没有完成，必须经过整改后，才能继续钻井。而作业人员认为，壳牌作业经理和总监都已允许开钻，就可以开钻，但壳牌现场监督仍然坚持必须按标准完成整改后，才能正常钻进。壳牌的现场监督首先是查标准，再根据 HSE 管理计划看惯例，然后才提出工作要求。壳牌监督除对钻井、井下作业生产进行监督外，大部分精力集中在现场的 HSE 管

理方面。坚持宁可不干，也不允许带着问题工作，尤其是对人身安全的重视程度超过了其他任何工作。在试验井阶段，虽然壳牌监督没有干涉正常生产，但是每天都能检查出一些与 HSE 有关的问题，并提出整改意见。如钻台上的一些缝洞，只要能掉进脚就必须进行修补；绞车驱动电机电磁刹车的冷却进风口必须引到离井口 7.5m 以外，以满足一级防爆要求；所有井场及营地的房子、电气设备都必须统一接地，接地线要有明显的标记，接地电阻不得超过标准规定；高压管线不能用螺纹连接；井架上必须安装防坠落装置；现场值班车司机，必须经过防御性驾驶培训，取得合格证书，车辆座位上必须安装保险带；生活用水必须是经防疫部门检验过的，饮用水必须是经过处理的；房间里必须有漏电保护器、应急灯和烟雾探测报警器等。

三、关键是抓好风险控制

危害分析与风险控制是始终贯穿于 HSE 管理过程的核心内容，充分体现了事前预防的管理思想，也是 HSE 管理最关键的环节。开钻前，壳牌公司聘请了新加坡 EOE 公司对整个作业过程进行风险评估，编写了内容翔实、操作性强的 HSE 例卷。又委托具有甲级资质证书的单位对“长 1 井”“长 2 井”进行了环境影响评价。并且聘请第三方公司（国际设备检测公司 Moduspec）对所有设备进行检测，聘请国际电气检测公司对电气设施进行检验。壳牌公司认为吊装和触电事故发生频率最高，因此专门聘请阿曼国际培训中心教员对参加长北项目的所有人员进行培训。在作业过程中，为加强风险管理，壳牌公司又采取了以下做法。

① 通过填写 STOP（safety，安全；training，培训；observation，观察；program，程序）卡和作业前安全会等形式，分析、识别作业中存在的潜在危害和风险。这个卡是借鉴杜邦公司的安全管理经验而设置的。

② 制定详细的作业指导文件。每项工作都必须事前写出计划和程序，让每个操作人员都明确自己的职责和工作内容，以及 HSE 注意事项，做好准备工作，由现场负责人和 HSE 人员审查签字后，才能开工。

③ 有针对性地制定控制措施。在 HSE 管理中把风险较大的作业叫作“顶端事件”，找出其产生危害的原因和可能产生的后果，进行重点控制。

④ 把各类应急预案像实战一样进行演练。

⑤ 推行 T 卡制度。壳牌规定人员进入现场时，都要领到代表自己身份的卡片（又叫 T 卡）。人在营地，卡片插在营地的动态牌上；人进井场，卡片插在井场的点名牌上，以此来表明每个人的所在场所。

⑥ 对各种污染物进行认真处理。工业垃圾采取分类集中存放，生活垃圾全部采用袋装，和工业垃圾一起，用垃圾专用车送到环保局指定的垃圾处理地点进行处理。工业废水采用土坑铺设防渗布的方式，完井后派人用砖、水泥砌成的燃烧池，利用试气燃烧将污水蒸发。经过与壳牌公司合作，与国外先进的 HSE 管理不断地磨合、碰撞，我国长庆石油勘探局对 HSE 管理的内涵有了深刻的认识、理解和体验，也基本适应了壳牌公司的 HSE 管理。在合作中，没有发生任何人身伤害事故和环境污染事故，得到壳牌项目部的认同和高度评价，壳牌项目部称他们为最好的合作伙伴。

第三节

壳牌公司安全管理过程

一、安全理念为基础

壳牌公司有以下几个安全理念基础。

1. 优化人比优化资产更重要

一家公司要想在业绩上实现短期“奇迹”，靠资本运作或资产重组就能做到。但公司要想成为“百年企业”“长寿公司”，仅靠这种“外科手术”显然就不够了。壳牌在这一点上的认识非常清晰，它认为，优化人要比优化资产更重要。所以，壳牌在发展的历程中，逐渐从只注重资产、技术及工作流程优化，慢慢转向以人才优化为重点。如今，壳牌的管理思想是通过科学的人力资源管理优化人，来造就无数了不起的员工，然后造就了不起的壳牌。在壳牌，优化人突出体现在员工招聘、技能培训、绩效考核、晋级提升及人才双通道发展等方面。中海壳牌在用人上坚持以德为先，德才兼备，并努力用企业文化影响和改变员工的思想，培养员工诚实的工作态度和团队意识，最终把员工培养成职业化选手，以达到提高员工综合素质，进而提升整个企业核心竞争力的目的。

2. 建立对环境变化有敏感反应的学习型组织

壳牌对外部环境的变化始终保持高度的敏感性，并鼓励员工本着积极开放的心态不断学习，以提高自我认知能力，并对外界的变化迅速做出反应。在我国中海壳牌，这一点充分体现在兼容的多元化思想、互相学习和促进、分享知识和经验、将个体的智慧变为集体的智慧、平等对话、无障碍沟通和交流等方面。

3. 宽容型管理

壳牌对员工的管理采取诚实和宽容相结合的理念，在相信和善待员工的基础上，宽容员工的边缘化行为，提倡员工的创新和冒险精神。宽容型管理对壳牌这种历史悠久的企业意义重大，因为没有宽容，员工就不会有冒险精神，也就不会有创新行为。显然，当一个企业的员工因创新失败而要受到处罚时，这个企业必然会变成一潭死水。所以，宽容型管理是壳牌能够在不断变迁的内外部环境中走到现在的重要基石。

4. 精细化管理

壳牌一贯倡导精细化管理理念。它在培养员工认真细致的工作态度方面，不断追求工作细节和完美，追求顾客的高度认可和满意等方面，始终遵循精细化管理原则。比如在中海壳牌，从项目投资决策、设计审查、工程建设、财务预算、投产开工、安全屏障、职业卫生到制订工作计划、问题分解、确定方案、程序优化及资料制作等方面，公司要求员工对每一个问题都必须分解，每一项计划都必须精确，每一个程序都必须优化，每一个资料的制作都必须精美，以提高组织的整体效率和整体安全。用屏障技术保障安全见图7-4。

5. 财务保守性及全员成本控制

壳牌在财务管理上始终坚持保守的理念，坚持按预算开支，按计划投资。同时，它实行全员成本控制，从不随意大方地花钱。中海壳牌在工厂设计、预算控制、员工成本上，都体现出了较强的成本控制意识。特别是

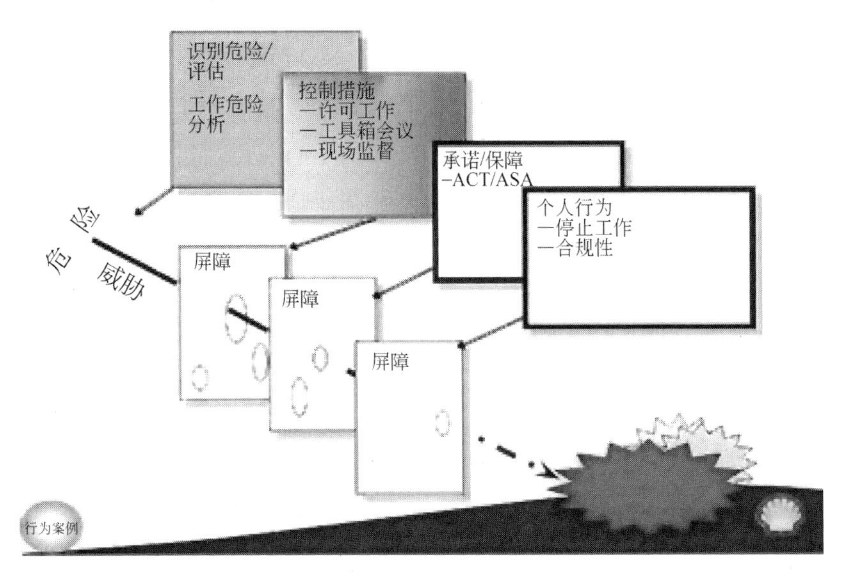

图 7-4　用屏障技术保障安全

在重大投资上，它总是在对风险进行评估，尤其是对不可行性进行风险评估后，才会做出最终的决策。

6. 建立有凝聚力的组织

壳牌认为，只有将全体员工的利益和企业的利益紧密联系起来，才是形成组织凝聚力的根本。因此，壳牌通过在全球所属企业的组织内部建立共同愿景来凝聚人心，用企业文化及价值观来影响人、改变人，以求得员工对企业的认同。壳牌在安全管理方面对管理人员的要求如下。

① 以身作则——向员工说明安全对其来说是非常重要的；

② 建立一个大家勇于把任何顾虑向上反映的文化；

③ 任何顾虑都要得到处理，只有这样才会有效；

④ 公正地处理所有触犯制度的问题；

⑤ 创造一个人人照顾他人并愿意接受他人意见的环境；

⑥ 询问员工是如何工作的并指导他们；

⑦ 时时召开有关安全方面的讨论；

⑧ 询问有多少事故隐患得到处理；

⑨ 积极审核安全工作程序；

⑩ 计划、实践、培训。

7. 可持续发展的经营理念

石油是典型的不可再生资源，而石化行业又是会对人类生活环境产生重大影响的典型领域。因此，壳牌即使是为了自身的可继续经营，也不得不考虑可持续发展战略。实际上，壳牌从很早以前，就坚持从长远的、系统的战略角度思考问题，并在实际经营中贯彻其可持续发展的理念，以实现企业、社会和环境的和谐发展。比如中海壳牌，从项目建设开始，就在承担社会责任、保护环境、搬迁安置、生计恢复等方面遵循了可持续发展的理念，受到了当地居民和政府的肯定和支持。

二、应付各种风险须采用一系列重大举措

在各种著名的管理论中，有几种一直被企业偏爱并使用至今，比如科学管理理论、组织行为管理理论、蝴蝶结理论等。而像近几十年出现的学习型组织、创新型组织、安全发展理论、全面质量管理等管理理论，更是因为符合社会的发展需求和时代特征而受到越来越多企业的钟爱。壳牌预防事故理念和蝴蝶结理论在危险分析中的应用见图 7-5 和图 7-6。

壳牌在过去 100 多年的发展进程中，始终都坚持用科学化管理的思想来管理企业，并在此基础上发展出了一些独特的管理理论，比如学习型组织、宽容型管理、情景规划法等。这些与时俱进的管理理念与模式，不但

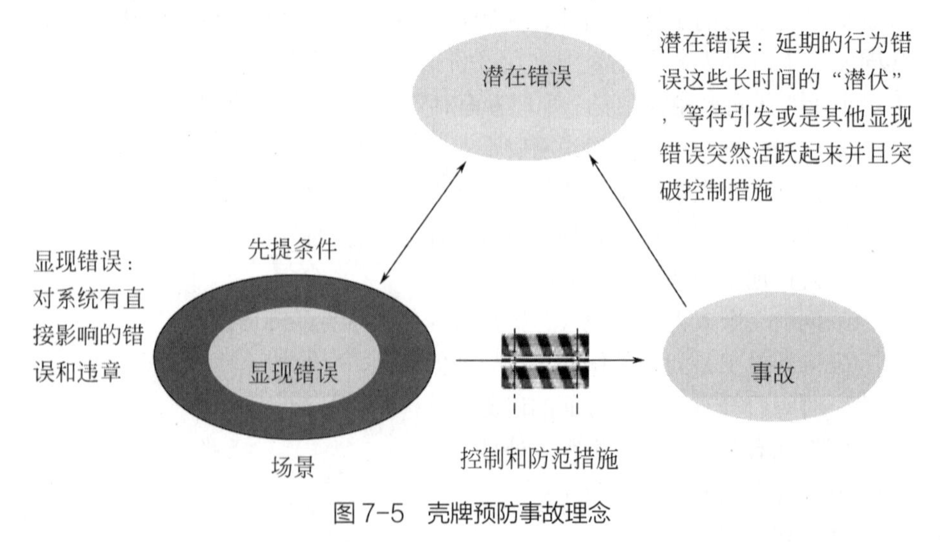

图 7-5 壳牌预防事故理念

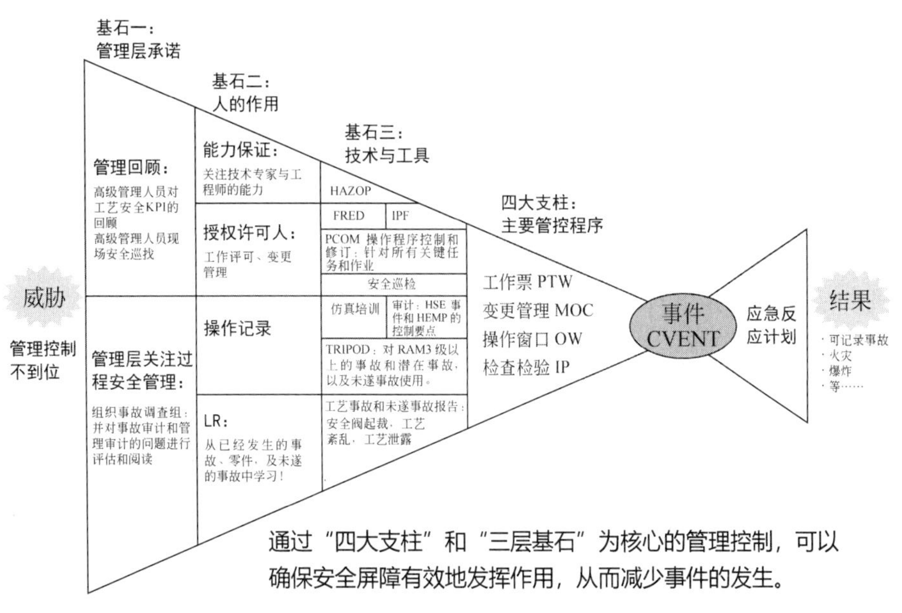

图 7-6　蝴蝶结理论在危险分析中的应用

经得起外部世界的变迁考验，而且帮助壳牌成功度过了一次次危机，使其在当今日趋激烈的竞争和不断变化的国际市场环境下都能赢得主动。多年来，壳牌和埃克森一直是全球石油化工行业的两大领军企业，彼此之间难分伯仲。壳牌这个百年企业不但没有出现衰老迹象，反而始终保持在《财富》杂志世界 500 强的前列，并越做越强。

三、推行全球性战略

壳牌公司勘探石油、天然气，提炼石油，把石油销出的业务范围广。这样，一个地方发生事故对该公司的其他部分不会有大的影响。在政治气候微妙的国家，公司通过垄断市场以确保产品获得高额利润，否则便马上撤走。

产品多样化限于相互紧密关联和协同的能源和化工行业，极少越出熟悉的行业范围。此结构极易有效拉平季度不同的收益。在勘探和生产、提炼、销售以及相关化工产品之间保持了良好的平衡态势。

应变力强是公司成功的关键。公司密切注视世界各地政治、经济形势的变化，以及对国际石油市场的影响，并随时准备应付一切不测。公司经常向各地分公司灌输危机意识，分公司每年都要举行 4 次石油供应突然中断的演习。壳牌船队会随时遇到突如其来的模拟意外，这种应变意外能力给公司带来了巨大益处。例如，海湾战争给世界石油市场造成了巨大冲击，但由于壳牌公司从以往的演习中摸索出一套应付危机的办法，所以没有受到致命的创伤。

壳牌重视研究开发采油投资，这是污染带来的风险不断增大，在深海和北极钻井使采油成本不断上升等因素决定的。同时公司采用先进技术，改进设备，减少生产人员的生命危险，还降低了钻井费用。目前，壳牌在世界的研究机构达 16 个，研究人员达 6900 人。安全和环保问题是各研究机构综合研究课题中的重要部分。壳牌的勘探和生产公司每天总计生产 400 多万桶原油和 4 亿多立方米天然气，其中壳牌的份额约占半数。壳牌的油品业务包括全球油品的运输、贸易、炼油和经销。壳牌在数十个炼油厂有股权，并在航煤、润滑油和加油站业务方面居世界领先地位，全球加油站总数约有 5 万个。壳牌的承诺是为客户提供最高质量的产品和服务。

化工业务重新定位集中发展具有世界规模的大项目，包括壳牌已经或能够实现全球领先地位的主要化工结构单元。壳牌集团的目标是发展其在亚洲的化工地位，使之与壳牌在美国和欧洲地位相匹敌。壳牌天然气公司每年销售 800 多亿立方米天然气，并在 20 多个国家有天然气权益（一般是通过与当地政府或其他石油公司合资的方式）。世界上某些主要天然气市场大量依靠进口天然气，供应方式为液化天然气或通过长距离管道运输。壳牌在三个世界主要液化天然气工厂（文莱、马来西亚和澳大利亚）与一些正在建设中的液化天然气工厂（尼日利亚和阿曼）有权益，并在欧洲、美国和其他地区的主要天然气管输公司有权益。1996 年起壳牌开始拓展发电业务的权益，主要是通过在英国、墨西哥、菲律宾、哥伦比亚、中国和巴西等国正在运转和建设中总计发电能力为 332 万千瓦的电厂中拥有权益，并计划在另外 668 万千瓦的发电厂中拥有权益。可再生能源是壳牌的第五大核心业务，壳牌有 20 年左右的造林经验，20 世纪 70 年代起就开始进行太阳能发电研究。壳牌投资发展可再生能源，初期集中发展太阳能发电、生物质能和造林业，同时还在开发面向市场的风力发电项目。为适应旨在提高壳牌经营业绩的改革，壳牌同时加强了对遵守集团经营宗旨和实行严格的健康、安全和环保标准的承诺，并且还将这种承诺延伸到可持续能源的发展。尽管目前全球各大石油公司合并风潮迭起，壳牌采取的种种举措将继续牢固地保持自己在国际石油工业界的领先地位。

壳牌公司创立的政策指导矩阵，主要是用矩阵来根据市场前景和竞争能力定出各经营单位的位置。市场前景分为吸引力强、吸引力中等、无吸引力 3 类，并用盈利能力、市场增长率、市场质量和法规形势等因素加以定量化。竞争能力分为强、中、弱三类，由市场地位、生产能力、产品研究和开发等因素决定。对落入不同区域的产品，用了不同的关键词指明应采用的战略类型。这里必须指出，由那些矩形组成的区域并未精确地加以限制。该公司的经验如下。

① 各区域的形状是不规则的；

② 区域的边界不固定，可以相互变化；

③ 在某些情况下，区域之间允许重叠。

四、处于矩阵中不同位置的战略及管理方法

主要战略如下。

① 领先地位。应优先保证该区域产品需要的一切资源，以维持其有利的市场地位。

② 不断强化。应通过分配更多的资源，努力使该区域产品向下一区域（领先地位区域）移动。

③ 加速发展或撤退。该区域产品应成为公司未来的高速飞船。不过，只应选出其中最有前途的少数产品加速发展，余者放弃。

④ 安全发展。这个区域中的产品一般会遇到 2～4 个强有力的竞争对手，因此，没有一个公司处于领先地位。可行战略是分配足够的资源，使之能随着市场而发展。

⑤ 密切关注。该区域产品通常都有为数众多的竞争者。可行战略是使其能带来最大限度的现金收入，停止进一步投资。

⑥ 分期撤退。这些区域应采取的战略是缓慢退出，以收回尽可能多的资金，投入盈利更大的经营部门。

⑦ 资金源泉。可行战略是只花极少资金投资于未来的扩展，而将其作为其他快速发展的经营部门的资金来源。

⑧ 不再投资。所应采取的战略是尽快清算，将其资金转移到更有利的

经营部门。

他们的先进的管理方法主要以下几个方面。

采用EP-5500勘探与生产安全手册。EP-5500手册的范围见表7-1。

表7-1 EP-5500手册的范围

项目	部门管理体制	工程项目	作业指导原则
EP-5500 手册中的内容	1.培训 2.审查 3.承包人安全 4.工程安全 5.制定 HSE 指导原则	1.所有工程项目 2.采用HSE范围 3.区域形状是不规则的 4.边界不固定，可相互变化 5.某些情况，区域允许重叠	1.勘探 2.钻井 3.维修 4.运输 5.物资、设备 6.消防等

壳牌公司HSE管理的主要特点显示在原则和对策上，见表7-2。

表7-2 壳牌公司HSE基本原则和对策

HSE基本原则	HSE对策
1. HSE管理的具体保证 2. HSE管理的政策 3. HSE是行业管理的责任 4.能用途的HSE倾向 5.通俗易懂的HSE高标准 6.测定HSE实施情况的技术 7.能重任的HSE倾向 8. HSE标准的实践检验 9.现实可行的HSE目标管理 10.人员伤害和事故的彻底调查与跟踪 11.有效的HSE鼓励和交流	1.预防发生各种人身伤害 2.HSE是业务经理的责任 3.HSE目标同其他经营目标一样，具有同样重要的意义 4.建立一个安全和健康的工作营地（基地） 5.保证有效的安全、健康训练 6.培养HSE的兴起和热情 7.对HSE要承揽个人责任 8.对环境要给予应有的重视

五、安全管理组织

壳牌公司考虑到技术、商业风险和法律责任这三个主要因素而采取HSE措施，提出必须要舍得花费人力和财力来预防事故的发生，这是明智的做法。为了做到作业行之有效的 HSE 管理，必须制订一个明确的计划和建立一个必不可少的管理机构，应把其看作是承担法律责任，也是技术上不可缺少的条件和所承担的商业风险。这个组织的管理任务有以下四个方面。

（1）通过野外观察来发现风险，如进行安全观察、医疗和职业保健评价、环境评价和审查、事故和事件报告、HSE 检查报告、地方类型统计报告等。

（2）通过 HSE 委员会去制定管理层的正确措施和政策。这个委员会应包括如下两方面。

① 壳牌公司和承包商的高级管理人员；

② 指定一个协调员来执行委员会的决议和建议。

（3）通过协调员（如医疗顾问或医生）与有关部门共同执行的行动计划，这些计划包括以下内容。

① 发展或更新工艺过程；

② 供应或更换个人防护用品（用具）；

③ 制订和改进培训计划。

（4）检查结果。对事故或事件进行审查，根据统计数据分析发展趋势，派安全管理小组去进行全面的现场检查。地震队安全审查工作可由壳牌公司派医务、环保顾问专家来完成。程序为现场检查—审查事故—事故分析—安全委员会会议—业务管理员安全会议—组长、组员安全会议。发现危险时，制定政策—实施和修改—检查结果。

壳牌认为，人都会犯错误，大家相互对话、相互聆听、相互分享、相互帮助，安全以一个简单的对话开始，安全不是从以罚代管开始。激励员工管控风险，做好安全，让每个人每天都安全回家。

六、安全责任

壳牌公司认为，不安全的作业及其由此引起的伤亡事故或职业病的责任，在于从主管人员到各级负责人和业务管理机构。全体职工都应该知道他们对 HSE 所产生的具体作用和所负的责任。以上各项要求必须在任务上和对他们的业绩期望中写得清清楚楚。要适当考虑到每位经理和负责人对 HSE 的态度和表现。壳牌公司的 HSE 责任见表 7-3。

表 7-3　壳牌公司的 HSE 责任

经理和负责人的责任	部门的责任	员工的责任
1.向下级发出指示，明确安全目标 2.必须采取相应的措施加以执行 3.提供各种资源 4.保障 HSE 所需的资金 5.对人员进行 HSE 培训 6.检查和监督发出指示的落实情况 7.坚持进行监视、记录和审查 8.组织推广先进的 HSE 管理经验	1.提出意见和建议 2.协调和监督 3.制定 HSE 政策的重点 4.明确执行范围 5.监督落实执行情况 6.执行具体的实施方案 7.选择目标和实施步骤 8.贯彻执行 HSE 规程，为员工树立榜样	1.对 HSE 进行鼓励、动员和交流 2.进行现场监督检查 3.执行 HSE 管理规程、标准 4.了解不安全因素引发的事故 5.向上级提出改进意见 6.对执行 HSE 规程、标准进行总结 7.尽量减少对环境的影响 8.杜绝与消除职业病的发生

壳牌公司认为 HSE 政策是 HSE 规划中必不可少的组成部分，要求其政策简明易懂，适用于每个人。强调必须有下列的政策。

① 预防发生各种人身伤害。

② HSE 是业务经理的责任。

③ HSE 目标同其他经营目标一样，具有同样的重要意义。

④ 建立一个安全和健康的工作营地（基地）。

⑤ 保证有效的安全、健康训练，培养 HSE 的兴趣和热情；

⑥ 每个职工对 HSE 都要承担个人责任；

⑦ 对环境给予应有的重视。

对于一个能正确执行 HSE 政策的人来说，他不仅懂得实际的危险情况，而且能发现和消除它，还具有完成 HSE 任务的能力和技巧。这主要通过 HSE 培训来实现。

① 最重要的 HSE 培训应该是对新雇员和承包商进行的培训，不培训就不能进入施工区。

② 实践证明培训职工进行急救，能使工伤事故率降低。把急救与培训结合起来所产生的效果比任何一种培训都大得多，急救培训也可以使每个人提高采取措施的主动性。

③ 应该把具体的安全培训纳入规划之中。培训计划要安排适当，这样使行为方法与完成任务所需要的技术保持平衡。

④ 公司和承包商的业务经理必须接受 HSE 管理技能的培训，这是十分必要的。

七、安全规划和目标

① 提出的 HSE 规划和目标必须是合理的、可以实现的。

② 一个好的 HSE 管理部门的目标是：保持事故频率、严重程度和费用向下发展的趋势；尽量减少对环境的影响；尽量减少职业病对健康的危害。

③ 公司制定安全规划时，应对生产事故、财产损失和停工损失有明确的目标。实现这些目标的方法应尽可能用数字表示，其内容是 HSE 会议的内容和次数，检查和审查的频率和次数，编写和审查的工艺规程文件及完成的进度表。

④ 制订规划的要求是：为落实 HSE 规划的详细方法，每个部门都应编写一份书面的时间表；各部门的 HSE 规划与壳牌公司的 HSE 总体规划相一致。

俗话说："台上一分钟，台下十年功。"只有平时具备认真的工作态度、一视同仁的工作标准，才能在安全生产上取得优异的成就，而壳牌的这些安全管理实践，在以后的生产工作中，还会更加严格，更加多元，更加深入，壳牌的安全生产之路，也会走得更加执着和优秀。壳牌安全管理给我们的启示如下。

① 永远确立安全第一的理念；

② 以技术、制度和人三方面的结合，推行全面安全管理；

③ 必须提高对安全管理制度的执行力；

④ 做好内外结合，严把安全评估关；

⑤ 编制应急预案，加强演练，最大限度地降低事故造成的影响；

⑥ 加强事故资源收集，建立安全信息反馈和共享系统。

八、壳牌安全轨迹——大安全源自小变化

每个企业都有一个"安全梦"——零事故。将事故发生率降至最低，

是企业安全工作孜孜以求的目标。人是企业生产的主体，也是事故发生的载体。只有增强人的安全意识，才能从根本上预防事故发生。

壳牌是 HSE 体系的先行者，在安全工作中，经历了从制度管人到员工自我约束的过程。“改善每个细节，正是壳牌构筑大安全的基石。”然而，要在壳牌全球化的庞大业务格局下，消除所有或大或小的隐患，并不是件容易的事。但壳牌已经找到了正确的方法：无论制度还是文化建设，壳牌都在激励并且帮助全体员工甚至承包商，而非仅仅是领导和 HSE 专业人员，养成安全的意识和能力，担当安全工作的主角。它坚信：如果每名员工都能自觉地追求安全，“零事故”（goal zero）的愿景总有一天会变成现实。

1. 从制度到文化：消除事故藏匿死角

20 世纪 80 年代末，石油工业界发生的几起重大事故，直接促成“安全管理体系”概念的诞生。在对英国北海帕玻尔·阿尔法平台爆炸事故的调查中，人们发现这起导致 167 人丧生的惨痛悲剧，起因竟是交接班时的疏漏——日班人员拆除了备用凝析油注入泵卸油管线上的安全阀，夜班人员却懵然不知，也没有严格执行作业许可制度，事故由此变得不可挽回。

从那时起，各石油公司便清醒地认识到，仅仅关注设备和技术安全是不够的，必须系统地建设管理制度，从而规范每项生产行为，清除事故可能藏匿的死角。在这一历史进程中，壳牌当仁不让地走在了行业的前头。

其实，早在 1985 年，壳牌就提出了“强化安全管理”（enhanced safety management）的构想和方法。随后几年，壳牌又在此基础上形成了安全管理体系。1991 年，壳牌创造性地提出 HSE 概念。1995 年，壳牌正式确立自己的 HSE 管理体系，成为这一体系的先行者。

壳牌喜欢用“拼图”来描述壳牌在完善体系方面持续不懈的努力。现有制度总有考虑不全的地方，实际情况的变化也会对制度提出修正的要求，因此，体系建设不可能一劳永逸。“壳牌始终在寻找那些缺失的碎片，使整幅拼图更完美。”

2. 从遵守到干预：违章就意味着离开

简化规则方便员工理解遵守、查明事故原因，避免再次发生。

安全制度是什么？不是案头的摆设，而是必须严格执行的铁律。壳牌在这一点上从来不讲情面，任何人如果选择违反规则，那就意味着选择离开壳牌。

“12 条救命规则”是壳牌的底线，平时普通违规还有两次改正机会，但如果是在高风险作业环节犯错，那么一次机会都没有。

考虑到“大部头”的体系文件一线员工难以消化，壳牌坚持“简单才有效”的原则，不断简化规则以方便员工理解和遵守。

研究表明，90%的安全事故与工作时的违章有关，而 70%的死亡事故发生时都有同事在场。为此，壳牌不仅要求全体员工遵守制度，而且赋予他们权力——积极干预他人的不安全行为，这种干预完全不受职级限制。

壳牌高管甚至将自己的私人手机号码告知员工和承包商，鼓励他们发现不安全事项时直接向他汇报。

“安全是首要任务。”秉持这样的理念，壳牌对待事故一点都不“讳疾忌医”，相反，还将未遂事故都当成已发生事故认真对待。壳牌要求员工无论事故大小都必须上报，就连电缆盒盖板被风吹掉这些事情都不能遗漏。但壳牌掌握事故，重点不在追究责任，而在查明事故的真实原因，避免日后发生同样事故。零事故历程见图 7-7。

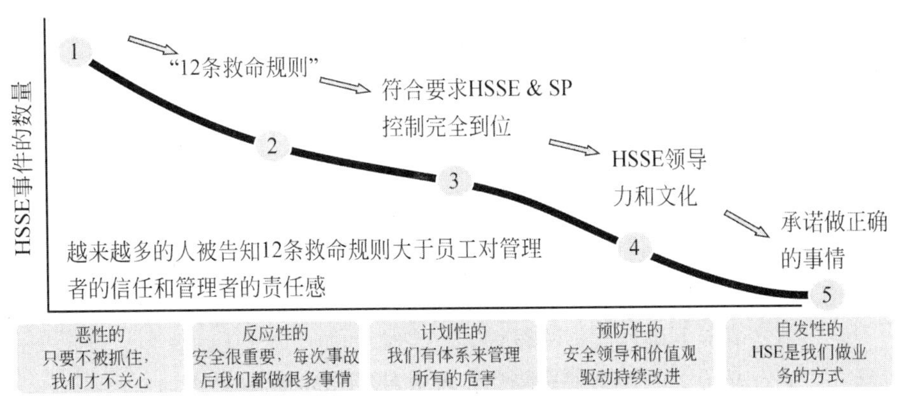

图 7-7　零事故历程

3. 从受教到教人：自觉树立责任意识

将安全还原为个体生命和家庭幸福、让员工走上讲台教别人什么是安全。

壳牌有这样的安全教育：在烈日下，将一个假人从 12m 高的脚手架上跌落，假人撞击地面的声音被音响放大，令人惊心动魄，围观的工人都倒吸了口冷气。尽管这些工人分别来自不同国家，彼此语言不通，但这一刻，所有人都再清楚不过地懂得了高处作业不系安全带的严重后果。

改变人的意识如同搬运巨石，比制度建设难上百倍千倍。因此，壳牌从来不认为生硬的理念灌输能够起作用，而是创造性地提出“心与意”（hearts&minds）计划。这个计划站在员工的角度，将安全还原为个体生命和家庭幸福，在持续的沟通交流中，春风化雨，润物细无声。

培训的最好效果，就是学员走上讲台，教别人什么是安全，怎样才能实现安全。在传统安全管理中，员工就像陀螺，外力抽一下转一圈。可是当员工主动开展安全培训时，就像发动机，逐渐树立起责任意识和“屏障思维”（barrier thinking），安全渐成由内而外的自觉追求，一道道坚实的屏障正在事故面前崛起。

无论“搬运巨石”多么困难，很可能刚抬起一些又会砸回去，但壳牌坚信找对了方向，因此不介意做“愚公”，并下定了移山的决心。

九、壳牌的安全文化

壳牌公司的安全文化主要是从安全理念、人员行为、风险管理、物态控制等几个途径来实现的。壳牌通过持续有效的培训，不断提高职工的安全意识，增加安全知识，提升员工自我安全能力；在此基础上，不断规范人员的安全行为；再配合使用好现场风险控制的各种有效管理工具，消除现场安全隐患；最后通过不断改进硬件配备，为实现本质安全提供保障。

壳牌公司有12条救命规则，是他们在安全文化建设中的根本遵循。

① 在有要求情况下获得有效的工作许可证。

② 必要情况下进行气体测试。

③ 工作开始之前检查安全隔离情况并使用指定防护设备。

④ 进入封闭空间之前需获得批准。

⑤ 取消或关闭安全关键设备之前需获得批准。

⑥ 高空作业时要防止跌落。

⑦ 不要在作业中的起重设备下行走。

⑧ 不要在非指定区域吸烟。

⑨ 工作或驾驶前不要喝酒或使用药物。

⑩ 驾驶时不要使用手机，不要超速。

⑪ 系上安全带。

⑫ 遵守行程管理计划的规定。

为了达到这 12 条救命规则的具体落实，壳牌进行了如下工作。

1. 清晰的管理界面，明确的职责划分

壳牌认为，不安全的作业及其由此引起的事故的责任，主要在于从主管人员到各级负责人和业务管理机构。一般员工的职责只有三条：一是执行 HSE 管理规程、标准；二是了解不安全因素事故；三是向上级提出改进意见。在现场，壳牌管理人员的一项主要职责就是通过程序的实施，清理和发现问题，对程序的缺陷进行改进，对过多的工艺、无效的步骤进行清理和删除，通过持续改进工作程序来提高业务流程的连贯性和可执行性，让作业程序更有效，让人员的操作更简单更安全，从而使员工更能够理解和专注于对规程及标准的执行。例如：在 ACT 卡的管理上，安全监督每天收集跟踪 ACT 卡记录的不安全状况及行为是否整改关闭，并对所记录的事项进行分类统计和分析上报。一般情况下，壳牌会对现场反馈的意见进行评估，每半年例行修订一次相关程序，如现场人员发现程序存在重大缺陷和隐患，会重新设计新的途径并进行验证，上报壳牌总部确认后实施，同时对操作手册上的相关程序进行修订并全球发布。壳牌给我们最深刻的体会就是，把复杂的工作交给管理层，把简单的工作交给员工来做。

2. 实用的管理工具，严格的监督执行

一是令行禁止的规则。作业之前，壳牌要求必须进行工具箱会议和工作危险性分析，确保所有的安全措施到位，所有人员明确了风险和控制措施后才可以开始工作，并要求现场人员完整执行下达的工作指令，若遇复杂情况必须报告主管，作业变更也以书面指令为准。二是严格的监督检查。如落物检查是壳牌针对钻机作业的一项强制性工作程序。

3. 可靠的装备配套，严格的合同管理

壳牌对设备设施可靠性、完整性的高标准和细致要求，处处都体现出他们对安全物态文化的重视和关注。对钻机所有设备进行验收，对绞车刹车、顶驱等关键设备严格按照检验周期由具备资质的第三方定期进行检

测，设备重点部位的焊接必须有探伤合格报告，吊耳必须有载荷设计证明，吊索、卸扣等工具每半年由第三方进行检测，大门坡道必须安装延长挡板防坠落等。

4. 务实的HSE培训，系统的应急演练

培训方面，壳牌主要依据他们的“12条救命规则”制订培训计划，所有员工必须接受作业许可、工作危害分析、应急救援、吊装作业等培训，而且对培训的考核非常严格，培训不合格不能上岗，安全观念文化得到充分体现。

5. 负责的环保态度，正面的激励机制

为创建和谐，壳牌在其“健康、安保、安全、环境及社会业绩”中这样承诺：追求“对人无害”，保护环境，尊重邻居，为业务所在社区做贡献。环境保护方面，壳牌遵循并推行钻井生产污水零排放的准则，在钻井现场不建污水池，他们对水基泥浆产生的岩屑进行脱干后固化填埋处理，对油基泥浆产生的岩屑装箱雇佣专业化公司回收处理，对废弃物及垃圾的处理也要建立记录。在降低噪声上，每口井均安装了隔音墙。

6. 以人为本，人的生命高于一切

在进入壳牌项目各钻井现场时，除了被要求穿戴好劳保用品外，还被要求戴好护目镜，这在其他钻井是没有的。在张贴的“12条救命规则”中，重点提出了“保命”这个人的元素。不仅如此，为了防止粉尘进入眼镜，现场设置眼镜冲洗和淋浴设备；为保证人的生命和健康，现场还设立了《材料健康安全参考资料》牌，就材料的危险性、应急反应、急救处理、化学组成以及对应需穿戴的劳保用品等都作了说明，清晰、一目了然。

7. 壳牌安全检查不定期、不定时

为了体现检查的真实性，壳牌公司在进行HSE检查时是不定期、不定时的。现场人员介绍，壳牌有时是把庆典变成了检查，然而，他们的员工却说，公司的检查没有压力。只要平时把所干的工作详细地记录下来，就不怕壳牌公司的检查，有通知的检查，员工是有意见的，只会使队伍走向歧途。

8. 卓有成效的执行力

（1）文化先行　用思想影响和统一员工的行为。

（2）诚实　诚实是安全工作执行力的有力支撑。诚实是一个人执行力的关键，诚实与否也是衡量一个人品质好坏的重要标志之一，在任何一个人的工作中，无论何种形式的撒谎、不诚实和弄虚作假，都会造成执行力偏差。

（3）规范化管理　程序落实执行力。

（4）完美工作　壳牌认为，只有完美细致的设计和方案，才能保证执行过程中的高效率和有效性，同时保证执行到位。因此，无论是编制好计划及方案后，还是工作的最终结束前，壳牌员工都要对相应工作进行审查，不断修改完善，直到完美为止。

总之，壳牌的 12 条救命规则是其安全文化的表现。重视人的生命，把人的生命安全当作最大的安全，本身就是一种文化的升华。因为再大的企业，效益再好的企业都是依靠人来创造的，离开了人，一切都无从谈起，离开了人，任何事情都将化为泡影。

第八章

巴斯夫公司安全管理

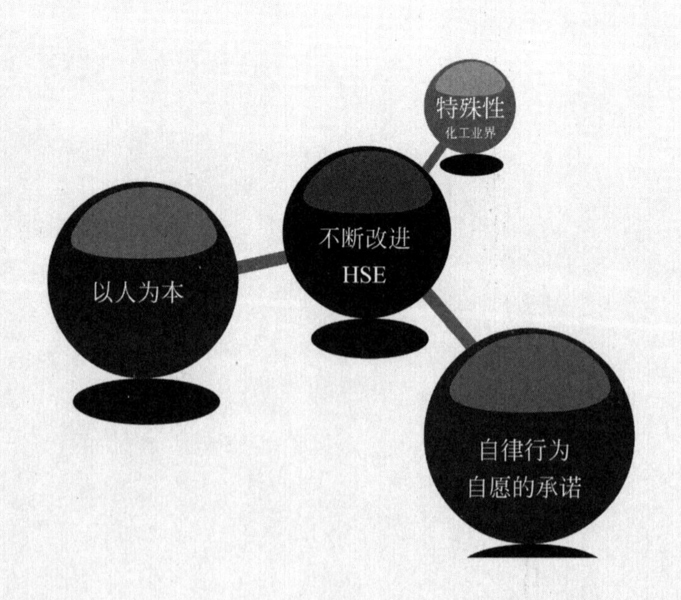

巴斯夫公司总部设在德国路德维希港，在 39 个国家设有 350 多个分厂和公司。其中在德国国内的生产厂家共有 60 多个，分别位于路德维希港、明斯特、汉堡、斯图加特、曼海姆、维尔茨堡、科隆等地。位于路德维希港的巴斯夫集团总部和巴斯夫股份公司像一座“小城市”，占地面积达到 $7km^2$。这座“小城市”共有 1750 座建筑，100km 的街道，200km 的铁轨，2500km 的管道，建有 5 座发电站。此外，巴斯夫还有自己的医院、旅行社、火车站。在路德维希港工作的职工共有 5.5 万人。巴斯夫欧洲公司（BASF SE）为巴斯夫集团中最大的企业。巴斯夫的不少产品是从原油和天然气中提炼出来的。巴斯夫拥有自己的煤、石油和天然气资源。巴斯夫的附属公司 Wintershall AG 在世界各地勘探、开采、并提炼原油和天然气，该公司还为巴斯夫集团属下的公司提供天然气、苯、环己炔、石脑油等原料。巴斯夫在国外的企业大部分在欧洲，几乎遍布欧洲所有国家。此外，在美国、日本、阿根廷、印度、新加坡、埃及、中国等也都设有分公司或分厂。巴斯夫是世界领先的化工公司，向客户提供一系列的高性能产品，涵盖化学品、塑料、特性产品、作物保护产品以及原油和天然气。其别具特色的一体化基地（即德语中的“verbund”）是公司的优势所在。它使巴斯夫实现了低成本优势，从而保证了极大竞争优势。巴斯夫遵循可持续发展的原则来开展业务。2011 年，巴斯夫的销售额达到 735 亿欧元（约 970 亿美元），在全球拥有超过 111000 名员工。巴斯夫公司的股票在法兰克福（BAS）、伦敦（BFA）和苏黎世（AN）的股票交易所上市。巴斯夫是全球最大的化工公司，被美国商业杂志《财富》评为“全球最受赞赏化工公司”；在德国所有公司的跨行业评比中，巴斯夫名列第二。

巴斯夫化学品业务由石化产品（裂解产品、丙烯酸单体、醇类等）、单体（MDI、TDI 等异氰酸酯，尼龙和无机化学品）和中间体业务组成，是巴斯夫最重要的一大业务，为公司贡献的利润最多。其产品覆盖溶剂、塑化剂、大容量单体和胶水，以及用于诸多领域的原料。其中，30%的产品内销给其他业务部门生产附加值更高的产品，充分体现了一体化生产基地的优势。2017 年化学品价格显著上涨，巴斯夫化学品业务营业收入同比增长 27%。

2019 年巴斯夫在世界 500 强企业排名中名列 115 位，当年营业收入 78798.7 百万美元，利润 5555.1 百万美元。

第一节
企业简介

一、公司概况

巴斯夫是全球领先的化工公司，至今已经有 150 多年的历史。从最开始的染料产品起家到目前业务范围涵盖化学品、特性产品、功能材料、农业解决方案以及原油和天然气等众多领域，公司逐渐成长为公认的国际化工巨头。巴斯夫多年位居世界化工企业排名榜单首位。同时，巴斯夫作为全球一体化理念的提出者，在德国、比利时、美国、中国、马来西亚拥有 6 个一体化生产基地和遍布全球的 352 个生产基地。

二、发展历程

公元前 2600 年，中国已出现了有关使用染料的文字记载。德国人亦是开发染料的先驱者。1834 年，德国一名化学家发现，若在提炼煤油时加上漂白剂，苯胺会放出鲜蓝色彩，这奠定了日后发展苯胺染料的基础。与此同时，中国的纺织业正处于蓬勃发展期，巴斯夫把握此大好良机，于 1885 年派遣一名代表梅耶尔前往上海推销染料。就在这个以“带领服装潮流”之称的中国城市里，巴斯夫染料成为了畅销产品。从那时候开始，巴斯夫正式踏足中国市场。

巴斯夫是一家大型国际化工公司，巴斯夫的业务主要以化学品及塑料为核心，范围十分广泛，从原料（例如天然气）到植保剂和医药等，数不胜数。分布世界各地的巴斯夫雇员本着创新精神共同建立起公司，这种精神从最初开始便已形成一种传统，这对公司十分重要，因为巴斯夫所制造的消费品并不多，但在物料供应方面可以说是包罗万象。这些物料被用作制成各式各样的产品，例如蓝色牛仔裤所用的靛蓝染料和汽车涂料等。尽心尽力为其他行业生产带来优质产品，是促使巴斯夫成功的部分元素。听取客户意见，为客户提供服务以及满足他们的需求，是巴斯夫的宗旨。为贯彻此宗旨，公司将继续开发新产品和增强在市场上的领导地位。此外，公司每年投资于世界各地科研开发工作的经费逾 20 亿马克，为巴斯夫开辟未来发展的道路提供有力的基础。

事实上，巴斯夫的未来发展方向并不只着眼于商业利益上，更关注到我们所居住的地球。随着社会价值观的转变，人类愈来愈重视安全及环境保护。这两点对巴斯夫将来的成功发展十分重要，而参与全球性的“关怀责任”计划，正是对“延续发展”的一项重要贡献，这项计划用于巴斯夫所有业务范畴及附属公司内的产品和服务。

第二节
五项安全管理战略

巴斯夫公司之所以能够在百年经营中兴旺不衰，在很大程度上归功于它在长期的发展中确立的激励员工的五项基本理念。这五项基本理念具体如下。

一、分配的工作要适合员工的能力和工作量

不同的人有不同的工作能力，不同的工作也同样要求不同工作能力的人完成。企业家的任务在于尽可能地保证所分配的工作适合每一位职员的兴趣和工作能力。巴斯夫公司采取四种方法做好这方面的工作。

① 数名高级经理人员共同接见每一位新雇员，以对其兴趣、工作能力有确切的了解；

② 除公司定期评价工作表现外，公司内部有正确的工作说明和要求规范；

③ 利用电子数据库储存有关工作要求和职工能力的资料和数据；

④ 利用“委任状”，由高级经理人员小组向董事会推荐提升到领导职务的候选人。

如何使工作与能力相符合，以及能力与工作量相符合，是巴斯夫在安全管理工作中要考虑的重要环节。

第一，安全工作要有责任心。这是履行好岗位职责必须具备的工作态度。没有积极正确的工作态度，没有强烈的工作责任心，是无法干好本职

工作的。无论处于什么样的工作岗位，担任什么样的工作职务，都只有安心工作岗位，热爱本职工作才能对自己的工作有责任心。

第二，应有安全工作技能。这是履行好岗位职责必须具备的能力要求。要想履行好岗位职责，除必须具备强烈的工作责任感以外，还必须要有一定的知识水平和工作能力。没有金刚钻无法揽下瓷器活。光有工作热情，而不具备工作能力，是无法适应岗位需要干好工作的。居安思危，未雨绸缪，不断丰富充实自己才是应有的态度。

第三，要有组织纪律观念。这是履行好岗位职责的重要条件。没有规矩不成方圆。只要生活在现代社会上，就必须受一定纪律的约束，特别是对于现代企业制度下的员工，更需要具有牢固的纪律观念。纪律观念和责任感是紧密联系的，没有纪律观念就不可能有什么工作责任感，同样没有工作责任感也就表现不出好的纪律观念。对于每个员工来说，只有树立了牢固的纪律观念，才能自觉遵守单位的规章制度和各项管理规定，工作中才能照章办事、按规程操作，才能表现出对工作负责的态度，即工作责任感。

第四，要有强烈的安全意识。安全意识是履行好岗位职责的前提保证。安全是为了工作，工作必须安全。假若一名职工没有安全意识，不管有多高的工作热情，有多强的工作能力，这样的职工也是不称职、不合格的。

第五，安全工作要有实干精神。要想干好安全工作必须要有实干精神，空谈只能误事。

二、论功行赏

每位职工都对公司的成就做出了自己的贡献，这些贡献与许多因素有关，如和职工的教育水平、工作经验、工作成绩等有关，但最主要的因素是职工的个人表现。

巴斯夫公司的原则是职工的工资收入必须看他的工作表现而定。他们认为，一个公平的薪酬制度是高度刺激劳动力的先决条件，工作表现得越好，报酬也就越高。因此，为了激发个人的工作表现，工资差异是必要的。另外，公司还根据职工表现提供不同的福利，例如膳食补助金、住房、公司股票等。如巴斯夫旗下的某公司对直属单位、直属机构、机关处室月度安全绩效考核的奖励，包括直属单位（机构）、机关处室、中层领导干部及全员安全（环保）诊断（隐患排查）奖励等内容；以事故考核结果和安全月度绩效考核为依据，对发生事故单位（个人）的奖励实行否决，未发生事故单位（个人）的奖励与HSE月度绩效考核关联。

巴斯夫公司明确，HSE 奖励考核遵循公正、公平、公开原则，过程与结果并重、以过程为主，定量与定性相结合、以定量为主，激励与约束并重。外来人员或承包商（包括 EPC 项目承包商、承运商、供应商）等发生或引发的事故，视同业务主管或属地单位事故进行考核，业务管理处室联责考核。发生车间级安全事故或环保事件，否决该车间年度安全环保评先评优资格；发生运行部级安全事故或环保事件，否决该单位年度安全环保评先评优资格；发生公司级及以上安全事故或环保事件，当年度内所有公司综合类评先评优实行“一票否决制”。

巴斯夫公司还明确，HSE 月度绩效考核得分排名前三的单位，分别相应嘉奖安全或环保奖励基数的 10%、8%和 5%；HSE 月度绩效考核得分排名后三的单位，分别相应扣罚安全或环保奖励基数的 10%、8%和 5%。HSE奖励实行月度递增累进奖励，即每月递增奖励基数的 5%。HSE 奖励基数以 12 个月为一个周期。下一轮周期根据各单位实际情况重新设置奖励基数，一个周期内一旦发生运行部级及以上安全事故或环保事件，退回至奖励基数。

巴斯夫公司要求 HSE 安全奖按贡献大小考核发放，须将领导干部定点联系、班组安全活动、全员安全（环保）诊断、HSE 督查问题及整改情况、安全管理信息系统录入相关数据、职业卫生及消防管控、环保控制指标等情况纳入考核范围；向作业许可证的签发、直接作业监护、全员安全（环保）诊断、事故事件分析上报、异常管理及应急处置、职业卫生管理、消防、气防管理、环保管理等 HSE 业绩突出人员倾斜。

据了解，巴斯夫公司根据 HSE 工作实际，持续改进 HSE 安全奖励考核细则，完善奖惩体系，建立结果与过程并重、定性与定量相结合的奖惩机制，取得了较好的效果。

三、通过基本和高级的训练计划，提高员工的工作能力

除了适当的工资和薪酬之外，巴斯夫公司还提供广泛的训练计划，由

专门的部门负责管理，为公司内部人员提供本公司和其他公司的课程。公司的组织结构十分明确，职工们可以获得关于升职的可能途径的资料，而且每个人都了解自己在哪个岗位。该公司习惯于从公司内部选拔经理人员，这就保护了有才能的职工，因此，他们保持很高的积极性，而且明白有真正的升职机会。巴斯夫有如下做法。

1. 领导的支持是安全培训实施的可靠保证

在实施安全培训过程中由于不可避免地涉及观念、作风和习惯的转变，涉及工作程序和方法、机构体制和职责权力的变动。面对这些问题没有各级领导的支持，系统的执行力度就存在困难。只有各级领导支持，整个实施过程才能顺利。

2. 组织和培训，造就企业自己的安全技术和管理人才

安全培训系统启动时就成立了相应的领导小组。企业主管领导经常听取汇报并多次组织工作检查，有力地推动系统的实施。企业组织稳定有力的安全培训实施小组，制订工作计划和实施步骤。企业安全管理系统的最后效应，是由使用者来体现的，对操作人员的培训工作显得十分重要。

3. 重视数据的准确性

企业信息化是提升安全培训水平的一种手段和工具，它运行的基础数据来自企业本身。真实可靠的基础数据，将运算出科学的结果；有人用“三分技术、七分实施、十二分数据”来形容数据对信息化的重要性，可以看出数据的准确与否直接关系到安全培训实施的成败。企业如果在安全培训启动前，有计划、有组织进行基础数据的整理和规范化、标准化工作，将会大大提高安全培训实施的成功率和缩短实施周期。

4. 在实施过程中也要抓“瓶颈”

在安全培训实施过程中的“瓶颈”，也就是企业管理中存在的问题，通过对这些问题进行分析，提出相应的解决方案，然后通过计算机的管理，规范相应的业务流程和减少不必要的事务，使得企业的问题得以解决。

5. 建立有效的沟通机制

在安全培训实施过程中应当注意企业与内部各部门之间的信息沟通问题。建立有效的沟通机制将有助于不断校正安全培训实施方向，及时解决可能出现的问题，避免同样的问题在不同部门重复出现。在安全培训实施过程中沟通可以通过例会、培训、交谈和邮件等多种方式实现，重要的是要经常进行，不应等到出现问题无法进行下一步工作时才开会讨论，这样既影响工作效率，也影响企业人员对安全培训成功的信心。

6. 实施过程中坚持以人为本

安全培训实施的过程实际上就是相关人员相互之间的配合协同的过程，安全培训成功与失败同领导的支持、实施人员的实施方法、员工的态度和素质等因素密不可分。安全培训实施人员通过对员工的培训，使得培训系统得以使用，而员工素质的参差不齐又制约着培训系统的运行。同时员工在使用过程中又不断提出新需求反馈给安全培训实施人员，安全培训实施人员根据需求对培训系统进行完善，并对员工进行再次培训。因此，安全培训实施过程中始终坚持以人为本，才能使得培训系统不断完善，在方便性和实用性上得到加强。

四、不断改善工作环境和安全条件

一个适宜的工作环境，对刺激劳动力十分重要。如果工作环境适宜，职工们感到舒适，就会有更佳的工作表现。因此，巴斯夫公司在工厂附近设立各种专用汽车设施，并设立弹性的工作时间。公司内有 11 家食堂或饭店。每个工作地点都保持清洁，并为体力劳动者设盥洗室。这些深得公司雇员的好评。

巴斯夫公司建立了一大批保证安全的标准设施，由专门的部门负责，如医务部、消防队、工厂高级警卫等。预防胜于补救，因此，定时给予全部劳动力安全指导，还提供必要的防护设施。公司经常提供各种安全设施，并日夜测量环境污染和噪声。各大楼中每一层都有专门经过安全训练的职工轮流值班，负责安全。意外事故发生率最低的那些车间，会得到安全奖。所有这些措施，使公司内意外事故发生率降到极低的水平，使职工有一种安全感。巴斯夫公司还在环境保护方面大量投入资金。

五、实行抱有合作态度的领导方法

巴斯夫公司领导认为，在处理人事关系中，激励劳动力的最主要原则之一是抱有合作态度的领导方法。上级领导应像自己也被领导时一样，积极投入工作，并在相互尊重的气氛中合作。巴斯夫公司给领导者规定的任务是商定工作指标、委派工作、收集情报、检查工作、解决矛盾、评定下属职工和提高他们的工作水平。

在巴斯夫公司，如果上级领导人委派了工作，就必须亲自检查，职工本身也自行检查中期工作和最终工作结果。在解决矛盾和纠纷时，只有当各单位自行解决矛盾的尝试失败后，才由更上一级的领导人解决。巴斯夫公司要求每一位领导人的主要任务就是根据所交付的工作任务、工作能力和表现评价下属职工，同时应让职员都感觉到自己在为企业完成任务的过程中所起的作用。如果巴斯夫公司刺激劳动力的整个范畴简单地表达出来，那就是“多赞扬，少责备”。他们认为，一个人工作做得越多，犯错误的机会也就越多，如果不允许别人犯错误，甚至惩罚犯错误人，那么雇员就会尽量少做工作，避免犯错误。在这种情况下，最“优秀”的雇员当然是什么事情也不做的人了。

巴斯夫公司的多年经验表明，抱有合作态度的领导方法，能使雇员更积极地投入工作和参与决策，因此，这是一个为达到更高生产率而刺激劳动力的优越途径。该公司由于贯彻了上述五项基本原则，近 10 年来销售额增长了 5 倍。

第三节
作业安全控制

作业安全控制，指以安全为立足点，通过一系列的管理措施和方法，控制生产作业过程中的可能存在的风险，从而确保生产作业的稳定持续。

众所周知，生产是企业赖以生存的补给线，而生产主要来自作业。因此，连续稳定的作业意味着高效率的生产，其意义之于企业显而易见。通过历史经验可知，作业安全是企业连续稳定作业的重要“拦路虎”之一，运行性企业因作业安全问题导致生产非计划性中断和停工比比皆是。基于此，对企业作业过程中的安全控制显得尤为重要。

作业控制模式无统一、成文的标准，各公司可根据自身的生产、管理等情况量身定制，其目的均是控制生产作业过程中的风险因素。

企业主要涉及的作业包括日常例行作业和非日常例行作业。为确保所有的作业都在控制之下，对企业所有作业应采取分级分类控制的模式对于日常例行作业，不需要工单，也不需要作业许可证，可依据“管理程序”予以控制。

对于非日常例行作业，也称非常规作业，这一类作业始于工单，可分为高风险作业、低风险作业。其中，高风险作业需要办理作业许可证，如动火作业、高处作业、进入受限空间作业等。低风险作业不需要办理作业许可证，登记作业信息，并经相应的授权后便可开始作业。

需要进行作业控制的高风险作业包括但不限于以下：

动火作业；吊装作业；高处作业；受限空间作业；断路作业；挖掘作业；临时用电作业；盲板抽堵作业。

在工作进行过程中正确应用作业许可证标准，可以控制潜在工作危害并将风险降低到可以接受的程度。

一、作业与安全同行

物流运输是化学品交易重要的组成部分，客户希望自己订购的产品能够按时、按质、按量地送达。同时，运输安全也是化工安全领域中一个巨大的挑战。近年来，各类化学品运输事故时有发生，一些事故甚至造成了严重的人员伤亡、经济损失、社会影响和环境影响。

如何为化学品的安全运输保驾护航？这离不开化工企业、物流公司、行业协会以及政府部门的携手努力。

二、企业须从严治理

从原材料的交付、化学品的储存和分销，到废弃物运输处置等各个阶段，巴斯夫均实行严格的规定和预防措施，确保运输及分销安全。

巴斯夫按照欧洲化工行业协会的指导方针制定了集团全球标准，包括建立严格的内部储运安全管理审核制度，通过 SAP 管理系统，实现化工产品数据与法规要求相结合，并推行全球统一的物流服务供应商评估和管理体系。如果在采取了所有预防措施后仍发生意外事故，巴斯夫将通过运输和分销安全（TDS）顾问的外部网络，在全球范围内提供专业援助。

三、物流公司要加强评估和管理

在以严格标准规范自身运营的同时，如何物色、管理、培训物流服务商也是巴斯夫重要的责任。

在物色方面，为确保各个阶段的运输及分销安全，巴斯夫将物流服务供应商的安全业绩与商务招标有效结合，并设定了严格的环境、健康与安全（HSE）审核标准和关键考核指标。

在管理方面，对于运输车辆的配置和运输人员的防护设备，巴斯夫也有着高要求。比如，当化学品不慎泄漏时，驾驶员必须穿好防护服再进行处理。对于车上医疗箱的配置，也有细致的规定。在培训方面，巴斯夫定期通过研讨会等形式与物流服务商分享行业先进经验。

第四节 巴斯夫的行为准则

巴斯夫（BASF）化学，创造可持续发展的未来。公司不断推动产品和解决方案的可持续性，将经济成功、社会责任和环境保护与安全运行结合在商业运作中，从而使客户能够满足当前和未来的社会需求。

公司承诺安全环保原则，并希望与供应商合作，进一步完善供应链中的可持续发展框架。公司希望完全遵守适用法律，并遵守国际公认的环境、安全、社会和公司治理标准（ESG 标准）。还希望供应商尽最大努力与和分包商一起实施这些标准。这些标准基于“联合国全球契约倡议的十项原则”、《联合国工商业与人权指导原则》、《国际劳工组织工作中的基本原则和权利宣言》，以及全球化学工业的责任关怀项目：在安全与环境方面的承诺如下：

① 遵守所有适用环境、安全、健康法规。

② 推广安全和环境友好型的产品开发、制造、运输、使用和处置。

③ 通过使用适当的管理体系确保产品质量和安全性符合适用要求。

④ 保护员工和邻居的生命与健康，以及广大公众免受工艺和产品的固有危害。

⑤ 有效利用资源，应用节能和环保技术，减少废物，以及减少排放到空气、水和土壤中的废物。

⑥ 尽量减少对生物多样性、气候变化和缺水的负面影响。

一、注重安全与效益

自 1992 年以来，巴斯夫一直积极参与化工行业自愿倡议责任关怀的原则。环境保护、健康和安全（EHS）以及安全、沟通和能源效率都包含在巴斯夫的全球责任关怀政策中，该政策通过责任关怀管理系统（RCMS）贯彻到企业的运营之中。

巴斯夫不仅对自己的运营采用严格的标准，也对承包商和供应商提出了与自身同等的高标准。在选择承运商、服务商和供应商时，不仅考虑价格因素，更看重他们在环境和社会责任方面的表现。

据介绍，巴斯夫在企业内部规定了全球强制性的安全、保障、环境和健康保护标准。企业帮助每个人提升风险意识，详细分析事故及其原因，以便从中学习，这是一个重要的预防工具。

通过定期对话、培训、跨不同地点的应急演练，巴斯夫加强了员工和承包商的风险意识，并以此方式不断培育安全文化。

随着信息技术的发展，巴斯夫已经在运用大数据和数字技术的力量，变革业务模式和生产运营。基于数据分析和对所有关键数据的实时采集，生产装置现场的可靠性和透明度得以提高，可以避免由于不可预测的停车而造成的事故。巴斯夫已经开展了智能制造试点项目。例如，在某基地实施了 EHS4.0 数字化项目，应对安全和效率问题。利用数字技术，成功发起并实施了智能人员定位系统，帮助承包商团队提高工作效率。更重要的是，它能提供实时数据，保护承包商的安全，特别是在紧急疏散过程中。

二、践行推广责任关怀

中国是巴斯夫全球第三大市场，2018 年，巴斯夫向大中华区客户的销售额超过 73 亿欧元。目前，巴斯夫在中国拥有 9000 多名员工。巴斯夫在中国不仅积极实施责任关怀，还努力推广责任关怀最佳实践。

作为责任关怀全球宪章的共同发起人，巴斯夫是首批与中国政府和中国化工企业分享这一概念的跨国公司。2015 年，巴斯夫在上海主持了责任关怀全球宪章签约仪式。通过共同努力，越来越多的中国化工企业采用了责任关怀的原则。

“化工行业的产业链非常长，我们不只关注自身的运营，也运用化学创新和专知，引领整条价值链共同实现可持续发展——从采购、生产到产品和解决方案的开发。我们携所有相关方共同努力。”

作为 ICCA 的积极成员，巴斯夫在支持改进应急响应，公共沟通和化学监管倡导方面发挥了主导作用；组织研讨会或参加活动以分享安全实践，帮助提高整个化工行业的安全绩效，特别是在中国；巴斯夫还与客户、物流供应商共同举办安全研讨会及现场讨论，协助他们更安全地使用产品。

物流是化学品交易过程中的重要一环，而运输安全是化工安全面临的巨大挑战。为了确保化学品安全运输，不仅需要严格的法规，更需要化工企业、物流服务供应商、行业协会和政府部门之间通力合作。巴斯夫一直支持提高中国的运输和分销安全。2017 年起，巴斯夫与交通部及其他化学品制造商一起探讨，建立了中国化学品运输安全评估体系（CRSAS）。这一全新体系于 2018 年 7 月开始实施，覆盖了更多国内企业和物流供应商，也具有更强的操作性。到 2018 年底，共有 18 家化工企业和 87 家物流公司申请成为 CRSAS 成员，这一数字还在快速增加。

三、注重提升透明度

为了加强与各利益相关方的透明沟通和直接接触，巴斯夫是最早发布本地综合年度报告的跨国公司之一。自 2008 年以来，巴斯夫已连续十年公开发布大中华区年度报告。每年，主动对可持续发展的三个维度，即环境、经济和社会表现进行总结和披露，提供给客户、合作伙伴、媒体、非政府组织、员工和其他利益相关者，为利益相关方对话提供平台。

第五节
巴斯夫的化学“新作用”

一、巴斯夫成立了新的特性材料部

该部门活跃在汽车、建筑、电气电子、鞋类、冰箱制造以及替代能源等领域。巴斯夫希望通过此举继续在下游塑料、大容量单体和普通聚合物等领域实现高于市场平均的增长。

除了积极占领技术上的制高点外，巴斯夫也同样强调经济发展与社会发展相和谐的战略，自 2003 年起，巴斯夫就开始为自己制订面向全球的环境保护和安全的目标，并每年报告目标完成情况。2010 年和 2011 年，巴斯夫均已提前实现了原定的温室气体排放目标（即到 2020 年，每吨售出产品的温室气体排放量，在 2002 年的基础上降低 25%）。因此，巴斯夫于 2012 年发布全球环境、健康与安全新目标，计划至 2020 年每吨销售产品的温室气体排放量（不含石油与天然气业务）在 2002 年的基础上降低 40%，生产流程中每吨售出产品的能源效率在 2002 年的基础上提高 35%。

往往大家一提到化工就会觉得污染环境很严重，巴斯夫正在努力纠正大家对于化工产业的传统印象。一些传统化工企业往往在一些发展中国家透支当地的环境资源，而巴斯夫通过身体力行去纠正这种观念。即便是在一些发展中国家，巴斯夫对于经济利益与社会利益的平衡也从未放松，巴斯夫在中国的实践就是最好的证明。巴斯夫不仅将领先的技术与管理引入中国，带动中国化工行业发展，更是从所处行业特点出发，参与中国的环境保护，并带动产业链的上下游合作伙伴，共同履行社会责任。巴斯夫所坚信的是，经济必须与环境保护和社会责任结合起来，才能获得长期增长，也为更多的企业树立了榜样。

巴斯夫所关注的纳米技术、生物工程技术的研发都是极具前瞻性的，都是要在 10 年左右才能看出成效的“长线研发”，因此，巴斯夫在扎根中国市场的同时，也将遵守可持续发展的原则，通过一些可持续发展机构的平台来推动和帮助中国的中小企业发展。“如果我们在中国没有一个长期发展的承诺，我们可能不会在中国把我们的研发和大学、教育机构的合作带动起来，我们在运营所在地的责任也包含了我们对员工发展、社会发展的责任。”巴斯夫全球副总裁说。

二、“1+3”企业社会责任项目

“1+3”企业社会责任项目是巴斯夫在中国为打造一条良性发展的责任价值链所进行的模式创新，是巴斯夫在华战略发展的重要一步。“1+3”是指通过“1 家诸如巴斯夫这样的大公司，带动 3 类其供应链上的合作企业（供应商+客户+物流服务供应商）”的模式，在供应链传递企业社会责任的理念，并以最佳范例、专业知识以及量身定制的解决方案，指导合作伙伴，提高供应链上的中小企业履行企业社会责任的意识，以及环境、安全与健康管理实施的能力，从而提升链条整体的责任竞争力。

为了在可持续发展领域寻找最佳解决方案，巴斯夫早在 1996 年便在德国首创了经济生态效率分析这一战略工具。生态效益是指在消耗更少资源并产生更少废弃物及污染的前提下，创造更多的产品与服务。利用这一战略工具，巴斯夫对各个产品或工艺的整个生命周期进行分析和评估，从原材料采购、产品生产过程到废弃物处理，综合考察其生态影响及经济影响，优选最佳经济生态效益结果的工艺或产品。经济生态效率分析在可持续发展领域为巴斯夫的战略决策提供有力支持，为市场开拓等提供直观有效的证据，并且在平衡成本或环境效益等方面提供建议及解决方案。这样一来，巴斯夫就可以在根本的价值判断上，让企业行为更加符合可持续发展的要求。

巴斯夫的生态效益分析，得到了德国技术监督协会以及美国国家安全卫生基金会的认证。目前，生态效益分析工具已应用于巴斯夫及全球众多子公司的 500 余个项目中，帮助开发经济性能更优、环境影响更小的产品及工艺。

巴斯夫的宗旨是创造化学新作用——追求可持续发展的未来。所谓化学新作用，不仅仅是指分子与分子间的化学作用，也包括巴斯夫与社会、巴斯夫与各个利益相关方、巴斯夫与大自然之间的化学作用。巴斯夫所做的一切，就是想通过这种化学作用为社会创造更多的价值。企业的社会责任见图 8-1。

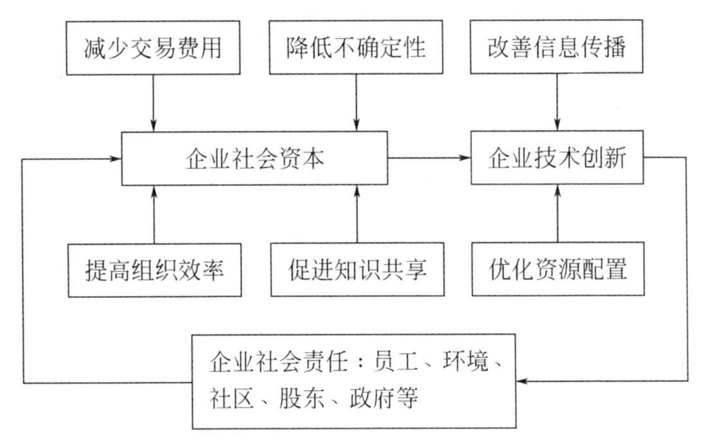

图 8-1　企业的社会责任

巴斯夫通过跨业务部门的业务拓展行动、投资、创新和收购来实现强有力的增长。根据巴斯夫亚太区的“智能增长”战略，巴斯夫在 2013～2020 年间在亚太地区投资 100 亿欧元，其中约有一半投资在中国。到 2020 年，巴斯夫全球 25%的研发活动在亚太地区进行，并且在亚太地区 75%的销售额来自本地化生产。

三、自主创新进行时

巴斯夫的化工产品架构包括处于价值链下游的解决方案，他们将日益按照客户行业来安排业务，尤其是定制产品和功能性材料、解决方案。巴斯夫的化工产品架构包括处于价值链下游的解决方案，他们将日益按照客户行业来安排业务，尤其是定制产品和功能性材料、解决方案，不断分析重要价值链的组成、参与者和动态。化学品的关键作用在于，其会成为中国政府战略性产业的主要推动力，如电动车、新能源技术，以及高铁和商用飞机等交通相关产业。

随着中国的城市化率提高，基础设施发展依然是一大重点。城市化，尤其是绿色建筑的发展，仍将是增长的重要推动力。水处理也是增长最快的市场之一。在农业领域，巴斯夫能够为中国提升农业生产效率、保持粮食自给自足提供解决方案。巴斯夫正在亚太地区进一步发展其行业团队，将之前在汽车、建筑、包装、涂料和油漆以及医药行业的成功做法拓展至采矿、食品和农业、电子电气、风能和纺织行业。建立行业团队的目的，是充分利用巴斯夫不同业务领域的能力，和特定行业的客户一起评估、开发创新产品和新的商业创意，或开展联合营销。

另外，化工行业也必须提升生产工艺、提高能源效率、减少排放。verbund，即德语“一体化”的概念是巴斯夫多年来获得成功的关键之一。现今巴斯夫将这一理念从生产一体化扩展至知识一体化，将创新过程的所有组成部分相连接，提供一个整体性的平台。以巴斯夫新业和巴斯夫风险投资为支撑的四个技术平台（流程研发与化学工程、先进材料及系统研究、生物及效果系统研究、作物科技）与业务部下属开发部门以及关键地区的地区性研发设施相结合；全球范围内和大学、研究机构、行业伙伴、创业公司之间约有 1950 个合作项目。巴斯夫新的全球战略是“创造化学新作用——追求可持续发展的未来”，巴斯夫专注于可持续发展的三大支柱为经济、环境和社会。这也体现在巴斯夫的大中华区年报中。凭借对创新的承诺，巴斯夫相信化学将继续为应对人类共同的挑战做出重要贡献。

第六节

安全责任成就领袖风范

作为全球领先的化工公司，巴斯夫严格的安全生产管理、扎实的污染防治举措、创新的社会责任实践都为这个行业的健康持续发展树立了标杆、赢得了声誉。作为一个全球优秀企业公民，巴斯夫不仅把履行社会责任融入自身发展目标和经营方针之中，而且还推进到合作伙伴、推进到社会其他各行业，在共赢的大趋势下取得了经济、社会和环境的可持续发展。同巨大的经济成就相比，履行社会责任典范的巴斯夫更让人尊重。

巴斯夫与中国的商贸往来历史悠久，跨越了三个世纪。1885 年，中国的纺织业正处于蓬勃发展期，当时成立只有 20 年的巴斯夫认准中国将是一个潜力巨大的市场后大胆决策，派梅耶尔为代表前往上海推销染料并获得巨大成功。时光荏苒，巴斯夫现在已成长为世界上赫赫有名的跨国公司，中国也经过了改革开放。世事的变迁和历史的沿革没有冲散巴斯夫与中国的“握手”。改革开放后，巴斯夫更积极地参与了中国的经济建设。1982

年，巴斯夫在香港成立巴斯夫中国有限公司，负责统筹中国的销售业务。1996 年，巴斯夫在北京注册成立了控股公司——巴斯夫（中国）有限公司，为所有巴斯夫在中国的合资企业提供物料储运统筹、电子数据处理、采购、人力资源、财务和销售方面的服务。1997 年，巴斯夫投入 3000 万元人民币成立巴斯夫中德研发基金，其更紧密地参与中国经济建设的意图体现出来。

今天，巴斯夫已成为中国化工行业的最大外商投资企业，在大中华区员工人数超过 6000 名，拥有 23 个全资子公司和 10 个合资公司，业务范畴包括聚合物分散体、苯乙烯、聚苯乙烯、聚氨酯、工程塑料、涂料、用于纺织和皮革业的产品、中间体、维生素、农作物保护产品、电子化学产品、催化剂和化学建材等方面。

一、出类拔萃的生产安全管理

作为一家化学公司，实现安全生产和运输是企业最大的责任。多年来，巴斯夫始终将生产安全管理放在重中之重的位置，在全球严格实施化工行业的自律行为——责任关怀的管理理念，并执行统一的安全标准。责任关怀的其中一个准则就是物流安全，自 2005 年起，巴斯夫构建了与亚太区及全球结构一致的大中华区运输与分销安全（TDS）管理平台，并在大中华区的每个工厂都任命了一个运输与分销安全顾问，以便贯彻和加强巴斯夫运输与分销安全全球策略。

在工艺安全上，巴斯夫就如何保证生产装置“安、稳、长、满、优”地运行，建立了一个长效的安全机制。巴斯夫在近代发展历史中，几乎没有发生过重大伤亡事故，在巴斯夫的化工厂里工作的工人经常会感到在工厂比在家还安全。原因在于，巴斯夫坚信提高危害识别意识和风险评估力度，将“安全生产”理念渗入日常企业经营管理中，全面提高员工的业务技能和处理突发事故的能力。

在巴斯夫，所有危险操作的隐患都被置于可控制范围之内。在道路运输安全管理上，巴斯夫自 2005 年起执行欧洲标准的 RSA 公路安全评估体系，积累了丰富的经验以及数据。2006 年起巴斯夫首先将该项目通过国际化学品制造商协会（AICM）引入化工业界，旨在通过整个行业的引领以及带动，提高在中国较为薄弱的化工运输行业的安全性及可靠性。迄今为止，在上海组织多次针对公路安全质量评估系统（RSQAS）评估员、物流服务提供商等的培训会，并得到物流服务供应商的积极反馈。通过 RSQAS 有效的运作模式，持续性地带动参与这个体系的物流运输商、化工公司以及整个社会实现共赢。巴斯夫大中华区同时还建立了严格的车辆门检制度。对所有装载车辆的运营许可、司机状况、卡车车况和货物固定捆扎安全进行检查。

在员工安全上，巴斯夫坚持“健康的员工是企业最重要的资源”。每一家新厂建设时，都要请职业安全、卫生专家和专业工程技术人员对设备装置进行反复安全核查，落实防范措施，严防有毒有害物质泄漏，对排放物质严加控制，确保对员工的健康不造成危害。对于那些可能产生有潜伏期疾病的物质，由于很难在开始时发现，巴斯夫定期组织有关人员进行职业健康体检，以尽早发现可能出现的早期症状，并分析出相关原因，及时治疗并立即改进生产。在生产每一种新产品时，首先要建立毒理数据，根据毒理数据做出临床指导，并将其作为医生紧急医疗的材料。通常所有与安全健康有关的产品生产，都要进行危险性分析、暴露接触性详细评估。根据这些调查结果，进行工作岗位有毒有害化学物质的监测，并提供相应的安全有效的个人防护用品。

2008 年 5 月 5 日，亚太地区的“C.A.R.E”关爱行动在巴斯夫上海浦东基地成功启动，约 1100 名巴斯夫员工参加了此次活动。随后并成功在其他生产厂区推广。C.A.R.E 代表沟通、警觉、责任和卓越，目标是通过关爱行动提高员工的安全意识和安全行为，创建一种全球性的安全文化，最终携手同心共创安全零事故。

二、优秀公民的创新管理

作为一家成功的跨国公司，巴斯夫在企业创新和管理上，也有很多独到之处。在产品创新上，巴斯夫通过实践向世界证明“创新是产品生命力的源泉”。在过去的几十年里，巴斯夫在新产品研究或新工艺开发时，优先考虑的是对健康、安全及环保方面造成的影响。巴斯夫采用最先进有效的技术实现清洁生产，在生产运作及项目上保持环保、健康及安全的全球统一标准，得到可持续发展机构的广泛认同，在资源的开发利用、污染预防及治理、清洁生产、开发环保技术和具有环保性能的新产品等方面做出了表率。

在社区意识上，巴斯夫本着“全世界化学工业共享一个声誉”的原则，积极创建和谐友好、安全环保和互帮互助的社区氛围，通过企业与社区的交流和沟通，通过对事故的快速应对和有效处理，提高社会对化工行业的认识水平，树立企业的正面形象，以一种合作的方式，让责任关怀真正在中国的化工企业中落地生根。

在污染防治上，巴斯夫提出“一体化设计预防污染”，积极树立绿色化工新形象。在生产设计之初就注意预防对大气、水和土壤的污染，力求将工艺流程的环保性能做到最优，减少生产过程中产生的废物量，减少污染源并降低排放量，最大限度地避免污染、减少污染、处理污染，实现清洁生产，切实将“污染防治准则”融入企业战略、公司文化及管理体系之中。

在科教领域，巴斯夫于 1997 年 5 月成立了巴斯夫中德研究发展基金，迄今为止投资总额为 5000 万人民币。2002 年起，巴斯夫与中国化学会合作设立中国化学会-巴斯夫杰出青年知识创新奖，同年还与中国化学会合作设立了中国化学会-巴斯夫国际会议交流基金。2004 年 9 月起，巴斯夫在北京大学开办“北京大学化学化工学院-巴斯夫魅力化学”课程。该课程包括一系列讲座，涉及化学的多个领域，并由巴斯夫以及 20 多位中国知名科学家主讲，该课程自 2005 年起连续被评为北京大学的精品通选课，并在国内高校打出了品牌，被多所大学邀请介绍该课程的理念及设置。

三、一贯秉承的社会责任实践

企业社会责任是一个长期和持续改善的过程，在中国转变经济增长模式、构建和谐社会的新形势下，每一个公司都需要拿出实际行动，通过改善公司治理和开发创新潜力增强国际竞争力，从而在可靠的基础上，真正实现其社会责任绩效的持续改进。巴斯夫作为一家全球化学公司，在公司“2015 全球战略纲领”中确立了四大准则，即不断地获取高于资本成本的利润，同时帮助客户更加成功，在商业领域开展互动，即在整个产业链条中形成最佳的合作团队，同时确保可持续发展。巴斯夫在做到自身的可持续发展，履行企业社会责任的同时不忘扮演和谐使者的角色，积极协助中小企业发掘可持续发展的潜力，并带动供应链的上下游企业加强重视社会责任，取得了很好的效果。其典范工程是扬子石化–巴斯夫有限责任公司，见图 8-2。

图 8-2　扬子石化–巴斯夫有限责任公司

其中最值得一提的就是巴斯夫“1+3”企业社会责任项目。该项目从 2006 年开始在巴斯夫及其业务伙伴之间推行。目前已有 6 家合作伙伴直接参与该项目，包括华峰集团、广州立白企业集团有限公司、中化国际（控股）股份有限公司、北京塑化贸易有限公司、浙江开普特氨纶有限公司和浙江启明药业有限公司。“1+3”社会责任项目计划要求每个公司带动其供应链中三个业务合作伙伴，向他们传授企业社会责任的最佳实践与量身定制的解决方案，从而将企业社会责任理念和经验带给国内企业。各个合作伙伴们之后致力于向自己的另三家业务合作伙伴传递企业社会责任最佳实践模式，从而产生“滚雪球”效应。巴斯夫将企业社会责任融入业务运营的这一创新方式，促进了中国中小企业的迅速发展。同时，公司也开拓了更广阔的平台，同业务伙伴展开双向交流，有助于减少风险，并巩固长期战略合作伙伴关系。目前该项目已经在国内 55 家企业中传播，并且被联合国全球契约组织当作最佳企业社会责任案例分享。

巴斯夫坚信，更多的责任才能带来更强的竞争力。只有更多的利益相关方参与进来，在国内形成可持续发展的整体氛围，才能共同确保可持续发展目标的实现。巴斯夫认为："1+3=9，以至无穷。"

"巴斯夫小小化学家"活动也取得了很好的社会效果。该活动创始于德国，1997 年 6 月，巴斯夫在德国的公司总部路德维希港投资建造了一个互动实验室，免费对全球 6 ~ 12 岁的孩子们开放，让孩子亲身感受化学的魅力。参加"巴斯夫小小化学家"的孩子们将亲自动手做 2 ~ 3 个与日常生活、环境保护紧密相关的化学实验。每个孩子都将由训练有素的志愿教师指导，指导教师将解释实验过程，然后一步步地指导孩子们在安全舒适的模拟实验室里进行各种互动实验。活动结束后，孩子们将写下他们的感想和通过实验学到的东西。迄今为止，中国超过 87200 名儿童参与了这一巴斯夫始创的"亲手实验"活动。该活动不仅广受适龄儿童的欢迎，还得到家长、学术机构以及媒体的广泛好评。

巴斯夫希望通过互动实验，帮助孩子们了解到化学在人们的生活中无处不在，并且意识到环境保护的重要性。可持续发展的一大挑战就是如何在不剥夺后代发展机遇的情况下保护人类的星球。巴斯夫力求通过这样一种积极全面的方式来激发青少年维持和保护环境的意识，从而引导他们履行可持续发展的使命。毋庸置疑，巴斯夫在与中国共成长的岁月里，不仅把企业社会责任融入自身长远发展战略目标和经营方针中，而且还推进到合作伙伴、各行各业之中，在共赢的大趋势下取得了经济、社会和环境的可持续发展。巴斯夫在不断地履行社会责任的实践中，不仅赢得了来自中国的尊重，还成就了自己的领袖风范。

四、环境安全凌驾于成本绩效之上

近来的工作安全意外，唤起国内对工作安全机制的重新检视。巴斯夫对永续经营的优先主张，便是"环境安全绝对凌驾于成本、获利绩效之上"。即使在总经理的年度绩效考核指标上，也是工作安全评估比重甚于获利表现。巴斯夫对主动指正工作安全缺失，以及造成工作安全缺失的员工，都不采取奖惩处置，仅就工作安全问题进行检讨。因为，企业竖立一个"维护工作安全是所有员工应有保障及责任"的环境，是贯彻工作安全理念最基础、最核心的任务。

巴斯夫的自我要求是，2020 年将化学品业务的温室气体排放量降至 2002 年温室气体排放量 25%。在工作安全凌驾一切的理念下，巴斯夫的环境安全部门（HSE）是独立于各区域企业总经理管辖之外，直接对其所属的区域 HSE 主管汇报、负责；各区域 HSE 主管则是向巴斯夫的全球企业总裁汇报，隶属巴斯夫全球总裁指挥。以中国台湾巴斯夫为例，HSE 经理旗下共有 9 个 HSE 同仁协力督导环境安全事务，HSE 经理平时只对大中华区 HSE 主管负责，绩效考核也由大中华区 HSE 主管定夺。唯有当台湾厂区发生事故之际，总经理将肩负工作安全危机处理的主要重任，HSE 经理也将机动转由听从总经理调度。

就亚太区而言，巴斯夫亚太区合计 1 万名员工，其中 HSE 人员有 300 位。亚太区 HSE 架构包括区域（亚太区）、地区及单一厂区三层级；其中，区域层级设有 10 位 HSE 经理，地区层级有 20 位经理，单一厂区则设置 20 位 HSE 工作人员。巴斯夫以制程安全、社区意识与紧急应变、污染预防、产品管理以及职业健康与安全六大区块，将工业安全理念具体展现于企业运行上。

首先，“制程安全”在巴斯夫的环境安全要求是最重要的关键环节。因为，事后逐步补强工厂的工业安全防堵，其改善有限，倒不如在建厂之际，就把厂区的设备、制程、管线、产品运输等制程设计及建厂概念，进行周详的规划。其后，厂区运行的一切工作、变更管理，也都须经 HSE 人员就集团一系列标准审查项目，逐一查核后，才能通关执行。

此外，巴斯夫对往来供应商也要求符合国际业内通用标准，才会展开合作。例如，运输船舶、承租的储槽及运输商，都应分别符合欧盟储罐码头安全体系及道路安全质量评估体系的国际认证资格。“成本并非我们的考量，安全才是评估要点。将产品安全运送到客户端，是我们的责任，而非转移由委外运输商承担。”巴斯夫认为。

其次，在安全、紧急应变部分，为确保化工装置安全，巴斯夫在规划、设计和建造新装置的过程中引进了一套全球五步骤安全审查，以防止发生产品泄漏、起火或爆炸等事故（或造成停产）。他们以风险矩阵为基础，按照预期可能性和潜在影响进行评估，并制定必要防护措施。倘若有厂区多次无法通过安全改善稽核，即使该厂区至今还没发生过事故，巴斯夫也会基于安全最高原则，采取必要的主动关厂举动，杜绝工业安全意外发生。过去，巴斯夫就曾因此主动关闭 2 座亚洲区工厂。

为落实产品管理，巴斯夫也对原材料供应商进行安全评估。巴斯夫会根据相应的环保、职业安全及社会标准对所有新供应商和现有供应商进行评估。若有原料、产品因环保法规列为不得使用时，巴斯夫的全球采购、产品订购系统，会把该项目剔除，停止不当采购交易的疏失发生。

在安全文化的养成、延续上，巴斯夫采取例行、机动的相互补强原则。除每年厂区的安全管理短片观赏、例行年度演练计划、主管员工间的问答活动等基础训练，巴斯夫还推动“高阶主管走动管理”。鼓励高阶主管常到厂区运行环境进行有感领导，例行检视基层实际运行。巴斯夫还规划由不同单位、厂区的高阶主管，到非自我厂区担任安全稽核，期望借“机动、非在地”的安全稽核，弥补工业安全评估的思考盲点。

最后，在职业健康与安全方面，除员工健康检查、推动健步活动外，由职业病专业医生定时到厂区，了解环境中是否有会造成职业伤害之处，给予改善建议，确保员工的工作环境安全。此外，巴斯夫聘请专业驾驶教练，对员工进行“防御驾驶训练”。通过团体会议、一对一单独教学双模式，教导员工如何在驾驶意外中，为自己争取更多时间、空间，保护自身安全。

第九章

中建集团安全管理

中建集团组建于1982年，是中央直接管理的53家国有重点骨干企业之一，以房屋建筑承包、国际工程承包、地产开发、基础设施建设和市政勘察设计为核心业务，发展壮大成为中国建筑业、房地产企业“排头兵”和最大国际承包商，是不占有国家大量资金、资源和专利，以从事完全竞争行业而发展壮大起来的国有企业，也是中国唯一拥有三个特级资质的建筑企业。2010年被《巴菲特杂志》评为“中国25家最受尊敬上市公司”，位列第六名。公司董事会荣获“中国上市公司金牌董事会”大奖。2019年《财富》世界500强排行榜第23名。

中国建筑集团有限公司作为国内规模最大的国有建筑企业和最大的国际工程承包商，经过多年努力，逐步培育形成了一支敢于拼搏、善于管理、勇于奉献的高素质职工队伍。

第一节

中建集团简介

一、企业简介

中国建筑集团有限公司是中国专业化经营历史最久、市场化经营最早、一体化程度最高的建筑房地产企业集团之一，拥有从产品技术研发、勘察设计、工程承包、地产开发、设备制造、物业管理等完整的建筑产品产业链条，是中国建筑业唯一拥有房建、市政、公路三类特级总承包资质的企业。

中国建筑集团有限公司始终以科学管理和科技进步作为企业发展的两个重要推动。截至2010年，共获得国家科技进步及发明奖53项，获得詹天佑土木工程大奖23项，获得各类省部级科技奖700余项，拥有国家级工法100余项，拥有各类专利等知识产权600余项，荣获中国建筑业最高奖项——鲁班奖150项，全国优质工程奖133项，获奖数居全国同行业之首。

二、中建信条

（1）企业使命：拓展幸福空间。

（2）企业愿景：最具国际竞争力的建筑地产综合企业集团。

（3）核心价值观：品质保障，价值创造。

（4）企业精神：诚信、创新、超越、共赢。

（5）经营理念：竞争无情、商机无限、市场唯大、经营为先。

（6）环境观：建筑与绿色共生，发展和生态协调。

（7）安全观：质量是企业的生命，安全是生命的保障。

2012年6月7日，在纪念中国建筑组建30周年的历史节点上，隆重发布以《中建信条》为核心的企业文化体系，这是中国建筑文化建设的里程碑事件，标志着中国建筑全面跨入“凝心聚志，共筑未来”的文化发展新阶段，对打造具有国际竞争力的世界一流企业具有重要而深远的意义。经过对中国建筑企业文化的调研诊断、总结梳理、提炼升华，以及中建总公司党组的研究讨论，形成了以《中建信条》为核心的企业文化体系，其中《中建信条》是该体系的精髓，是对使命、愿景、核心价值观、企业精神等核心理念的凝练表达。

三、社会责任

社会责任委员会负责领导公司整体社会责任工作，审批公司社会责任工作规划及管理制度，审议公司社会责任管理重大事项。社会责任委员会在董事会领导下，由公司高级管理层和职能部门负责人组成。社会责任委员会下设社会责任工作办公室，由总部相关部门工作人员组成，主要负责编制社会责任工作规划、管理制度，组织实施社会责任实践，对外开展社会责任交流，编制发布社会责任报告。

1. 社会责任实践

（1）促进就业。中国建筑每年为社会创造约80万个工作岗位，约80万个家庭250万人在中建的带动下奔向小康，其中有2万多农民工跟着中建拓展海外市场。中国建筑积极参加国家扶贫救困活动，对口支援宁夏、新疆等地，向贫困地区人民、受灾群众捐款捐物，为建设和谐社会做出贡献。

（2）社区建设。中国建筑积极参与和支持社区建设，努力实现与当地社区共同发展。在项目所在地社区广泛开展社区共建活动。发挥工程技术专业优势，支持社区交通、通信、饮水、卫生等公共基础设施建设，改善社区生活和发展环境。参与经济适用房、限价房、廉租房、公租房等各类保障住房的投资和建设，为中低收入人群提供高性价比的住房。承接四川汶川安置房项目、面积超过 100 万平方米的重庆两江名居公租房项目、近 90 万平方米的重庆沙坪坝公共租赁项目、成都市和都江堰的保障性住房项目。

（3）公益慈善。中国建筑积极参与社会公益事业，认真开展社会帮扶，用关爱回报社会。公司组织向北京、上海等地公益慈善机构开展多次捐赠活动，举办“公益金，百万行”筹款活动，用于改善及发展公益金会员社会福利机构的安老服务。2010 年，公司在对已建成的希望小学继续关爱共建的同时，新建 3 所希望小学。

（4）全球责任。中国建筑作为全球最大的国际工程承包商之一，努力树立全球责任观念，积极开发驻外机构在当地的优秀资源，通过授权管理，鼓励并支持有条件的机构进行属地化经营，在全球共设有 26 家分支机构，在 30 余个国家和地区开展业务。通过当地采购、分包选择等方式拉动当地经济，带动当地就业，参与社区建设，促进当地的发展。中国建筑积极参与中国对外承包工程行业社会责任建设推进工作，选派相关专家参加《中国对外承包工程行业社会责任指引》的编制，为行业社会责任建设提供建议，并成为《中国对外承包工程行业社会责任指引》首批实践企业。中国建筑荣获中国对外承包工程商会颁发的“2009 年对外承包工程企业社会责任金奖”。

2. 科技优势

作为中国最大的建筑房地产综合企业集团、中国最大的房屋建筑承包商，中国建筑始终坚持把科技进步和科技创新作为企业持续发展的重要支撑。经过多年的不懈努力，中国建筑在工业与民用建筑工程建设、大型公共设施建设以及大型工业设备安装等领域积累了雄厚的技术优势，始终引领着中国建筑业的发展。作为中国建筑业的国家队，中国建筑承建的标志性项目遍及全球。

中国建筑工程集团不是第一次走进“全国十大建设科技成就”表彰大会。酒泉神舟发射塔曾荣获“全国十大建设成就”，2005 年又有广州新白云机场和南京奥林匹克体育中心荣膺这一殊荣。中建总公司早已成为中国最具国际竞争力的建筑企业集团，从多年跻身于大型国际承包商行列，并始终位居前列；多次被评为中国 500 家最大服务企业国际经济合作类第一名。自成立至今，中建总公司共承接合约额超过 9000 亿元人民币，完成营业额超过 7000 亿元，其中境外完成约占 30%以上，公司资产总额超过 1000 亿元。

3. 业绩

中建集团以承建“高、大、新、特、重”工程著称于世，在国内外建设完成了一大批重大工程项目，为我国经济建设的发展和行业的进步做出了重要的贡献。其所参与建设的香港新机场工程，被誉为 20 世纪全球十大建筑之一；并在深圳国贸大厦和地王大厦的建设过程中创造了两个深圳速度，一时成为中国改革开放和经济发展速度的代名词。如今中建集团正在继续创造新的奇迹，上海环球金融中心、独具魅力的中央电视台新办公大楼等一大批举世瞩目的建筑拔地而起。中建总公司始终坚持把科技兴企、人才强企作为企业的基本战略，始终致力于把科技进步和科技创新作为企业持续发展的重要支撑，始终致力于把推进整个中国工程建设行业的技术进步作为企业的重要责任。中建总公司在工业与民用建筑工程建设以及大型公共设施建设等领域沉积了雄厚的科技优势，始终引领着中国建筑业生产力发展的潮流。

目前中建集团在高层与超高层建筑设计与建造技术、高耸塔类设施建造技术、大型工业设施设计、建造与安装技术、复杂深基坑与深基础处理技术、高性能混凝土研究与生产技术、复杂空间钢结构体系研究与安装技术、新型建筑设备研究与制造技术、建筑企业管理与生产应用信息技术、国际工程总承包以及工程项目管理等科学管理技术等多个方面在国内居于领先地位，这些优秀的成果、重要研究机构以及领先技术构成了中建集团强大的核心技术优势。

4. 创新

正是由于科技创新形成的差异化竞争优势，中建总公司在激烈的竞争中相继中标了上海环球金融中心、中央电视台新址等重大工程。

由此说明其科技服务于经营的能力有了重大突破，一改过去被动式地提供服务为主动引导经营和开拓市场。其科技服务经营的能力表现在：

一是主动对接市场的能力。通过深入研究市场变化，结合新的经营领域开拓和经营结构调整，积极组织超前储备技术的研究与开发。近年来逐步加强了在城市地下空间开发与利用、道路与桥梁建设、城市轨道交通、环境与环保工程等领域的技术研究力度，并在这些领域形成了技术积累，缩小了与传统优势企业的技术差距。

二是支撑经营开拓的能力，通过技术集成，积极发展成套技术研究，近年来先后完成了关于体育场馆建设、制药厂建设、大剧院建设、清水混凝土施工等一系列成套技术研究，为参与市场同类工程的竞标提供了有利的技术支撑。

三是对于工程项目的服务能力，集中体现在科技示范工程管理模式的大量推广。科技示范工程作为科技推广与转化的有效组织形式，充分体现了"科技进项目，项目促科技"的基本思路，这项活动本身就是中建科技工作的一项创举。近年来，该公司进一步完善了科技示范工程管理制度，特别强调了科技示范工程工作的经济性和示范性，突出强调了以科技进步效益率作为完成工作的主要考核指标，由此大大拓展了科技示范的作用和影响力。以八局组织实施的武汉天河体育中心工程为例，按中标合同价和传统的施工组织及生产手段，这个项目的亏损额估算近千万元，但这个项目通过大量的科技成果推广和科技创新活动，最终不仅按期、按质、按量完成了这一重点工程的建设，还实现了直接经济效益 800 多万元，科技进步效益率达到 3.2%。同时科技示范工程的做法在集团内各企业普遍得到重视，每年通过的局级示范工程约 80 项，集团级示范工程上百项，科技进步效益率达到 1.8%以上，产生的效益相当可观。

中建集团始终坚持把科技创新工作放在科技各项工作的首位，基本形成了以总公司技术中心为龙头，以专业技术中心和区域技术中心为骨干，以下属企业技术中心为分支，以科研机构为辅助支撑的树状科技创新体系。

这个创新体系的建设过程，充分整合了全集团的现有优势资源，实现了资源配置集团化，从而收到了"变局部优势为整体优势""变个体优势为体系优势""变企业独享为集团共享"的效果。

第二节
中建集团的安全管理

一、防患于未然，先应从“人”防起

安全最大的隐患就是人。每一次事故都是违章的必然，每一次违章，必是隐患埋下的祸根。因此，中建集团认为，防患于未然，先应从“人”防起。只有解决好了关于“人”的三大隐患，企业的安全生产才有保障。

1.提高防范意识，解决好“思想隐患”

在日常工作中，安全隐患是客观存在的。隐患的存在并不可怕，可怕的是人心里的麻木、对安全的漠视、对教训的置若罔闻。人的思想是隐患中的隐患，是对安全生产最大的威胁。很多安全事故的发生，并非制度的缺失，而是人的安全防范意识淡薄。安全，关键在于重视，在于落实。通过什么落实？主要还得靠人。完善的制度，周密的措施，隐患的排查、监督与检查都要靠人，要靠大家真正投身到安全防范中去，只有人的安全意识上去了，主观能动性才能得以体现，安全才能真正有所“靠”。被动接受上级检查，安全督察流于形式，检查一阵风，整改慢慢来……似乎一切都中规中矩，流程走完，万事大吉。安全天天抓，事故照样出，根源在于没有解决好人的思想隐患。只有人人把安全防范意识自觉落实到实际工作中，每一项工作才能得到保证，每一项操作任务才能顺利完成，企业才能真正铸起一道坚不可摧的安全长城，事故才会真正从我们的身边远离。所以，企业抓安全就要从抓员工的思想素质入手，让员工自觉防范事故、排查隐患，不断强化员工的安全意识、责任意识、法规意识，通过认识上的疏导，提高其安全素养，安全生产就有了前提保障。

2.吸取血的教训，解决好“行为隐患”

人是安全生产的主体，人的不安全行为是事故发生的最大隐患。在生产工作中，凭经验办事、凭主观臆断，“没关系”“无所谓”“不怎么样”，凡此种种，都是行为隐患的体现，是造成习惯性违章的根源，殊不知“条条安规血写成”，在安全生产上就应该“一是一，二是二”，该怎

么做就怎么做，不能图省事，不能怕麻烦。

很多血的教训告诉人们，安全生产就是这样，“丁是丁，卯是卯”，来不得半点马虎，要环环相扣，步步到位。在企业的安全生产工作中，只有用高度认真的态度对待每一项平常的工作，行为隐患才会从每个人身上消除。

3.重视细节管理，解决好“经验隐患”

经验是相对的，事物的变化随着环境、条件的变化而变化。从通报的安全事故案例来看，无一不是因为不重视细节、违章、凭经验主观臆断引起的。

不论是有多年工作经验的老师傅，还是参加工作不久的新员工，造成事故的原因几乎都有一个共同点，就是忽视了安全生产工作上的小细节，用“经验”取代规章制度，殊不知安全规章制度是多少人用血的经验书写出来的。前人之鉴，后人之师，后人哀之而不鉴之，亦使后人而复哀后人也。吸取前人的教训，不要让自己的悲哀成为别人的经验积累与感叹。安全生产中，要注重小细节，防患大风险。多想一想、多看一看、多问一句、多提醒一声，宁愿听骂声，也不愿听哭声，从细节入手，为人身安全筑牢一道安全防线。

二、“六个到位”是安全生产的必然

在安全生产管理工作中做到“六个到位”和“三个结合”。施工现场安全管理必须做到“六个到位”，即安全意识要到位，安全生产要警钟长鸣；责任落实要到位，要把安全生产责任制度落实到部门、落实到项目、落实到岗位、落实到现场；安全措施要到位，要严格执行集团公司制定的《工程项目安全生产十项禁令》；施工组织设计要到位，高大模板支撑体系及脚手架、建筑起重机械、深基坑等危险性较大的分部分项工程，要确保专项施工方案编制、专家论证、验收及按方案施工等各个环节严格把关，落实到位；安全教育要到位，要建立安全教育考核体系，使不同层级的人员具有相应的责任意识和安全技术管理能力；制度执行要到位，要严格执行各项安全制度，尤其是安全生产的奖罚要到位。

中建集团为进一步强化施工现场安全生产的底线管理，有效防范较大以上生产安全事故的发生，特制定工程项目安全生产十项禁令。

（1）严禁未按要求配备专职安全管理人员。

（2）严禁违章指挥、违章作业、违反劳动纪律。

（3）严禁使用不具备国家规定资质和安全生产保障能力的分包、分供商。

（4）严禁使用不合格的临建房屋和重要防护用品。

（5）严禁无方案、无措施组织施工。

（6）严禁未经安全教育培训及考试不合格的人员上岗作业，严禁特种作业人员无证上岗。

（7）严禁未经检查、验收合格的特种设备和安全设施投入使用。

（8）严禁未经审批进行动火作业。

（9）严禁现场设备、设施超载、超员运行。

（10）严禁迟报、漏报、谎报、瞒报生产安全事故。

应该说，中建集团的这十大安全工作禁令，有效地防止或杜绝了事故的发生，为安全生产奠定了坚实的基础。中建集团要求各单位要落实政府规定，结合业主要求，切实加强总承包管理能力的建设。安全业务系统在各项安全管理工作中要与大项目制为核心的“大项目、大品牌、大平台”建设相结合，要与打造职业化项目管理团队相结合，要与目标引领和底线管理相结合。

三、标准化管理是安全生产的关键

推行标准化工地建设管理是目前建设施工领域大力提倡的，旨在通过标准化工地建设评比、考核、奖惩手段，纵深推进工程质量、安全生产、文明施工的规范化管理，以此达到质量优质、工艺优美、安全稳定、环保达标的目的。标准化工地建设内容非常丰富，涉及整个项目管理各个方面，如安全、质量、环保、物资设备、文明施工、现场管理、过程控制管理等。概括起来就是管理制度标准化、人员配置标准化、现场管理标准化、过程控制标准化。

1. 管理制度标准化

管理制度标准化就是建立健全管理规章制度。例如，必须建立完善的

“二保”体系；安全、质量责任制必须健全并符合项目的实际，不宜照抄照搬老版本；奖罚措施必须具体、详细、可操作；架子队管理，防洪防灾，物资检验、报验，文明施工等与生产有直接关系的规章制度必须具有科学性、针对性；危险辨识清单、评价、公示、销号，应急预案、演练等必须管理到位。

2. 人员配置标准化

具体地说就是关键岗位人员的配置必须达到规定的数量，持证上岗，包括特种作业人员等。比如项目经理、安全主管、质量主管、总工程师、工程部长等必须配置到位。另外，安质部人员数量有一定的要求，不能少于 2 人。项目部最低必须有 2 人，多专业项目应按专业配置安全工程师。架子队必须配置架子队队长、技术主管、技术员、质检员、安全员、物资员、实验检验员、班组长、领工员。此外，营业线施工的驻站联络员、防护员不能少，而且从事营业线施工的管理人员、驻站联络员、防护员都必须经过专门培训取证后方可担任。人员配置标准化见图 9-1。

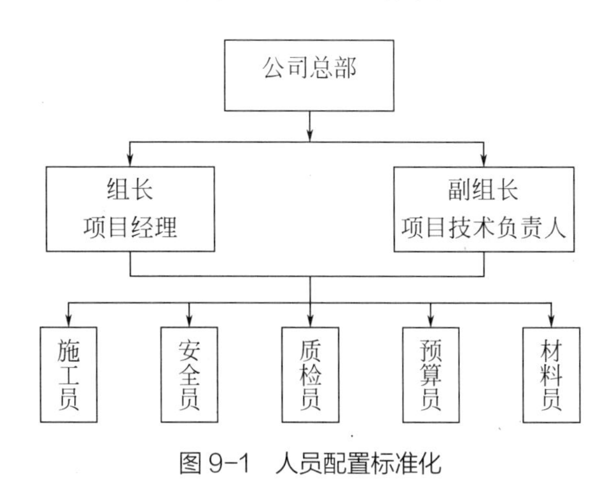

图 9-1　人员配置标准化

3. 现场管理标准化

现场管理标准化简单来说就是现场整洁、设施规范、标牌齐全、环保达标。

现场整洁就是施工现场必须做到整洁有序，各种材料、设备、机具分类码放，钢材、板材等离地 15cm 以上，并有防雨措施；沙石料隔离堆放；

堆土符合安全、文明要求；杂物归类堆放有序；整个施工场面整洁有序，观感好。

设施规范就是工地临时办公区、生活房、临时厕所设置规范，符合安全、文明要求。临时用电走线整齐，架空线必须满足高度要求，一般不得低于 2.5m，裸地使用电线时，在过路地段须进行必要的防护，电线接头必须错位接线，并用防水胶布包牢，插头（座）不得破损。配电箱必须符合“一机一箱一闸一漏”的规定。室外配电箱必须防雨抗风，加锁并由专人管理。设备操作人员必须持证上岗。进入施工现场必须佩戴安全帽，高处作业必须佩戴安全防护用具；深坑、深沟、路边必须加警戒设施，防护到位。

标牌齐全就是工地、仓库、驻地等主要场所必须设置安全警示牌，警示标志必须规范统一，物资材料必须归类，标示清晰、正确，符合设置五牌一图的地方应设置到位，集中作业的地方应挂每日危险公示牌；工序实名卡控牌，工序卡控包括工序质量、工序交接和安全卡控。

环保达标就是做到现场清洁，施工垃圾、生活垃圾随时清理，集中装放，及时处理；排水系统畅通，不污染环境，不破坏农田；工地厕所设置必须安全、文明；取土、堆土不破坏、污染环境，收工时清理、整理现场，达到无遗留残物，不留事故隐患。悬挑架底部防护和脚手架防护见图 9-2。

4. 过程控制标准化

施工单位要将过程控制作为重点工作之一；将质量目标、安全目标等过程控制目标进行细化，贯彻到整个施工过程，落实到每项工作、每道工序；要根据建设单位指导性施工组织设计编制实施性施工组织设计，根据批准的实施性施工组织设计编制现场施工组织进度计划和施工作业计划，优化资源配置，按计划组织实施。

要落实质量责任制和程序性文件，实现全员质量管理，对影响质量的要素实行重点管理；要落实安全管理责任制和应急预案，配备安全设施，严格执行安全作业程序；要严格按照施工图和作业标准进行施工，推广符合现场实际、作业人员易记好用的应知应会卡片，真正将各种管理要求和措施融入作业标准中，落实到作业人员的操作中；要严格施工过程考核、评定工作，做好工程自验，做好工艺方法的过程控制和创新等工作。

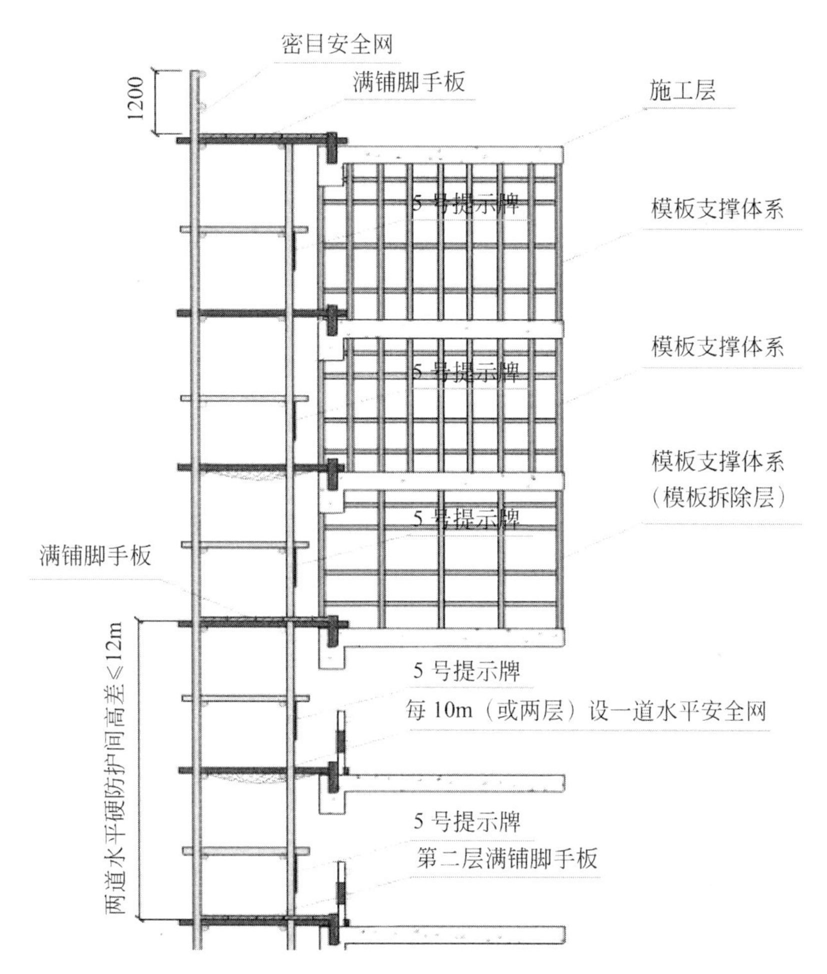

图9-2 悬挑架底部防护和脚手架防护

过程控制要求做好教育、培训、技术交底、安全交底。值得注意的是，技术交底不要照抄照搬设计文件、施工规范；安全交底首先要知道工序内容，处于什么位置和环境，排查有哪些隐患，然后根据管理要素情况，提出如何进行控制，哪些人来控制等。

作业标准、过程受控、质量达标、安全稳定是标准化工地建设的核心目标。项目部采取的一切手段都是为了质量达标、安全稳定这个目标。标准化工地建设是强化工程质量和安全管理的重要手段，它能够有效地规范管理、技术、作业人员的工作行为和工作标准，推动内业资料与工序同步实施，提高员工的工作质量，促使大家养成处处讲标准、事事做标准、件件达标准的良好的工作习惯，从而达到工程优质、工艺美观、安全稳定、环保达标、资料完美的目的。施工过程质量控制见图 9-3。

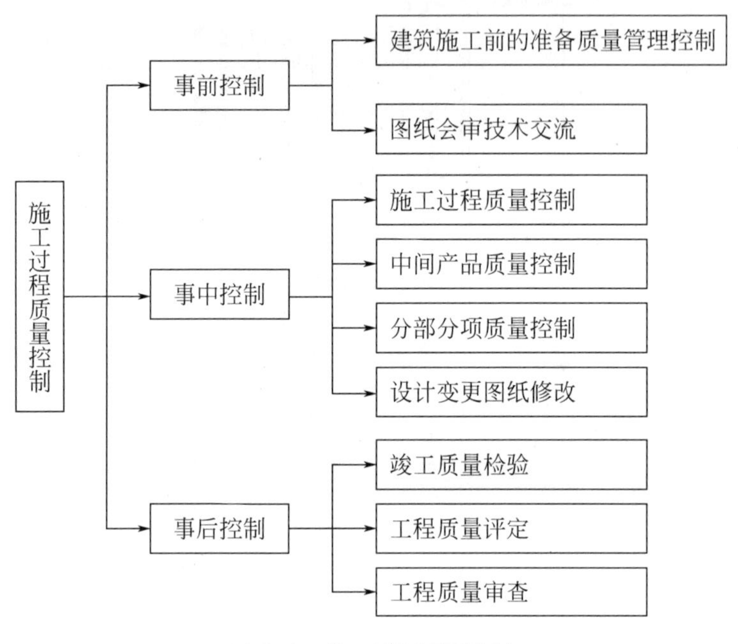

图 9-3 施工过程质量控制

第三节

中建集团的安全管理过程

中建集团的安全管理理念（图 9-4）是：中国建筑，和谐环境为本。生命至上，安全运营第一。

这个安全理念是中建集团安全生产的灵魂，它包含一个核心，即以安全生产责任制为核心，还包含七个保障，即安全生产组织保障；安全生产技术保障；安全生产培训教育保障；安全生产监督检查保障；安全生产费用保障；安全生产应急保障；项目安全策划保障。从而以人为本，安全环保，不断提升品质；诚信经营，过程精品，持续创造价值。

图 9-4　中建集团的安全管理理念

为了进一步贯彻“安全第一，预防为主，综合治理”的安全生产管理方针，更好地体现“中国建筑，和谐环境为本。生命至上，安全运营第一”的安全生产理念，按照集团公司“三级管理、两级控制”的安全监管模式以及安全“零指标”管理方案，以宣贯《国务院关于进一步加强企业安全生产工作的通知》[国发（2010）23 号] 为主线，加大对新法律法规、标准规范的培训力度，在安全生产过程中，重点做了以下工作。

一、建立健全工程项目安全管理机构，按规定配备专职安全管理人员

各级分别签订“安全生产责任状”落实安全责任，形成了纵向到底、横向到边的安全管理网络。安全生产责任目标如下。

（1）杜绝一般事故，工亡事故为零；

（2）杜绝机械事故、火灾事故和急性中毒事故；

（3）轻伤频率控制在 3‰以内；

（4）保证环境管理体系和职业安全健康管理体系的有效运行并保持持续改进。

二、重视安全策划

对项目危险源进行认真辨识，以辨识结果为依据，制定科学的安全管理方案，所有方案都按规定进行审批后，在项目实施，并在现场将“危险

源”公示。如针对工程项目的规模、结构、环境、技术含量、施工风险和资源配置等因素进行安全生产策划，策划的内容包括：

（1）配置必要的设施、装备和专业人员，确定控制和检查的手段、措施。

（2）确定整个施工过程中应执行的文件、规范，如脚手架工程、高空作业、机械作业、临时用电、动用明火、深挖基础施工和爆破工程等作业规定。

（3）确定冬季、雨季、雪天和夜间施工时的安全技术措施及夏季的防暑降温工作。

（4）确定危险部位和过程，对风险大和专业性强的工程项目进行安全论证。同时采取相适宜的安全技术措施，并得到有关部门的批准。

（5）因工程项目的特殊需求所补充的安全操作规定。

（6）制定施工各阶段具有针对性的安全技术交底文本。

（7）编制安全记录表格，确定收集、整理和记录各种安全活动的人员和职责。

三、加强安全检查、巡查力度，及时消除事故隐患

（1）总部定期对现场的安全管理和文明施工情况进行检查，以“服务、指导、纠偏、受控”为目的，开展工作。重点在于隐患的排查与整改。

基础管理强化一个“标”字。分公司建立、健全安全管理制度，力推安全标准化管理。大力推行安全标准化现场管理，企业在安全标准化管理工作上取得实效。公司在葛洲坝项目工地上组织了安全质量现场观摩会，在晟蓝花园项目工地上举办了安全标准化现场会，在楚天大厦项目工地上召开了武汉江夏区安全质量标准化施工现场观摩会。通过“以点带面”，逐步推行标准化管理，为其他项目部提供了学习样板，提高了现场安全管理水平。

安全检查确保一个“严”字。每月对项目进行安全检查，按《建筑施工安全检查标准》（JGJ 59—2011）进行打分评定，每季度按标准化验收进行检查，并开展节前节后、季节性、专项、不定期安全检查。在检查过程中，坚决杜绝任何走过场、走形式的行为，各项检查确保“从严而行”。对检查中发现的隐患能立即整改的要求立即整改，不能立即整改的下发整

改通知要求限期整改并跟踪落实整改情况。同时，坚持定期召开安全生产会。每月在安全例会上展示亮点，提出安全隐患，批评不足，在各项目部之间营造了互学互超的良好态势。公司每半年召开 1 次安全生产专题会，分析当前安全生产形势，部署具体工作安排，共同筑牢安全生产每道防线。

主题活动突出一个“响”字。在安全活动中，公司开展了丰富多彩的主题活动，确保安全活动中出实招、见实效。一是宣传造势普安全。各项目通过张挂宣传标语、宣传挂画，制作安全专栏等方式，让以“安全责任，重在落实”为主题的安全活动无处不在，无人不知。同时，通过召开安全生产动员大会暨签名仪式，让安全生产的观念进一步深入人心。二是应急演练保安全。公司举行突发火灾、安全事故、急救等模拟演练，普及了救援程序，对减少财物损失和人员伤亡具有积极作用。三是培训竞赛促安全。组织员工观看《安全印在我心中》《安全基本常识》等安全事故案例光碟，还举行了“安康杯”知识竞赛，使管理人员的安全知识得到进一步充实。

图 9-5 建筑安全警示标志

（2）建立“超过一定规模的危险性较大的分部分项工程”控制台账，总部对重大危险源进行跟踪，监督工程项目安全措施的落实情况，并建立管理档案。

（3）积极推进集团倡导的“群众安全巡查员”工作落实。建筑安全警示标志如图 9-5 所示。

四、加强安全教育与培训，积极开展各项安全活动

积极开展“农民工入场教育”“班前教育”“安全教育月”“安全月”“百日安全无事故”“安全咨询日”“安全知识竞赛”等各项安全活动，提升企业安全文化，创造安全生产氛围。教育培训注重一个“广”字。一是覆盖人员广。不仅对施工队进行入场教育、节前节后教育，还对新进的实习生、外聘人员进行安全教育，努力营造“人人知安全，人人保安全”的良好局面。二是教育模式广。教育培训尽量以开展安全演练、现场解析、现场考试、现场观摩等方式灵活进行，避免枯燥、单一的讲授式培训影响培训效果。三是培训内容广。公司的培训内容包括建筑企业安全生产法规、安全生产发展新动向、安全技术技能、安全防护装置及个人劳动防护用品、紧急事件处置等。

1. 安全培训的必要性

目前，我国建筑业企业施工现场的安全生产教育培训工作主要针对两个部分人群：建筑企业职工和农民工。作为建筑企业的职工，一方面由于知识水平较高，接受能力较强，另一方面由于人员较为固定，多为具有丰富施工经验的施工管理人员，且根据国家相关法律法规均能按时接受各级安全生产教育培训并进行考核，所以，他们的安全生产意识较高，且能够自觉遵守施工现场安全生产纪律，是施工现场安全生产工作的主要力量。但是作为施工现场的另一部分人群——农民工，是我国目前建筑业企业安全生产教育培训工作的薄弱环节。造成这种现状的原因是多方面的：第一是农民工的文化知识水平低，接受能力较差；第二是农民工流动性较大；第三是必须从传统而繁重的手工操作中解脱出来，取而代之的是机械化操作，如塔式起重机、井架龙门架物料提升机械等代替了人挑肩扛。机械化程度越来越高，而我们操作者的安全技术素质能否适应？这是一个非常关

键的问题，也成为世人关注的对象。据有关资料统计表明，建筑业伤亡事故已由第三位跃入行业第二位，仅次于矿山。如何控制或减少伤亡事故的发生，是我们当前需要解决的一项重要课题。笔者通过数十年的实践摸索和总结归纳，认为：控制和减少伤亡事故，确保安全施工的关键之一是“强化对人的安全教育和培训”。

2. 领导重视是关键

我国安全生产的管理体制是企业负责、国家监察、行业管理、群众监督、劳动者遵章守纪。但是一般是说得多，做得少，安全意识淡薄。特别是企业法人代表必须充分认识国家提出的“企业法定代表人是本企业安全生产第一责任人”，必须意识到安全生产不但关系到企业的信誉，而且关系到国家财产及施工人员生命的安危。因此必须坚持贯彻执行好“安全第一，预防为主”的方针，做到“管生产必须管安全”。正确处理好安全与生产，安全与效益，安全与进度的关系。在生产、效益、进度与安全发生矛盾时，坚持“安全第一”的原则。

3. 安全培训的内容

建筑企业安全教育的内容包括：安全生产思想教育、安全知识教育、安全技能教育。

（1）安全生产思想教育。安全生产思想教育的目的是为安全生产奠定思想基础。通常从加强思想路线和方针政策教育、劳动纪律两个方面进行。通过安全生产思想路线和方针政策的教育，提高各级领导、管理干部和广大职工的政策水平，使他们严肃认真地执行安全生产方针、政策、法律。劳动纪律教育主要使广大职工懂得严格执行劳动纪律对实现安全生产的重要性。

（2）安全知识教育。安全知识教育的主要内容：企业的基本生产概况、施工工艺、机械设备、高处作业、脚手架工程、模板工程、临时用电工程、文明施工、消防器材应用等安全基本知识。

（3）安全技能教育。安全技能教育就是结合本工种专业特点，实现安全操作、安全防护所必须具备的基本技术知识的教育，使每个职工都熟悉本工种、本岗位专业安全技术知识，包括安全技术、劳动卫生和安全操作规程等。

4. 培训方式的灵活性

安全教育培训可采取各种有效方式开展活动，如：建立安全教育室，举办多层次的安全培训班，举办安全知识演讲、报告会，进行图片和典型事故照片展览，放映电视教育片，举办安全知识竞赛，购置或编印安全技术和劳动保护的参考书、刊物、宣传画、标语等。总之，安全教育要避免枯燥无味和流于形式，可采取各种生动活泼的形式，并坚持经常化、制度化。同时应注意思想性、严肃性和及时性。

5. 加强培训，提高素质

（1）加强对管理层人员培训，提高安全生产管理素质。企业必须定期、定时、分批培训各级领导干部、工程技术人员和生产管理人员，认真学习建设工程安全生产相关法律、法规及规范性文件，提高管理安全生产的素质，做到对安全生产能管、会管、管得好。

（2）加强对施工人员岗前培训，提高其安全生产意识。企业对参加施工的人员，必须进行安全技术教育，使其熟知和遵守本工种和各项安全技术操作规程，并定期进行安全技术考核，合格者方准上岗操作。对于从事电气、起重、建筑登高架设作业、焊接、汽车驾驶、爆破等特殊工种的人员，必须经专业培训，获得合格证书后，方准持证上岗。

施工单位重点抓好工人进场后的安全教育和班前教育。工人进场后，项目经理必须组织项目部有关人员对新工人进行岗前安全培训，尤其对农民工的教育培训必须落实责任，未经教育培训的绝不允许上岗。教育要结合工程实际情况，坚决杜绝“假、大、空”等条款式内容；施工单位的班前教育，要结合工程的实际进度，按照施工的不同阶段（基础施工、主体施工、装饰装修施工），结合当日施工内容、天气（如雨天）、暑期施工和冬季施工的特点等情况进行，在安全教育的同时，施工单位技术负责人和项目经理，要组织各工种负责人和安全员进行分部分项安全技术交底、冬季施工方案的安全技术交底、周边环境影响的安全技术交底、受季节气候影响的安全技术交底、消防设施的安全技术交底等。经常组织作业人员学习安全施工理论知识、安全施工操作规程、劳动保护知识、消防等知识，提高作业人员的安全意识，增强自我防范的能力。

五、按照规定提取安全生产保障资金

运用安全生产保障资金配齐安全网、安全帽、安全带、配电箱、钢管、扣件等安全防护用品和设施。中建下属某公司的安全生产措施费的管理要求如下。

安全生产措施费为不可竞争费用，不能作为招投标、承包合同等的条件。

安全生产措施费不能计入成本，需专款专用。

安全生产措施费的管理机构为施工管理部、技术质保部、安全部、财务部及项目部。

各部门职责：安全部牵头组织安全生产措施费的投入及落实情况的监督检查工作，负责统计各项目部安全生产措施费的支付工作；技术质保部参与安全文明施工工程质量的验收工作，负责质量创优、技术革新；财务部设立专用账户，负责监督专项资金的投入。

开工前 3 个工作日内，由施工管理部组织相关部门对施工现场及工程安全文明措施的投入计划进行检查，决定 30%措施费的领用。

基础验收前 3 个工作日内由施工管理部组织相关部门对工程的安全文明施工措施的投入情况进行检查，给出意见，决定 30%措施费的领用。

主体验收前（主体完成 80%）3 个工作日内由施工管理部组织相关部门对工程的安全文明施工措施的投入情况进行检查，给出意见，决定 30%措施费的领用（高层可分两次支付，支付程序不变）。

文明工地验收前由项目部通知施工管理部进行公司内部验收，施工管理部必须在 3 个工作日内组织相关部门对工程进行文明工地验收。公司未验收通过，项目部整改时间为 3 个工作日，继续报验。公司验收通过，在 2 个工作日内向省（市）级相关部门进行文明工地报验。

文明工地验收通过后，15 个工作日内由施工管理部组织相关部门对工程安全文明施工情况进行检查，给出意见，决定 5%措施费的支付，剩余部分待工程竣工后一次支付；未通过省（市）级文明工地验收的工程，继续加强安全文明施工，待工程竣工后支付安全文明施工措施费的 5%，剩余部分不予以支付，由公司财务部建立专用账户；由施工管理部负责监督支配，用于公司安全生产管理、文明施工宣传、应急预案、设备的投入及人员的继续教育培训等。

文明工地管理体系是由项目经理牵头、以生产经理及技术负责人为主导力量、施工现场所有管理人员参与的整个过程。文明工地措施费支付书由所有管理人员认可后上报，后附项目各级管理人员签字。

开工前安全文明施工必须符合条件规划许可证、施工许可证，质量、安全监督手续齐全，工程开工报告等手续齐全，达到三通一平，已编制了安全文明施工措施、临时设施的施工方案及其费用的使用计划，人员配置符合公司规定要求。

基础施工完成，安全文明必须符合条件通过了基础验收，生产区设置钢筋棚、搅拌机棚、木工棚符合公司的文明工地标准化要求，完成环形道路、洗车台及消防台的建设，生活区、办公区、施工区功能划分明确，基础临边防护到位。

主体阶段文明施工必须达到的条件：主体完成80%，施工现场工具化、标准化建设符合公司文明工地要求。安全防护用品、洞口临边防护现场安全达标，施工机械机具管理符合公司要求，施工现场远程监控系统投入使用，现场有八牌两图等公示牌，消防设施到位，食堂、厕所及医务室等卫生美观，工程质量合格、文明施工措施费投入到位。

安全文明工地措施费，公司每年按照固定资产折旧的10%控制，各项目部编制计划时不得大于本项目固定资产折旧额的8%，公司按急、缓统一平衡，按规定的设备使用年限和价值，属固定资产的，各项目部按照固定资产管理办法予以验收和管理；属低值消耗品的分期计入成本。

对于中标工程，中标合同中的有关单列约定的项目部必须严格执行。

各项目部必须严格按照相关标准规范的内容及预定的计划方案，完成安全生产措施费投入。

公司施工管理部、技术质保部、安全部、人力资源部、项目部、财务部做好安全文明施工措施费的专用资金提取、使用的监督检查，凡不符合安全文明施工措施费支付表规定的相关内容，一律不得擅自列入安全文明措施经费。

凡公司推广使用的安全文明生产措施，项目部必须在半年内普及使用，此项作为公司对项目部年度考核的重要依据。

对于不按照公司规定使用措施费或安全文明措施落实不到位的单位，公司依照有关规章制度给予处罚，发生伤亡事故，尘毒严重，危害职工身体健康的，应首先追究项目经理和有关人员的责任。

六、严格分包管理

优先选择集团合格分包/分供应商名录的合作单位。其他队伍进场首先要经过考察、评审，并定期对分包队伍进行考核。所有分包队伍在参加本工程施工前，公司和项目部会对其分包资质、人员资格进行审核，并在双方签订安全管理协议、人员经过入场教育考核合格后，方可进入现场进行施工。劳务管理落实一个“实”字。一是切实加强对劳务和专业分包队伍的安全管理，监督各项目部与分包队伍签订安全生产管理协议书和双方安全职责履行情况。二是要求各特殊工种工人务必做到持证上岗。三是建立健全劳保台账，按时造册下达到期劳保用品计划，保证作业人员劳保用品持续使用，体现人文关爱。所有劳务人员实行“实名制管理”，并对各分包队伍的安全防护用品的配置、工资发放等进行监督。

中建集团认为工程项目建设过程中存在很多风险，一般情况下，总承包商难以面对和完全解决一切风险问题，这样就可能会延误工程项目建设施工周期，严重的还可能会发生危险事件，使得施工人员的安全受到危害。因此，总承包商可以把不擅长的工程领域承包出去，分包给有能力且比较擅长的团队去施工，这样不仅可以充分利用分包商团队的技术，也可以有效降低工程建设风险。加强建筑工程中项目分包商管理措施如下。

1. 加强分包商材料质量管理

在项目实施过程中，严格按合同办事，加强合同管理，以合同为依据，总包方应深入了解相关材料技术知识和市场信息，提高业务能力，堵住分包商的空子。合同中详细指明材料品质、品牌、性能参数等，现场严把材料关，凡是对计划进场的材料，建设单位都要会同施工单位严格审核施工材料生产厂家的资质及质量保证措施，并对订购的产品样品要求其提供质保书，根据质保书所列项目对其样品的质量进行再检验，样品不符合规范标准的，不能订购其产品。如果检查、检测、检验或试验的结果表明，任何工程设备、材料、设计（如果分包合同中约定为分包商的工作）或工艺有缺陷或不符合分包合同的约定，总承包商可拒收此类工程设备、材料、设计或工艺。分包商应立即修复上述缺陷并保证其符合分包合同约定。这样才可以防止分包商将质量不符合标准的施工材料用于工程，保证建筑工程项目整体质量。

2. 提高分包商管理整体队伍素质

建立一套严格的准入制度，严格考证把关队伍的能力、信誉、工人的技术素质、项目经理的品德、诚信等各方面，如果把关不严将造成严重的社会影响。严格禁止劳务队伍在工地上偷工减料行为，项目部要加强工程项目的过程控制，尤其是隐蔽工程。加强过程控制的同时，还应加强对劳务队伍的配合、支持分包商工作，保证分包商队伍可以挣到钱，做到合理的施工组织，确保进度，缩短工期来实现目标。同时要求分包队伍在申请资金时有技术、材料、安全、计划、质检等相关部门和现场管理人员的签字、证明已满足了各项管理要求，才能进行支付，这样才能给现场管理人员创造条件，同时对现场管理人员也是一种责任和压力，才能进行有效管理。

3. 强化分包商整体性系统管理

总包商对专业分包商的合同管理原则是“信守合同，真诚合作”，严格按照合同管理工作程序进行，组织进行合同评审和合同交底，熟悉和掌握合同条款，保证所有合同要求都能按计划逐步实现，在合同中要求分包商有协调配合的义务。入场后按照分包合同对于不同分包商进行生产工作作业面的接线划分，并进行作业面的交接验收，施工过程中严格管理不同分包商在同一工作面的交接工作，总承包商通过对分包商作业面的管理，可以有效防止施工管理出现失控和失衡的现象。施工过程中总承包商要做好协调工作，保证施工工期、质量等目标实现。强化分包商主动配合总承包商管理的行为，弱化分包商内敛行为，并教育分包商树立项目整体的系统观念。

第四节 中建集团的可视化安全管理

一、建筑施工现场可视化管理

1. 可视化管理概述

可视化管理是一项现代化管理技术，是借助于计算机、网络、信息、视频、管理软件等先进技术，实现施工现场的可视化监控，通过安装于施工现场的摄像头，对施工现场作业及各项施工活动进行视频采集，借助于无线视频，传送至办公室，通过视频编码器转换为数字化信号，利用网络传送至监控中心，通过视频管理系统实现统一管理。1996 年，美国斯坦福大学首次提出了 4D 理论，并提出将其应用于建筑施工等行业领域。2000 年，清华大学成功构建了 4D 施工管理模型。2002 年，进一步构建了扩展模型，采用 WBS 结构对施工现场材料、进度、机具设备、人力、成本、施工现场布置进行 4D 动态化监控与管理，实现了施工过程的可视化。通过对施工项目进程进行跟踪与监控，将项目过程分别存储为多媒体文件，并为日后其他项目建设提供参考和依据。近些年来，面向对象技术发展速度日趋加快，可视化技术也越来越受开发设计人员的青睐，也逐步发展成为一种成熟的标准。

2. 4D-CAD 技术的应用

（1）4D-CAD 概念。4D-CAD 以建筑物的 3D 模型为基础，施工进度计划为时间因素，将工程的进展形象地展现出来，形成动态的建造过程模拟和自动优化控制和管理。由于涉及领域范围广、时间跨度长、数据多而杂等因素，建筑信息模型无法一步到位。4D 信息模型相当于一个子信息模型，是在 4D 模型的基础上，再增加包括施工过程信息、施工资源信息以及其他相关信息而形成的扩展模型。由于 4D 信息模型和时变结构计算在时间维度上具有共通性，因此它们之间能形成良好的数据互通性。3D 结构模型可通过 4D 系统的三维模型导出生成。如钢筋混凝土结构施工阶段，包括结构构件（柱、墙、梁、板）和支撑体系（支撑、模板）。4D 模型能动态表现每个构件、施工段乃至整体结构在施工过程中的不同时间段或时间点的施工状态，包括：未施工、施工中及工序（支模板、绑钢筋、浇混凝土、养护、拆模板支撑等各种工序）、施工完毕等。4D 信息模型包括了相关工程信息，如结构形式、荷载、材料、施工资源以及质量安全等。随着施工进度动态变化的 4D 信息模型，能自动生成相应的时变结构计算模型，用于计算结构的受力情况和动态变化，评价施工期结构的安全性能和可靠度。

（2）基于 IFC 标准的 4D 信息模型研究。将 4D-CAD 技术与 BIM 相结合，研究基于 IFC 标准的 4D 模型理论，建立 3D 几何模型与时间以及工程信息的集成机制。建立基于 IFC 标准的 4D 施工管理扩展模型 4DSMM++，实现了 3D 信息模型与进度的双向链接。4DSMM++集进度、成本、人力、材料、机械以及场地等多种施工资源于一体，可形成多维信息集成和管理。开发基于 IFC 标准的建筑工程 4D 施工系统（4D-GCP-SU2006），提供了基于网络环境的 4D 进度管理、4D 资源动态管理、4D 施工场地管理和 4D 施工过程可视化模拟等功能，实现了施工进度、人力、材料、设备、成本和场地布置的 4D 动态集成管理。

3. 建筑施工现场 4D 可视化管理的应用

（1）基于 4D 信息模型的建筑施工期时变结构的安全分析。能契合“时变”内涵，简化分析过程；实现从设计阶段到施工阶段的信息交换和共享；能对建筑施工期时变结构的安全分析过程进行 4D 可视化动态模拟，实现结构安全分析与施工安全管理相结合。从 4D 信息模型所获取的相关信息，结合设计规范荷载取值、随机模拟和时变结构分析，可以自动形成结构分析所需的计算模型、抗力随机过程及荷载效应随机过程，并计算该时点的结构安全性能指标（如安全度）。通过对各个构件的安全性能指标进行模糊分析，可以得到整体结构的安全性能评价。若能获取结构或局部构件的实测安全信息，便能结合动态预测与评价模型，调整安全性能指标的预测值，使结构的安全性能评价更准确。

（2）建立 4D 信息模型。按照施工图纸建立建筑物的 3D 模型，再按照 WBS 划分和施工方案对 3D 模型进行施工段划分，并附加工程属性，形成 3D 工程构件模型。将划分好的 3D 工程构件模型和相应的施工进度计划（如 Microsoft Project 软件所编制的进度计划）链接，便完成了 4D 信息建模。4D 信息模型包括从设计信息中自动提取的材料、结构类型等相关信息以及施工信息，用于施工期的结构安全分析。

（3）施工期建筑结构安全分析。通过建筑结构类型、材料性质以及施工荷载等随时间和进度变化的时变分析，建立施工期建筑时变结构体系的分析模型，并针对各种施工操作进行力学分析、性能验算和安全性识别。建立相应的安全指标、评价体系以及施工期建筑安全评价模型。结合上述分析模型和评价模型，实现对施工期建筑结构进行安全性分析与评估。细致到施工供需，动态地跟踪施工全过程，以保证结构变形、应力满足设计要求，保证施工的安全和质量。

（4）施工过程物理碰撞与管理冲突。研究施工过程中施工操作、资源调配、设施布置对于建筑及其施工安全的影响，建立相应的时空关系模型。将施工过程进行可视化的动态模拟，以进行碰撞检测、冲突分析等工作，是解决施工管理落后于建筑设计和施工技术的关键而可行的技术，能保证施工顺利而安全地进行。

（5）建筑施工期的安全控制管理和 4D 动态模拟。将施工期建筑安全分析、控制与施工安全管理集成一体，通过建立安全识别分析与控制管理决策集成机制，实现施工期建筑结构及施工过程的安全管理和控制。基于 4D 可视化环境，通过建立各种施工操作和过程的动态模拟，对所采取的安全措施或施工方案进行预演、调整和比选。可以在 4D 模拟过程中，根据指定时点的施工状态自动导出结构安全分析数据，通过数据接口导入到结构分析系统进行该时点结构的安全性能分析。根据结构分析所得的应力、应变值，安全分析模型可以计算该时点结构的安全性能指标，进行安全分析及预测。

二、GIS 技术在建筑施工管理可视化中的应用

1. GIS 技术的可视化模型构建

（1）GIS 技术在建筑施工管理可视化中的应用优势。BIM 技术亦被称为“建筑信息化管理”，该技术通过搜集与汇总建筑工程的各项项目信息数据，对建筑物所具有的真实信息进行数字仿真模拟并构建三维建筑模型，从而实现工程监理、设备与人员管理、工程化管理、物业管理、数字化加工等功能。该种模式下，建筑施工的各个项目参与方都置身于同一平台，且共享同一建筑模型信息，大大提升了建筑施工管理可视化的透明性与公开性，保障了施工效率与质量。GIS 技术即“地理信息系统”，是近年来应用最为广泛的一项地理测绘技术，该技术不仅能够实现对具有空间属性的各类建筑资源环境信息的有效管理，为管理人员作出决策提供更为科学性与政策性的标准评价，还能够针对多个时期的建筑环境状况以及实践活动变化进行动态追踪与监测分析，将数据收集、空间分析与决策制定合并为一个共同的信息流，在提高管理决策准确性与实效性的同时，为解决施工现场存在的问题提供技术支持。

（2）基于 BIM-GIS 技术的可视化模型构建。BIM 技术与 GIS 技术的结合应用实现了对建筑施工各项数据信息及资源的统筹分析与整理，借助可

视化的三维模型为施工管理工作提供了更加有利的基础。为更好地开展施工管理与监督工作，在针对整个施工过程建立模型的过程中，必须建立总数据管理模型中央系统。同时，还应当建立不同类型的分数据管理模型，将其分别应用到施工进度、质量、材料及人员等各个方面管理当中，根据总数据管理模型中央系统的指令来执行管理工作任务，更好地提高现场施工效率。在作出管理决策时可以合理参考 GIS 提供的有用信息，但需充分考虑到施工现场及环境变化的影响因素，加强对施工现场的监督与管理，针对可能发生的变化制定相应的对策，确保施工进度。总之，BIM-GIS 技术的结合与应用是实现建筑施工管理可视化的必然前提。

2. BIM-GIS 技术在建筑施工管理可视化中的应用分析

（1）划分信息来源。建筑施工过程中会产生十分庞大的信息量，各类信息的来源及种类也十分繁杂，这无疑给施工管理人员增添了较大的工作难度，致使决策失误的风险性提高。BIM 技术的引入使得建筑施工信息的整理与归集变得更加科学与简便，整理过程得到简化，信息传递效率更高，GIS 技术在获取与分析有效信息中的作用更加凸显，利于管理人员对不合理之处作出及时调整。BIM-GIS 技术在整理与分析施工各项数据的时候，会依据信息来源的不同将其划分为内部信息与外部信息。内部信息指的就是包括施工合同、方案等在内的多项文字报告内容；而外部信息指的则是与国家政策及市场环境变化、行业竞争、建筑供应链等相关的一些不可控信息。

（2）把控施工进度。BIM-GIS 技术在建筑施工管理可视化中应用实现了对建筑施工进度的动态反映与实时监控，利于管理人员查询工程进度并作出合理的调整。首先，要将建筑施工所涉及的施工材料、施工成本、施工人员等信息输入 BIM 系统当中，借助 BIM 技术构建建筑施工模型；其次，需针对现场实际施工进度进行反复对比，综合分析是否存在偏差并进行进度预警。由于建筑施工往往会受到很多未知因素的影响，因此，在设计施工方案时要结合实际情况进行多方位分析与调整，管理人员可通过建筑虚拟模型更为直观地对设计方案与实时状态之间的差距进行观察，从而对施工过程中的各个环节进行控制与调整，确保施工方案的准确性与可行性。

（3）分析建筑构件属性。施工管理是建筑工程管理的重中之重。在实际工作中必须制定合理的管理计划，并按照管理计划严格落实各项操作，如此才能充分发挥出管理作用。为确保建筑工程按时达标建成，在设计施工图纸时，可以利用 BIM-GIS 技术对各个建筑构件的合理性进行准确计算与分析，借助施工模型对设计方案进行多次模拟试验，保证每个建筑构件的质量，同时还可以通过分析让管理人员更加充分地了解每个构件的实际作用，在应对突发情况时，便能够对设计方案与建筑构件进行同步调整，在确保建筑构件质量的基础上提升整体施工质量。另外，通过分析同行材料市场价格等因素，还可以为管理人员优化施工成本提供有用的参考依据，利于提升工程整体施工效益。

3. 控制施工成本

施工成本控制是建筑施工管理人员所必须重视的一项工作内容。施工成本是否得到有效管控将直接影响工程整体效益。在对建筑施工成本进行分析与控制的时候，管理人员可以将 BIM-GIS 技术充分应用到可视化管理模式中，使得各个施工环节的成本支出更加可视化与透明化，利用 BIM-GIS 技术构建起的建筑虚拟模型，可以从多维方向向管理人员系统展示工程造价、材料供应量、运输路线等信息。不同的施工阶段可能会对施工材料产生不同的需求，而基于 BIM-GIS 技术的可视化管理可以让管理人员实时掌握各种材料市场的价格变化情况，从而实现对材料成本的有效控制。

三、智能建筑可视化管理的四大要素

基于视频监控、智能分析、安防综合管理这三大核心业务模块，智能建筑解决方案可以很好地实现人、车、物以及事件这四大要素的智能可视化管理。针对人员，可以实现人员卡口/人脸识别、人流统计、人员位置识别；针对车辆，可以实现出入口车辆监控、车牌识别、道闸控制；针对物品设施，可以实现物品防盗、物品遗留检测、智能家居可视化控制；针对环境，可以实现周界防范、报警联动以及动力环境监控等一系列的功能。

1. 人的管理

人是智能建筑中最基本的要素，智能建筑解决方案能够通过人员的检测、识别、跟踪、统计、检索来实现人的智能化管理。

周界是人员管理的重点区域之一，通过部署智能周界系统，用一套设备就可以实现周界监控、人员检测以及报警联动的功能，成本低、识别准确率高。在监控画面中设置虚拟警戒区后，有人员接近或翻越时，摄像机会自动发出报警信息，并联动安保人员及时处理。

出入口是人员进出最为频繁的场所，安全隐患也最大。可以部署人员卡口系统，对进入园区的人员进行人脸识别和比对，并自动发出报警信息。系统会对经过出入口的所有人脸进行抓拍，抓拍下来的人脸图片再与人脸库中提前存入的照片进行实时比对，当发现异常时，系统将自动报警。根据需要，人员卡口可以延伸出很多应用。对于有黑名单布控的重点防范单位，可在抓拍、识别后进行黑名单比对，发现匹配时，自动报警，帮助公安干警布控抓捕嫌疑人。对于高档小区，它可以通过人脸比对核实业主身份，符合白名单特征的，闸机自动开启，业主无须刷卡；不符合的，采取人工干预。对于企业园区，它可以跟 OA 考勤系统对接，将抓拍人脸与数据库中考勤卡持有人照片进行比对，验证人卡是否匹配，不匹配的，自动报警提示。

对于广场和空旷区域，人员走动频繁，如果安装普通枪机，只能看全景，看不清人的细节；如果安装普通球机，能拉近看人的细节，但又不能兼顾全景。这类场所可以部署智能跟踪系统，兼顾全景和人员特写。一个画面显示枪机全景视频，另一个画面显示球机特写跟踪视频，一枪一球，智能联动，系统准备识别每一个运动目标，跟踪过程迅速流畅。

对于商场、门店、营业厅等营业性场所，除了常规的安防监控，很多时候用户还希望能够自动统计客流情况。这类场所可以部署客流统计系统，统计特定时间内进出的人员数量，并生成各种报表供管理人员参考。系统实时记录进或出的人员数量并导入后台报表系统，管理人员可以按日、按月、按年查看报表信息，了解客流规律。系统还能与 POS 机销售数据关联，生成提袋率、客单价等更专业的报表信息，以指导商业决策。

事件发生后，通过录像回放查找特定特征的嫌疑人也是人员管理的重要组成部分。为了方便快速查找，可以利用视频摘要技术，将 24h 录像中的目标浓缩在 1h 内集中展现；然后可以通过设置搜索条件“人”或“车”，所有人或车都被筛选出来了；再设置搜索条件“红色”“进入方向”，可以进一步缩小范围。整个搜索过程又快又简单。

2. 车的管理

车是智能建筑中的第二大管理要素。智能建筑解决方案可以通过车辆检测、车牌识别、车牌比对以及道闸控制等功能，实现车的智能可视化管理。

部署出入口控制系统的厂区，出口和入口均部署有抓拍摄像机和补光单元，通过抓拍、比对分析服务器配合，能够实现车辆检测、车牌识别、车牌比对以及道闸自动控制一系列功能。当车辆进入出入口区域时，系统会实时监控整个过程，并自动实现过车检测、车牌识别、司乘人脸抓拍，并与后台数据库中的固定车辆、黑名单车辆进行比对，自动完成道闸的控制，整个过程无须人工干预。

出入口控制系统还可以延伸出更多的应用，比如不停车收费。入口处，驾驶人无须拿卡，系统会自动识别并记录车牌信息，同时自动登记进入时间；出口处，系统自动识别车牌信息，并与之前的信息进行比对，自动计算出对应的费用，缴费后人工放行。

3. 物的可视化管理

智能建筑中涉及很多贵重物品、重点设施以及各种办公家居，针对物品设施，我们可以实现防火、防盗、遗留检测，针对办公家居，可以实现智能家居的可视化控制。

将办公家居接入视频监控系统，智能建筑解决方案可以在监控界面中很直观地对建筑内的各种智能家居进行远程的可视化控制，可通过视频监控远程开启相关设备，比如：我们可以直接点击画面中的灯，打开照明；我们可以直接点击画面中的投影墙，打开投影仪；我们可以直接点击画面中的电视机，打开电视；我们可以直接点击画面中的视频会议设备，开启视频会议设备。通过可视化控制功能，我们可以非常直观地进行所见即所得的远程操作，非常方便、快捷。在实际的智能建筑方案中，这个功能还可以衍生出更多的应用。

4. 事件的管理

一个完善的建筑环境内通常会有监控、报警、门禁、巡更、消防等多个系统，这些系统每天都会产生各种报警事件。以前，当有异常事件发生时，控制中心可以收到信息，但不能很快很直观地看到实际的现场情况，这样在处理时就缺乏直观的判断。智能建筑解决方案可以通过安防综合管理平台，将监控、报警、门禁、巡更、对讲、消防以及智能分析等系统集成在一起，一方面实现统一管理，另一方面实现视频监控与其他系统的联动，让所有事件现场变得可视化。比如，当某个现场发生异常事件时，控制中心可以自动显示该事件现场对应的监控视频，系统也会以视频或图片形式记录下现场情况，同时，系统还会弹出处理预案，提示工作人员采取相应的动作。这样，整个建筑环境内的异常事件都可以通过可视化的联动得到准确、快速的处理。

系统还可整合两维或三维电子地图，视频监控、报警、门禁、巡更、消防等系统的点位都可以标注在地图上，用户可以非常直观地查找和定位相关设备。

如何利用可视化技术实现楼宇建筑中人、车、物以及环境的智能管理，将是智能建筑发展的一个核心方向。

第十章

中国石化集团安全管理

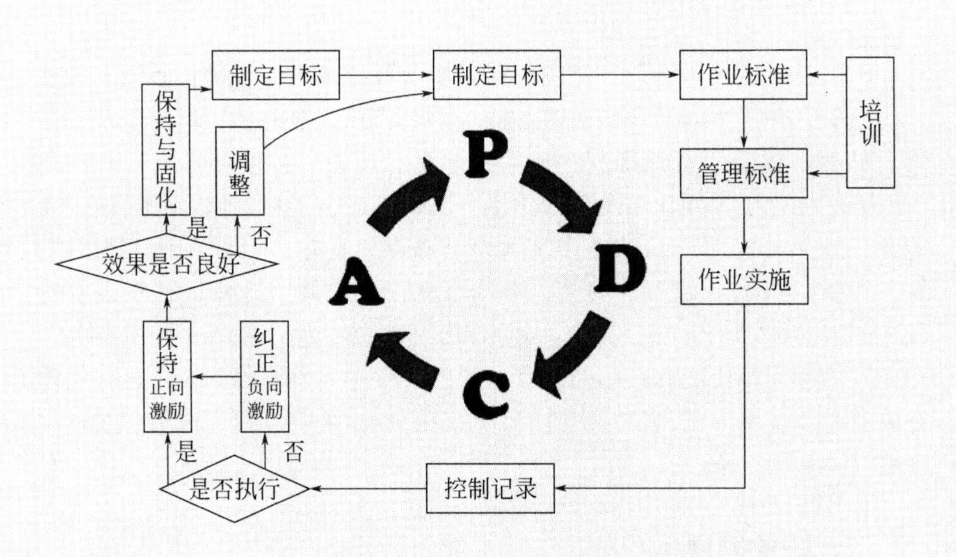

中国石化集团的业务主要是石油的开采、销售以及相关化工产品的生产，它与中国石油天然气股份有限公司、中国海洋石油有限公司是中国石油三大巨头。与另两家公司相比，中国石化更注重化工业务，它是中国最大的石油制品和化工产品生产商，原油生产则位居第二。公司的产品主要有原油、天然气、化纤、化肥、橡胶、成品油等。2019年中国石化在世界500强中排名为第2名，营业收入414649.90百万美元，利润5845百万美元。

中国石化有自己一套完整的安全管理制度、规范、标准，是特大型企业安全管理的典范，为我国大型企业安全管理树立了标杆，也为世界上诸多企业所关注和学习。

第一节 企业简介

一、公司简介

中国石化集团主营业务范围包括：实业投资及投资管理；石油、天然气的勘探、开采、储运（含管道运输）、销售和综合利用；煤炭生产、销售、储存、运输；石油炼制；成品油储存、运输、批发和零售；石油化工、天然气化工、煤化工及其他化工产品的生产、销售、储存、运输；新能源、地热等能源产品的生产、销售、储存、运输；石油石化工程的勘探、设计、咨询、施工、安装；石油石化设备检修、维修；机电设备研发、制造与销售；电力、蒸汽、水务和工业气体的生产销售；技术、电子商务及信息、替代能源产品的研究、开发、应用、咨询服务；自营和代理有关商品和技术的进出口；对外工程承包、招标采购、劳务输出；国际化仓储与物流业务等。

二、职业健康

中国石化重视保障广大员工的健康，严格按照《职业病防治法》和《中国石化集团公司职业卫生管理规定》开展职业卫生工作。目前中国石化所属各分、子公司均设有职业卫生管理机构或职业卫生技术服务机构。2005 年，中国石化以贯彻落实《职业病防治法》为主线，在坚持对新改扩建工程建设项目严格执行职业卫生“三同时”监督管理程序的同时，按照修订的《中国石化职业卫生技术规范》的要求，重点强化了职业卫生现场管理，加大了有毒有害岗位检测和监管力度，在作业场所设置职业病危害警示标识，定期向职工公布监测结果，并严格按照国家《职业健康监护管理办法》的要求，定期对接触职业病危害因素的职工进行职业性健康体检，保障了中国石化职工的健康，控制了职业病的发生，为中国石化的生产经营起到了积极作用。中国石化的职业卫生管理工作一直走在全国各行业的前列，受到了国家卫生部门的肯定与好评。2006 年，为了深入贯彻落实《职业病防治法》，中国石化认真开展普法工作，通过培训班、讲座、媒体宣传等多种形式，着力提高广大干部职工的法律意识和健康意识，全心全意为广大职工做好联防工作。在全系统大力推进健康安全环保（HSE）一体化管理体系的同时，根据石油石化行业特点，继续坚持“预防为主、防治结合、分级管理、综合治理”的职业卫生工作方针，严格按照“总部监督、企业负责、分级管理、定期考核”的管理体制执行，分为四个档次为工作切入点，进一步夯实职业卫生基础工作，使中国石化的职业卫生工作取得更大进步。

三、安全生产

中国石化高度重视安全生产，认真贯彻“以人为本、安全第一、预防为主、综合治理”的方针，坚持全员、全过程、全方位、全天候的安全管理原则，在人员、资金、设施等方面提供切实保证，建立了一套有效的安全工作体系，连续实现安全生产总体平稳。

中国石化有健全的安全管理组织体系。公司总部设有安全环保部，对安全工作实行统一监督管理。各事业部、管理部设立了安全管理机构或岗位。每个生产企业都设有安全环保部门，各重点生产装置都配备了安全工程师。制定了各岗位的安全生产责任制，并严格考核，认真落实。中国石化建立了一整套安全管理的制度、规定，并持续补充完善，做到了各项工作有章可循。对风险较大的现场作业实行严格的作业许可制度和安全确认制度。建立了安全检查网络体系，认真组织各类专项安全检查和安全大检查。严格执行国家规定的安全预评价制度，对新建、改建、扩建项目实行安全设施、消防设施、职业卫生设施与主体工程同时设计、同时施工、同时投产的“三同时”监督。

四、环境保护

中国石化重视环境保护工作，积极实施可持续发展战略，追求经济与环境的协调发展，严格执行国家的环保法规、政策、标准，恪守保护环境的社会承诺，本着“预防为主，以人为本”的原则，持续推行 HSE 管理体系，广泛深入开展清洁生产，认真履行公司的社会责任，努力向社会提供安全可靠、品质优良的环境友好产品，维护良好的企业形象。

中国石化深入推行清洁生产，坚持以防为主、防治结合的方针，完善清洁生产秩序，强化环境治理的管理与监督，大力采用无废、少废工艺和清洁生产技术，通过推行清洁生产企业标准，实行内部排污计费制度等措施，提高了企业的清洁生产水平，努力实现了污染物排放的最小化，目前正在开展清洁生产企业的创建工作。

中国石化注重将循环经济的理念融入生产经营中，积极推行生产全过程的节能、降耗、节水、减污技术。积极开展“三废”综合利用工作，努力提高“三废”资源的利用效率；积极推行节水减排技术，加强工业用水工作的管理，强化用水考核，注重水的回用和串级使用，在生产负荷大幅度提高的情况下，工业用新鲜水量同比下降了 4%。努力落实国家经济发展规划建议的精神，全面推行清洁生产，加大污染治理力度，推进“三废”综合利用工作，大力发展循环经济，创建资源节约型、环境友好型企业。

第二节
创新 HSE 管理方法和手段

石油石化行业是高风险的行业，事故与安全、环境与健康方面往往相互关联，需要将安全、环境与健康实施一体化管理，以适应现代化企业管理的需求。尤其在我国加入 WTO 之后，为适应国际市场准则，这种需求更加迫切。创新就是立足引领，追求卓越，把创新贯穿于公司生产经营的全过程，大力推进观念、体制、机制、管理、技术、产品、服务等方面的创新，引领市场发展，打造行业标杆，成就卓越品质。

中国石化安全理念：

① 安全源于设计，安全源于管理，安全源于责任。

② 谁的业务谁负责，谁的属地谁负责，谁的岗位谁负责。

③ 上岗必须接受安全培训，培训不合格不上岗。

④ 任何人都有权拒绝不安全的工作，任何人都有权制止不安全的行为。

⑤ 所有事故都是可以避免的。所有事故都可以追溯到管理原因。

⑥ 尽职免责、失职追责。

中国石化安全方针：

① 以人为本，安全第一。

② 预防为主，综合治理。

中国石化安全目标：

零伤害，零污染，零事故。

一、领导承诺和社会责任担当

领导承诺和责任是指企业自上而下的各级管理层的领导和承诺，是HSE 管理体系的核心。这种承诺和责任，要由企业最高管理者在体系建立前提出，并在正式提出前，充分征求员工和社会的意见，并形成文件。

二、任何事故都可预防

在 HSE 目标中，中国石化集团公司总经理和中国石油化工股份公司董事长向社会、员工和相关方郑重承诺：“追求最大限度地不发生事故、不损害人身健康、不破坏环境，创国际一流的 HSE 业绩。”做好安全、环境与健康管理工作可以保障企业的切身利益。推行 HSE 管理体系的目的是减少事故，要求员工在思想观念上树立任何事故都可预防的理念，即“零事故”的新理念。从 HSE 观念上来看，对待每一个事故隐患，制订安全措施，都可以将不安全因素转为安全。企业，尤其是基层单位，在 HSE 具体工作时，应该努力实现“三无”目标。

三、职能部门的 HSE 职责落实

要求企业的各级组织和全体员工都应落实 HSE 职责，并通过审查考核，不断提高企业的 HSE 业绩。特别强调要定期检查，确保 HSE 职责全面落实，并以此为依据，确定部门、个人业绩目标，并根据部门、个人业绩实际情况，对照年度 HSE 目标进行考核，考核结果要与经济责任制挂钩。

一是遵法守规。在经营管理活动中，遵循《安全生产法》规定的主要负责人安全职责、安全管理人员的安全生产职责和从业人员的权利和义务，以及保障安全生产条件的相关要求，切实打牢安全生产的工作基础。

二是照章办事。各级干部、员工是安全生产责任的实施主体，公司的主要负责人、安全管理部门干部、员工要齐抓共管，落实“谁的业务谁负责，谁的属地谁负责，谁主管谁负责，谁的岗位谁负责”，做到有章可依，有章可循，违章必究。

三是加大投入。要保障生产设备设施先进，加强从业人员培训教育、职业健康体检和工伤保险，不断提高作业环境及安全条件。将安全文化贯穿于公司发展的全过程中，全面提升干部员工安全素养及安全管理水平。

四是治理隐患。定期开展风险辨识，认真落实重大风险动态管控，全员控制直接作用环节、日常检维修作业、施工全过程作业活动风险，掌握应急处置方法。加强零售、安全督查队伍建设，配备注册安全工程师，全面提升企业安全管理水平。

四、强调承包商和供应商与业主 HSE 业绩密切相关联

在 HSE 管理体系中，对于业主的定义是在合同情况下的接受方。承包商的定义为合同情况下的供方，即业主或操作者雇用来完成某些工作或提供服务，供应原料与设备的个人、部门或合作者。

企业在签订承包合同时，要对 HSE 管理的内容加以规定，使承包商和供应商必须按照中国石化集团公司的 HSE 管理体系的要求和条款运作，并与本企业的 HSE 管理体系相一致，这样既可避免由于工程任务交给承包商完成而造成健康、安全和环境危害，又可避免工作过程中发生分歧，提高业主的 HSE 管理水平。承包商与供应商的 HSE 表现要反映到业主的业绩中来，必须树立承包商和供应商与业主 HSE 业绩密切相关联的理念。中石化

承包商安全管理流程见图 10-1。

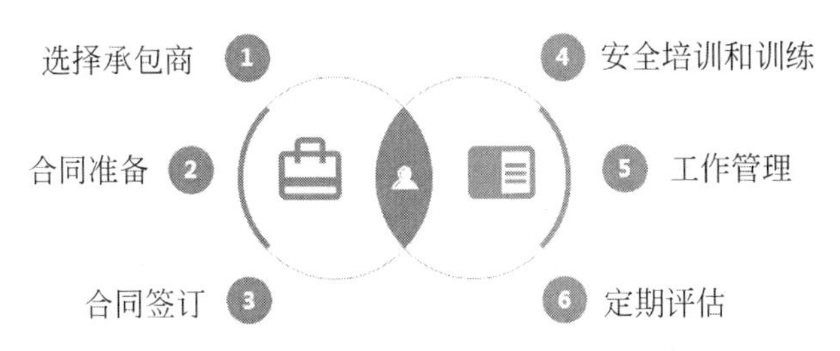

图 10-1　中石化承包商安全管理流程

五、程序化、规范化的安全管理

HSE 管理体系就是依据管理学的原理，建立 PDCA 模型，即计划（P）、实施（D）、检查（C）、改进（A）四个相关联的环节。以持续改进的思想，指导企业系统地实现无事故、无伤害、无污染的 HSE 目标。因此，在实施集团公司的 HSE 管理体系时，一定要树立程序化、规范化管理的理念，形成一个动态循环的管理框架，见图 10-2。

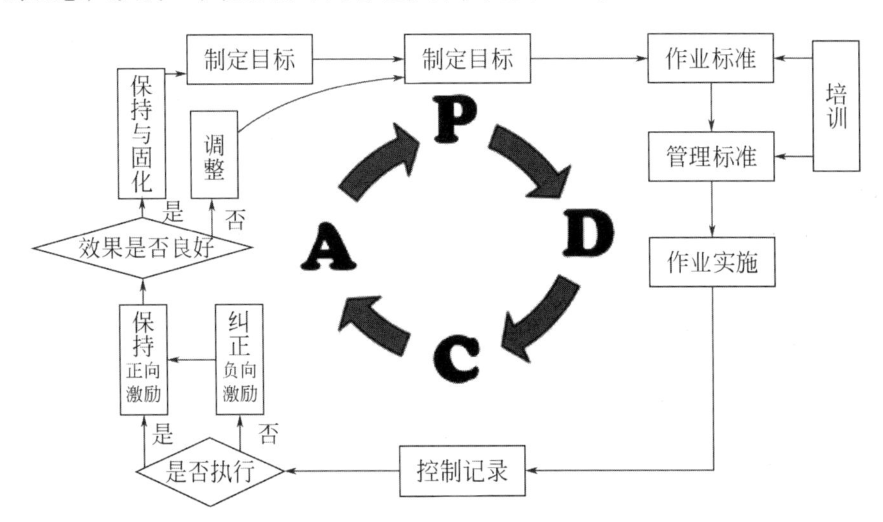

图 10-2　中石化安全管理 PDCA 循环图

六、HSE 管理从设计抓起

HSE 的标准中，规定了企业的最高管理者对 HSE 管理必须先从计划抓起，要认真落实设计部门高层管理者的 HSE 责任和考核奖惩制度。新建、改建、扩建装置（设施）时，应按照“三同时”，即劳动安全卫生和环境保护设施要与主体工程同时设计、同时施工、同时投入使用的原则。

1.HSE设计的意义

HSE 设计是以系统性、科学性的分析为基础，定性、定量地考虑系统的危险性，同时又吸取过去发生事故的教训和经验，来改进安全设计。它以法律法规、规定准则为第一阶段，以有关行业标准、规范为第二阶段，再以总结或企业经验为第三阶段来制定安全措施。它是以创造一个相对完善的安全防护技术体系，用以消除、减少和控制事故和职业病的发生，设备免受损坏，生命财产少受甚至不受损失为目标。它的基本准则可以分为工艺的安全性、防止运转过程中的事故、防止受灾范围扩大三个方面。

2.HSE设计在事故预防中的重要性

（1）能把事故隐患控制在萌芽状态。石油化工本身属于危险系数较高的行业，从石油化工行业发生的多数安全事故分析，除了人为因素之外，都与安全设计有着直接的关系，正是因为 HSE 设计不能达到标准化水平，为日后的生产埋下了隐患。中石化认为，当前 HSE 设计的水平不一、责任心不强、标准不严格、态度不严肃等问题成为安全事故发生的根源，更成为 HSE 设计过程中最突出的问题，只有从根本上改变这种状态，把 HSE 设计当成最关键的一个环节去实施，并针对具体的环境及企业的特点进行适时的优化和完善，才能进一步提高企业生产的安全性，把各种隐患消灭在萌芽状态，降低事故发生率，推动企业的快速发展。

（2）能提高企业生产过程的安全性。随着生活水平的不断提高，人们的安全意识也进一步的增强，但因为 HSE 设计问题而发生的安全事故，却是人们难以控制的，而且许多石油化工企业事故都是因为没有重视 HSE 设计的细节问题而导致的。因此，中石化认为，要想提高整个石油化工企业生产的安全性，就必须要加大对 HSE 设计过程的管控，尤其是那些具有易燃易爆性质的石油化工企业，更要提高对 HSE 设计的重视度，即使是最细微的安全环节也不容小觑，否则就有可能会给企业造成不可挽回的损失，威胁到人们的生命和财产安全。

（3）有助于生产的高效性。对于石油化工生产过程中 HSE 设计的具体操作执行而言，其最终作用和价值还表现在生产的效益方面，通过这种安全生产方面的完全保护，能够避免可能出现的各类隐患，避免因为这些问题的出现而影响生产流程的有序运转，最终提升石油化工生产高效性的同时，为石油化工企业谋求更高的经济效益。

3. HSE 设计预防事故的方法

（1）提升石油化工安全预防意识。为了更好地保障石油化工生产的可靠性，促使其能够在 HSE 设计中具备较为理想的落实效果，中石化认为，必须要重点从企业相关管理人员的安全预防意识的角度进行有效的教育和培训，使每一个人都能较好地意识到安全防护的必要性，进而也就使其能够在具体工作执行中较为积极主动，保障相应 HSE 设计更为全面。

（2）制定应急处理方案。在进行较为精细化的石油化工生产作业时，经常会因操作不当、设备零件失去作用而发生危险气体泄漏，并由此导致燃烧、爆炸，使企业员工面临威胁。对此，中石化认为，在开展相关的危险化学品生产作业过程中，必须提高员工的安全防范意识，按照国家有关标准规范的要求，备好应急处理预案，例如针对事故的高发区域和设备密集区域，配备事故处理装置与报警系统。当事故发生后，第一时间向上级部门汇报，同时在第一时间进行事故原因排查分析，在确定事故原因后，立即按照事故处理规定进行妥善处理，将事故危险与损失降至最低。

（3）做好防静电的设计。静电在石油化工企业危害极大，尤其是在生产工艺车间的作业当中，很容易出现化学反应而产生静电，最终酿成重大生产事故，尤其是塑料等物质在经过摩擦之后，很容易产生静电反应，一旦产生静电再遇到其他可燃性介质，就会发生燃烧和爆炸，造成严重的人身伤亡或财产损失事故。因此，中石化认为，在进行 HSE 设计时一定要对一些关键性问题进行明确说明，设置人体静电导除装置、接地报警装置、等电位跨接以及防静电用品等，制定安全作业流程，定期对接地情况进行电气安全检测，对于静电所造成的危害进行深入的分析，提高操作人员的注意力，加强安全防范，并制定切实有效的预防措施。

七、风险评价实行积极预防的方针

在 HSE 管理体系实施过程中，评价和风险管理主要是识别确定 HSE 关键活动中存在的风险和影响，制定防止事故发生的措施和一旦发生事故后的恢复措施。可能发生的危险、危害都可能引发事故，事故无论大小，都会给企业造成经济上的影响。防止事故发生，将危害和影响降到可接受的程度是 HSE 管理体系运行的最直接目的，而风险的正确、科学评价和有效的管理是达到杜绝事故以及实现事先预防的关键所在。

在一个企业中，诱发安全事故的因素很多，“安全风险评估”能为全面有效落实安全管理工作提供基础资料，并评估出不同环境或不同时期的安全危险性的重点，加强安全管理，采取宣传教育、行政、技术及监督等措施和手段，推动各阶层员工做好每项安全工作，使企业每位员工都能真正重视安全工作，让其了解及掌握基本安全知识，这样，绝大多数安全事故均是可以避免的。这也是安全风险评估的价值所在。

当任何生产经营活动被鉴定为有安全事故危险性时，便应考虑怎样进行评估工作，以简化及减少风险评估的次数来提高效率。风险控制就是使风险降低到企业可以接受的程度，当风险发生时，不至于影响企业的正常业务运作。中石化的主要做法如下。

1. 选择安全控制措施

为了降低或消除安全体系范围内所涉及的被评估的风险，企业应该识别和选择合适的安全控制措施。选择安全控制措施应该以风险评估的结果作为依据，判断与威胁相关的薄弱点，决定什么地方需要保护，采取何种保护手段。

安全控制选择的另外一个重要方面是费用因素。如果实施和维持这些控制措施的费用比资产遭受威胁所造成的损失预期值还要高，那么所建议的控制措施就是不合适的。如果控制措施的费用比企业的安全预算还要高，则也是不合适的。但是，如果预算不足以提供足够数量和质量的控制措施，从而导致不必要的风险，则应该对其进行关注。通常，一个控制措施能够实现多个功能，功能越多越好。当考虑总体安全性时，应该考虑尽可能地保持各个功能之间的平衡，这有助于总体安全有效性和效率。

2. 风险控制

根据控制措施的费用应当与风险相平衡的原则，企业应该对所选择的安全控制措施严格实施以及应用。达到降低风险的途径有很多种，下面是常用的几种手段。

（1）免风险。比如：改善施工程序及工作环境等。

（2）转移风险。比如：进行投保等。

（3）减少威胁。比如：阻止具有恶意的软件的执行，避免遭到攻击。

（4）减少薄弱点。比如：对员工进行安全教育，提高员工的安全意识。

（5）进行安全监控。比如：及时对发现的可能存在的安全隐患进行整改，及时做出响应。

3. 可接受风险

任何生产在一定程度上都存在风险，绝对的安全是不存在的。当企业根据风险评估的结果，完成实施所选择的控制措施后，会有残余的风险。为确保企业的安全，残余风险也应该控制在企业可以接受的范围内。

风险接受是对残余风险进行确认和评价的过程。在实施了安全控制措施后，企业应该对安全措施的实施情况进行评审，即对所选择的控制措施在多大程度上降低了风险做出判断。对于残留的仍然无法容忍的风险，应该考虑增加投资。风险是随时间而变化的，风险管理是一个动态的管理过程，这就要求企业实施动态的风险评估与风险控制，即企业要定期进行风险评估。一般而言，当出现以下情况时，应该重新进行风险评估：

（1）企业新增资产时；

（2）系统发生重大变更时；

（3）发生严重安全事故时；

（4）企业认为非常必要时。

一个企业要做到防患于未然，安全事故危害的风险评估工作是非常重要的；同时，要配合完善的监察和检讨制度，并有良好的记录。做好安全管理，是保护企业的宝贵人力资源、财产和信誉的上策。中石化风险评估矩阵见图 10-3。

安全风险矩阵		发生的可能性等级（从不可能到频繁发生）							
		1	2	3	4	5	6	7	8
事故严重性等级（从轻到重）	后果等级	类似的事件没有在石油石化行业发生过，且发生的可能性极低	类似的事件没有在石油石化行业发生过	类似事件在石油石化行业发生过	类似的事件在中国石化曾经发生过	类似的事件发生过或者可能在多个相似设备设施的使用寿命中发生	在设备设施的使用寿命内可能发生1或2次	在设备设施的使用寿命内可能发生多次	在设备设施中经常发生（至少每年发生）
		<10^{-6}/年	10^{-5}～10^{-6}/年	10^{-5}～10^{-4}/年	10^{-4}～10^{-3}/年	10^{-3}～10^{-2}/年	10^{-2}～10^{-1}/年	10^{-1}～1/年	≥1/年
	A	1	1	2	3	5	7	10	15
	B	1	2	3	5	7	10	15	23
	C	2	3	5	7	11	16	23	35
	D	5	8	12	17	25	37	55	81
	E	7	10	15	22	32	46	68	100
	F	10	15	20	30	43	64	94	138
	G	15	20	29	43	63	93	136	200

图 10-3　中石化风险评估矩阵

八、动态循环的安全管理

HSE 管理体系的组织、形成基于一个共同的概念框架——PDCA 模型，即 HSE 活动分为计划（P）、实施（D）、检查（C）、改进（A）四个相联系的环节。

计划环节就是作为行动基础的某些事先的考虑，它预先决定干什么，如何干，什么时候干，以及谁去干等问题；实施环节是将计划予以实施；检查环节是对计划实施效果进行检查衡量，并采取措施，消除可能产生的行动偏差；改进环节是针对管理活动实践中所发现的缺陷和不足，不断进行调整、完善。

九、配置资源以保证“安全第一”为前提

资源是指实施安全、环境与健康管理体系所需的人员、资金、设备、设施、技术等。HSE 体系的建立和运行以及各项活动的实施都离不开资源的支持，只有配置必要的资源，才可以实现“安全第一”和 HSE 的方针目标。领导承诺中规定，各级企业的最高管理者是 HSE 的第一负责人，对 HSE 应有形成文件的承诺，并确保承诺转变为人、财、物的资源支持。

十、把各种形式检查、整改过程融入体系的审核和评审中

审核是对体系是否按照预定要求进行运行的检查和评价活动，可分为内部审核（审核组成员来自公司内部）和外部审核（应公司要求，由外部审核机构进行）；评审是对体系的充分性、适宜性和有效性进行的检查，由公司最高管理者组织进行。

通过审核可以确定，HSE 管理体系各要素和活动是否与计划安排一致，是否得到了有效实施；在实现企业的方针、政策和表现原则上，HSE 管理体系是否有效地发挥了作用；是否符合相关法规、标准的要求；确定改进的方面，以实现 HSE 管理的逐步改善。评审主要进行适应性、充分性和有效性的评价，企业可根据持续改进的原则，根据审核后评审的结论对 HSE 管理体系进行改进，使之不断完善。

第三节
五大理念提升安全管理

中国石化以安全发展为指引，坚持以人为本理念、本质安全理念、风险预控理念、有备无患理念、文化兴安理念，加强安全文化建设，提升了安全管理水平，安全生产多年保持平稳态势，避免了各类重特大事故的发生。

石油化工生产具有高温高压、易燃易爆、有毒有害、连续作业、点多面广等行业特点，固有风险高，安全监管难度大。多年来，中国石化坚持以科学发展观为统领，以安全发展理念为指引，加强安全文化建设，形成了一系列符合安全发展规律、具有公司特色的安全文化理念，为“建设世界一流能源化工公司”保驾护航。中石化五大理念提升安全管理见图 10-4。

一、坚持安全发展理念，实施安全发展战略

中国石化坚持“安全是企业永恒的主题，安全是企业永远的责任”，明确提出“安全高于一切，生命最为宝贵”“树立为生命安全和家庭幸福

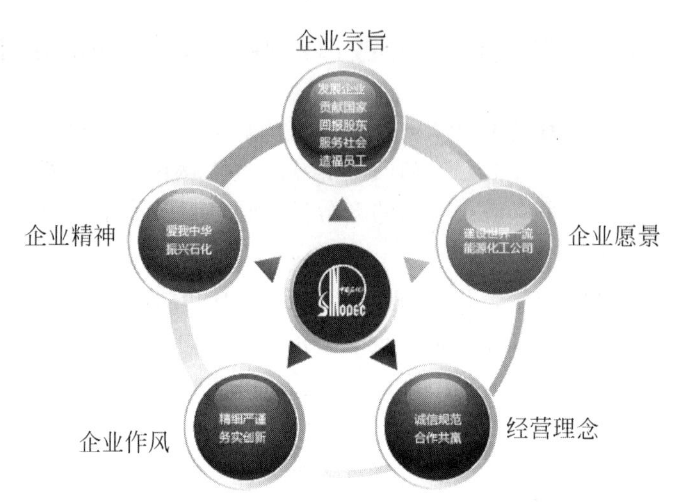

图 10-4　中石化五大理念提升安全管理

而工作的安全文化”，引领公司安全发展。中国石化坚持“一切事故都是可以避免的”信念，以构建本质安全型企业为目标，着力建设世界一流 HSE 文化，努力创造世界一流 HSE 业绩。

1. 加强体制机制建设

通过建立健全安全管理机构，中国石化形成了“集团统一领导、职能部门监管、企业全面负责、员工遵章守纪”安全生产工作格局。不断建立健全“科学化、程序化、规范化”的 HSE 体系管理运行机制，“职责明晰、分工负责、齐抓共管”的安全生产综合治理机制，“责、权、利”统一的安全生产激励约束机制，“按标提取、科学管理、合理使用”的安全生产投入机制。坚持 HSE 全委会议以及年度、季度工作会议制度，配套建设日常工作谋划推进和重点、难点问题研究解决机制。

2. 严格责任落实

树立抓责任落实是安全监管工作主抓手的理念，中国石化不断完善安全生产责任制，采取层层签订安全生产责任书、实施全员安全承诺、加强安全绩效考核等措施，细化分解安全责任，层层传递安全压力。全面推行领导干部带班制度、领导下基层安全督察制度和关键装置、要害部门领导安全承包制度，强化领导安全生产责任。坚持“四不放过”原则，严格事故管理，严肃责任追究。

二、坚持以人为本理念，加强员工安全培训

通过制定员工安全培训教育制度，落实培训教育工作，中国石化不断提升员工安全素质。总部层面，重点开展企业处（科）长岗位任职资格培训和企业高级管理人员培训，形成高层安全管理专职人员“群体成长”的良性机制；企业层面，对各单位主要负责人、安全管理人员、特种作业人员等各层次人员进行系统的安全培训。同时，采取主题活动、岗位练兵、技术比武、“师带徒”等方式，开展日常安全教育、岗位安全培训和应急演练，全面提高自我防护和应急处置的能力。

1. 开展安全教育活动

为进一步增强全员安全意识，持续提升安全发展水平，2009 ~ 2019年，中国石化连续 10 年组织开展了“我要安全”主题活动。开展了“我要安全”大讨论、全员重温安全承诺、争当“安全卫士”等一系列安全文化活动，有效促进了员工从“要我安全”到“我要安全”的转变。将开展主题活动与企业生产经营和当前安全生产重点有机结合起来，标本兼治，注重实效，保障了安全生产。与活动前相比，企业上报事故和死亡人数分别下降 38.9%和 53.3%，活动效果十分明显。

2. 加强行为安全管理

不安全行为是导致事故的最重要的原因，中国石化大力加强行为安全管理，不断改进员工行为。在制定工业用火、临时用电等施工作业票证审批制度、强化重点施工作业现场监管的基础上，公司颁布了安全生产十大禁令，对影响安全生产的典型行为进行明令禁止。组织实施安全行为观察，推行现场作业“七想七不干”做法，引导员工养成作业前思考安全的习惯，做到“我的安全我负责，他人的安全我有责，企业的安全我尽责”。

三、坚持本质安全理念，严格建设项目源头监管

本着预防为主、关口前移的原则，中国石化制定实施了《中国石化建

设项目劳动安全、职业卫生、抗震减灾“三同时”管理实施细则》，规范“三同时”监管程序、标准要求，落实建设单位、设计单位、施工监理单位及相关管理部门的“三同时”职责。近年来，在国家有关部门的指导下，中国石化顺利完成了“川气东送建设工程”“青岛大炼油工程”“茂名乙烯改扩建工程”等一批重点项目的安全设施竣工验收。

1.排查和整改隐患

通过建立定期检查和日常检查、全面检查和专项检查、总部督查和企业自查相结合的安全检查机制，确保了安全生产方针政策、法规标准、保障措施层层落实和各类隐患的及时排查、整改。坚持一年一度的 HSE 大检查，由中国石化领导亲自部署动员、亲自带队检查、亲自总结讲评，抽调各有关方面专家，对所属企业进行全面检查。

2.建立重大隐患治理长效机制

中国石化不断完善以隐患排查、分析评估、登记建档、跟踪治理、应急管理为主的隐患排查治理闭环运行机制，对纳入重点治理的隐患项目实行定人、定资金、定措施、定时间的“四定”管理，对隐患治理完成情况进行评估，并将隐患治理项目纳入财务和审计监督范畴。2006~2011 年，公司安排隐患治理专项资金 107 亿元，对海上油气设施隐患、井控装置隐患、液态烃球罐隐患等 4000 余项进行治理，全面改善了装备的本质安全水平。中国石化隐患闭环管理见图 10-5。

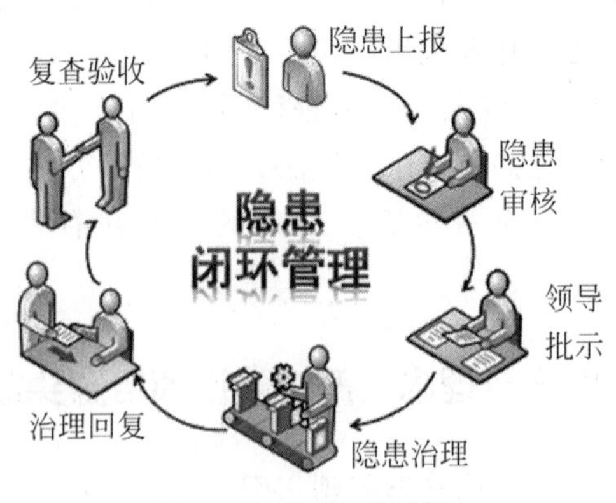

图 10-5　隐患闭环管理

四、坚持风险预控理念，规范海上安全管理

通过树立“海上无小事”的理念，中国石化不断强化海上安全保障措施，保持了海上安全形势的总体平稳。建立了《海上石油作业安全管理规定》以及《滩海钻井安全规程》等 24 个海上石油作业安全技术标准，规范海上石油作业活动。持续开展隐患排查和治理，投入专项资金，治理各类海上隐患。

1. 加强油田井控安全管理

中国石化成立了以总裁为组长的井控工作领导小组，形成了相互协作的井控安全监管格局。树立“大井控”理念，建立了集钻井、测录井、井下作业和油气开发井控于一体的“大井控”管理模式，配套出台了《石油与天然气井井控管理规定》和一系列井控安全技术标准，加强油气井勘探开发全过程的控制和管理。

2. 强化关键装置、重点部位的安全监管

中国石化制定实施了《关键装置、重点部位安全管理规定》，采取技术措施、管理措施和监控措施，严防重特大事故发生，加强生产装置工艺安全管理。积极开展危险化工工艺系统安全控制技术研究和危险与可操作性分析（HAZOP 分析），对工艺流程进行全流程剖析，确保重大风险有效受控。

3. 完善承包商监管

通过实施《承包商安全管理规定》，中国石化将承包商纳入公司 HSE 管理体系。坚持“谁主管、谁负责”“谁发包、谁负责”“谁引进、谁负责”“谁雇工、谁负责”的原则，严把承包商队伍准入关、过程监管关、用工管理关、资质复审关，认真落实对承包商的安全监管责任，不断健全完善承包商清理、清退和奖惩机制，不断提升承包商安全监管水平，坚持有备无患理念。

4. 加强应急管理机制建设

按照“统一领导、分级负责”的管理原则，中国石化实施区域联防制

度，将所属企业划分为京津冀、山东等 9 个联防区域，增强公司整体应急能力，积极建设外部应急救援联动协调机制。中国石化牵头联合中国石油、中国海油成立 3 大石油化工公司应急救援联动协调小组，通过建立应急救援资源共享数据库以及联席会议、区域联防、应急资源调用及补偿等机制，实现3大石油石化公司的应急救援联动。

5. 增强应急预案体系建设

为了给重特大事件应急处置提供行动指南，中国石化建立了总体预案和专项预案相统一、上级预案与下级预案相衔接的应急预案体系。总部层面建立了《中国石化重特大事件应急预案》。中国石化定期组织开展井控、油罐区消防、海（水）上消防与溢油等大型演练活动，持续提高实战水平。

6. 充实消（气）防队伍和装备建设

中国石化所属油田、炼化企业建有 42 支专职消（气）防队伍，其中有 9 支消防队为“国家危险化学品救援基地”，2 支消防队为“国家油气田救援基地”。加强重点区域应急管理保障能力建设，建成了普光气田、元坝、西北地区 3 个区域性综合应急救援中心。加强海上应急能力建设。建立了集海上应急和消防救助、溢油回收处置于一体的专业化海上应急中心，形成了海、陆、空全方位的应急装备与应急反应格局。在 2008 年我国南方罕见的低温雨雪冰冻和汶川“5·12”特大地震灾害、中石油大连“7·16”事故救援中，中国石化迅速反应，有序组织抗灾自救，并积极支援受灾地区抢险救灾，展现了公司良好社会形象。

五、坚持文化兴安理念，推进安全文化建设

近年来，中国石化通过推进安全文化建设工作，着力建设安全文化工程。胜利油田按照“夯实基础、整体推进、持续深化、稳步提高”的原则，围绕观念文化、行为文化、制度文化和物态文化 4 个层次，有重点、有步骤地推进安全文化建设，为“百年胜利、百年安康”的愿景目标保驾护航。华北石油局围绕“平安华北、幸福家园”的愿景目标和“从零开始、向零奋斗”的战略目标，提出了一系列安全文化管理理念。江苏油田

提出“安全就是生命”“安全就是效益”“安全就是品牌”的价值理念，坚持“没有安全的进尺一米不要”“没有安全的进度一刻不抢”“没有安全的效益一分不拿”“没有安全的项目一个不争”，精心打造“平安油田、绿色油田、和谐油田”。镇海炼化着力培育以“安全从心出发”为核心的安全文化，全体员工坚持安全从“心”出发，确保责任到位；坚持从“行”出发，确保控制有效、保障有力；坚持从“新”出发，在继承中创新管理，不断提升企业本质安全水平。洛阳石化通过推行“安全联锁”规章制度，强化领导安全责任；通过开展安全宣誓、安全主题征文等形式多样的安全文化活动，努力营造“人人想安全、人人保安全”的良好环境。第十建设公司推出施工现场标识图册、现场安全生产管理指南挂图、脚手架管理指南图册、“七想七不干”自检卡等安全管理新工具，将安全管理要求具体化、形象化，促进了现场安全管理水平提升。

安全文化建设实践结出了累累硕果，全体员工的安全素质得到明显提升，“安全第一”“以人为本”“风险防范”等管理理念得到接受和认同。安全生产责任分工协作机制、风险管理机制、隐患排查治理机制和突发事件应对机制等安全工作机制全面建立并有效运行。以安全生产责任制为核心，适应全员、全过程、全方位监督管理需要的安全管理制度体系健全，员工遵守制度、标准和岗位操作规范的自觉性大大提高，“三违”行为减少。生产装置的本质安全化水平全面提高，作业场所的安全环境显著改善，员工劳动防护和身心健康水平大大提高。安全与生产得到有效统筹，安全文化管理模式得到广泛应用，中国石化安全生产多年保持了平稳态势，避免了各类重特大事故发生。

为进一步推动公司安全管理工作精细化、标准化、规范化，切实贯彻落实“以人为本，关爱员工”的安全理念，中石化自贡石油化工有限公司决定在全公司范围内组织学习和落实作业现场“七想七不干”的工作要求，以更好地促进公司安全管理。公司要求全体员工，在作业现场中做到以下几点。

一是想安全禁令，不遵守不干。“安全禁令”是直接作业环节的高压线、生命线，无论是业主还是承包方的员工，在生产操作和施工作业过程中都必须熟悉并严格遵守，真正做到“安全禁令”明令禁止的坚决不做。二是想安全风险，不清楚不干。危害识别与风险评估是控制风险、确保安全的重要手段。在作业前，所有员工都要对所做工作进行危害识别，分析作业过程中是否会存在坠落、滑倒、跌倒、物体打击、触电、中毒等危害，检查所使用的工具、设备是否可能导致人身伤害等。在不清楚安全风险的情况下不能开工。三是想安全措施，不完善不干。完善的安全措施是确保作业安全的一个重要条件。在生产操作或施工作业前，员工都要对现场安全措施逐一检查、确认。如有疏漏，必须补充完善后才能开展工作。四是想安全技能，不具备不干。良好的安全技能是员工能够安全、顺利履行岗位职责、完成工作任务的基础。管理者在安排工作任务时，要将工作任务安排给具备相关安全技能的员工。同时要认真做好安全交底，确保作业者了解工作内容及存在的风险。五是想安全环境，不合格不干。安全的工作环境是实现安全的基本保证。一方面要为作业人员创造安全作业环境，坚决杜绝为抢时间、赶进度，忽视工作环境存在的安全风险而违章指挥；另一方面员工在开展工作前，要检查、分析和评估工作环境是否存在重大隐患，拒绝违章指挥、冒险蛮干。六是想安全用品，不配齐不干。安全及劳动保护用品是保证作业人员生命健康的最后一道防线。工作开展前，要对照有关标准严格检查相应安全及劳动保护用品是否配齐，是否与工作任务相匹配，是否存在缺陷，员工是否熟悉安全及劳动保护用品的使用方法等。七是想安全确认，不落实不干。安全确认是确保安全措施落实到位的重要手段。安全确认的重点是作业许可证管理。严格按照作业许可证要求的安全措施，以及经风险评估后确定的防范措施进行检查确认，确保各项措施落到实处。“七想七不干”展板见图 10-6。

图 10-6 “七想七不干”展板

通过认真贯彻落实“七想七不干”，进一步规范员工安全操作流程，使“以人为本”的理念、“生命高于一切”的理念切实落实到生产、经营、建设和管理的全过程，促进了安全管理向标准化、精细化、规范化发展。

第四节
中国石化安全管理手册

中国石化安全管理手册是公司的纲领性文件，它共由三部分组成。第一部分包括：安全组织、安全责任、安全培训、安全风险与隐患管理、变更管理、职业健康管理、应急管理、事故管理。第二部分包括：建设项目“三同时”管理、生产运行安全管理、施工作业过程安全控制、设备设施安全管理、危险化学品储运安全管理、承包商安全管理、油气资产安保与反恐管理。第三部分包括：安全观察与安全检查、安全审核与安全运行、安全考核、持续改进等。

一、安全基础工作部分

1.安全组织

（1）安全生产委员会。

① 直属企业（以下简称企业）应设立安全生产委员会（或 HSE 委员会，以下简称安委会），安委会主任由企业主要负责人（董事长或总经理）担任。

② 安委会办公室主任由安全总监担任，办公室设在安全监管部门。

③ 安委会应根据本单位实际，下设生产、设备、工程等专业安全分委员会，分委员会主任由企业相应业务分管领导担任，办公室设在相应职能部门。

④ 安委会至少每季度召开 1 次全体会议，听取安委会办公室和各专业安全分委员会的工作汇报，研究、决策重要安全事项。

⑤ 安委会办公室负责对各专业分委员会、职能部门和二级/基层单位进行安全考核并提出考核意见。

（2）安全监管部门。

① 企业和二级单位/基层必须设立安全监管部门，负责本单位安全生产监督管理工作。

② 安全监管部门每月召开安全会议，对各部门、二级/基层单位安全生产工作情况进行讲评和考核。

③ 企业配备专职安全总监，二级/基层单位配备专职或兼职安全总监，基层单位配备安全工程师或安全员，班组配备兼职安全员。

（3）安全督查大队。

① 企业设立专职安全督查大队，在安全总监和安全监管部门的领导下，对企业生产经营和施工现场进行全覆盖、全天候的安全督查。

② 安全督查大队每周通报安全督查情况，每月进行督查专题分析。

③ 安全督查大队有停工、处罚和奖励权。

2. 安全责任

（1）安全主体责任。按照谁的业务谁负责，谁的属地谁负责的原则，各职能部门和各二级/基层单位（业务单元）对所管辖业务、区域的安全负责。

在履行好国有企业责任、贡献国家的同时，要同步贡献业务所在国（地区）。履行好相关的经济、法律和慈善责任，履行好国际化公司的责任，研发一流产品，提供一流服务，努力造福全人类。

① 规划、计划部门。

a.对新建、改建、扩建项目和技术改造、技术引进项目工艺路线的安全可行性负责。

b.对制定适合装置安全生产的原料采购、生产计划负责。

② 设计管理部门和设计单位。

a.对建设项目、所设计装置（设施）的合规性负责。

b.对建设项目、装置（设施）的设计本质安全性终身负责。

c.对所设计的设备（设施）制造技术要求负责。

③ 生产、技术管理部门。

a.对生产指挥协调的安全负责。

b.对突发事件的应急处置负责。

c.对生产、技术管理制度的制定、修订和适宜性负责。

d.对操作规程和开停工方案的有效性负责。

e.对新技术应用的安全负责。

f.对生产隐患的排查和治理负责。

④ 机动设备管理部门。

a.对机械设备、电气、仪表和建（构）筑物等的安全运行负责。

b.对设备检维修过程的作业安全负责。

c.对设备隐患的排查与整改负责。

d.对租赁和处置资产的安全管理负责。

e.对设备安全管理制度、技术规程的制定、修订和适宜性负责。

f.对安全仪表的功能安全负责。

⑤ 工程建设管理部门。

a.对工程建设项目风险评价和安全措施的落实负责。

b.对工程建设项目承包商、分包商的资质审查负责。

c.对工程建设项目的施工质量和施工安全负责。

d.对工程建设项目承包商、分包商的安全监管负责。

e.对工程建设项目安全管理制度的制定、修订和适宜性负责。

⑥ 采购、销售部门。

a.对采购设备设施、备品备件、原辅材料的质量负责。

b.对危险化学品、剧毒品、易制毒品、放射性物品采购、销售过程的合规性负责。

c.对承运商的安全资质审查负责。

d.对危险化学品仓库的安全负责。

⑦ 财务管理部门。

a.对安全生产费用提取、使用的合规性负责。

b.对隐患治理费用的资金落实负责。

⑧ 其他职能部门。对所管辖业务和区域范围内的安全负责。

⑨ 二级/基层单位（业务单元）。

a.对区域范围内的生产经营安全负责。

b.对区域范围内的作业活动安全负责。

c.对区域范围内的职业病危害因素防护负责。

d.对规程、方案和管理制度的执行负责。

（2）安全监管责任。

① 安全监管部门。

a.对安全管理体系的推进实施负责。

b.对安全制度的有效性负责。

c.对安全综合监管的有效性负责。

② 安全督查大队。

a.对生产经营和施工现场的安全督查负责。

b.对督查问题整改的跟踪验证负责。

（3）岗位安全责任。

① 企业主要负责人。

a.对企业的安全生产工作负主要领导责任。

b.对安全承包（定点联系）单位的安全负连带责任。

② 分管业务领导。

a.对分管业务安全生产负直接领导责任和管理责任。

b.对安全承包（定点联系）单位的安全负连带责任。

③ 分管安全领导。

a.对企业的安全生产负综合协调和监管责任。

b.对安全承包（定点联系）单位的安全负连带责任。

④ 安全总监。

a.对健全企业安全生产责任制，督促安全责任的落实负责。

b.对安全管理制度体系的完整性负责。

c.对企业安全管理体系的完整性负责。

⑤ 职能部门负责人。

a.对管辖业务的安全负直接管理责任。

b.对安全承包（定点联系）单位的安全负连带责任。

⑥ 二级/基层单位（业务单元）负责人。

a.对管辖区域内的生产安全负责。

b.对管辖区域内的作业安全负责。

c.对管辖区域内突发事件的初期处置负责。

⑦ 员工。

a.对岗位业务活动的安全负直接责任。

b.对负责设备设施的安全操作负责。

c.对责任区域内的作业安全负责。

d.对岗位操作规程和制度的执行负责。

e.对岗位应急处置和劳动保护措施的执行负责。

3.安全培训

（1）各级领导的安全培训。

① 各级领导干部的安全培训以贯彻法律法规、强化安全意识、增加安全知识为主要内容。

② 集团公司党组管理的领导干部至少每 2 年接受 1 次集团公司组织的安全培训。

③ 企业生产、技术、设备、工程等专业管理部门负责人和二级单位负责人任职 1 年内必须参加 1 次脱产的安全培训，以后每 2 年至少培训 1 次。

④ 企业专职安全总监、安全监管部门负责人和安全督查大队负责人任职 1 年内必须参加 1 次集团公司组织的安全培训，以后每年至少培训 1 次。

（2）管理人员的安全培训。

① 管理人员的安全培训以强化责任意识、掌握安全管理方法、增强安全技能为主要内容。

② 企业生产、技术、设备、工程等专业管理部门的管理人员应至少每 2 年参加 1 次本企业组织的安全培训。

③ 企业安全监管部门管理人员应至少每 2 年参加 1 次本企业组织的安全培训。

④ 二级/基层单位（业务单元）管理人员应至少每 2 年参加 1 次本企业组织的安全培训。

（3）操作人员的安全培训。

① 操作人员的安全培训以强化安全意识和提升风险识别能力、安全操作能力、应急处置和自救互救能力为主要内容。

② 企业应建立安全实训基地和仿真模拟培训基地。操作人员安全培训应主要采用仿真模拟、体验式培训和实操培训等方式。

③ 企业必须对新上岗、转岗人员进行安全培训并经考试合格，方可安排上岗。

④ 特种作业人员和特种设备作业人员必须接受专门的安全作业培训，取得相应资格后方可上岗作业。

⑤ 采用新工艺、新技术、新材料或者使用新设备，必须对相关生产、作业人员进行专项安全培训。

（4）安全分享与安全告知。

① 企业应利用会议、网络、简报等多种形式开展安全分享。

② 各操作、作业班组每月至少开展 2 次班组安全活动，活动时应有安全分享内容。

③ 各作业班组在接班前应进行安全告知。

④ 访客和临时外来人员应有正式的安全告知方式。

4. 安全风险与隐患管理

（1）安全风险辨识。

① 按照谁的业务谁负责、谁的属地谁负责的原则，各职能部门和二级/基层单位（业务单元）应采用危险与可操作性分析（HAZOP）和作业安全分析（JSA）等方法组织开展风险识别和评估。

② 企业应根据风险辨识结果进行分级管理，建立各级风险清单，每半年更新 1 次。发生重大变化或变更后应及时更新。

（2）安全风险控制措施。

① 针对辨识出的风险，企业应确定所采取的控制措施，包括工程技术措施、管理措施、应急措施和个体防护措施。

② 风险控制措施要向相关人员告知。

（3）安全隐患排查和治理。

① 隐患排查与日常检查相结合，分为定期排查和不定期排查，各专业部门应每季度组织 1 次专业排查，企业至少每半年组织 1 次综合排查。

② 企业应重点排查：

a.海（水）上作业和“三高”油气田的勘探开发；

b.构成重大危险源的装置、罐区、仓库；

c.含硫原油（天然气）处理装置、液化天然气（LNG）装置；

d.国家重点监管的危险化工工艺；

e.油气输送管道等。

③ 企业应对排查出的隐患进行评估、分级，列入隐患治理台账，同时定整治方案、防护措施、资金、整治期限和整治责任人。

④ 能够立即治理的隐患必须立即组织治理，不能立即完成治理的必须

有强化的管控措施。

⑤ 隐患治理完成后，应组织隐患治理效果后评估，并建立隐患治理档案。

5. 变更管理

（1）变更控制。按照谁主管谁负责、谁变更谁负责、谁审批谁负责的原则，各变更管理部门应对变更从严控制，杜绝不必要的变更。

（2）变更流程。

① 变更流程包括变更申请、变更风险评估、变更审批、变更效果评估和变更告知。

② 变更申请包括变更原因、变更范围和变更方案等内容。

③ 变更审批前必须进行风险评估，评估由专业小组进行，并出具变更风险评估结论。未经评估不得予以审批。

④ 变更实施后，批准部门应组织变更效果评估，并记录评估过程和结论。

⑤ 变更涉及的文件和资料应及时更新，并传达到相关岗位人员。

（3）变更监督。

① 各变更管理部门对分管业务的变更实施过程进行监督。

② 安全监督部门对变更的流程符合性进行监督。

6. 职业健康管理

（1）职业病危害因素识别和防治计划。

① 企业应每年对职业病危害因素识别和评估 1 次，并建立职业病危害因素清单。清单中列出产生职业病危害因素地点、浓（强）度和所采取的控制措施。

② 企业每年应制订职业病防治的年度工作计划和实施方案。

（2）职业病危害标识与告知。

① 企业应在可能产生职业病危害的工作场所、作业岗位、设备设施的醒目位置设置警示标识。

② 企业在与员工签订劳动合同和分配工作岗位时告知其工作过程中可能存在的职业病危害及后果、工作过程中个人应采取的防护措施和应急措施。

（3）职业病危害监测与控制。

① 企业应按不低于法规要求的频次对存在职业病危害的工作场所和作

业环节进行职业病危害因素监测，动态掌控职业病危害因素浓（强）度水平。

② 企业应对职业病防护设施进行检查、维护和维修，确保其完好投用。

③ 企业应将超标场所纳入隐患进行治理。

（4）职业健康体检与个体防护。

① 企业应安排从事接触职业病危害作业的人员进行上岗前、在岗期间和离岗时的职业健康体检，并建立个人职业健康监护档案。

② 未进行上岗前职业健康体检，不得安排从事接触职业病危害的作业。在岗期间不进行职业健康体检，不得继续上岗作业。

③ 企业不得安排有职业禁忌的人员从事其所禁忌的作业。对检查出指标异常人员，应及时安排复查、诊疗和调岗。

④ 企业应为员工配备符合要求的防护用品，不得在没有防护用品的情况下安排员工在超标场所工作。

⑤ 岗位人员应清楚本岗位接触的职业病危害因素，掌握职业病防护设施操作方法，应能够正确使用防护用品。凡不按规定佩戴或使用防护用品的人员不得上岗作业。

7. 应急管理

（1）应急预案。

① 企业应识别出可能发生的突发事件，编制与上下级单位、当地政府及相关部门相衔接的应急预案。应急预案应明确规定应急响应级别，明确各级应急预案启动的条件。

② 企业应针对油气输送管道、危险化学品储罐、关键装置、特殊危险介质可能发生的泄漏、火灾、爆炸等重大突发事件，制定企业级专项应急预案。

③ 企业在应急预案中应明确不同层级、不同岗位人员的应急处置职责、应急处置方法和注意事项。

④ 企业应根据现场处置方案编制岗位应急处置卡，明确紧急状态下岗位人员“做什么”“怎么做”“谁来做”。

（2）应急演练。

① 应急演练以不预先通知的方式为主，演练只明确演练科目，不宜编制演练方案。

② 应急演练结束后，必须对演练过程进行评估，形成评估报告。并针对暴露出的问题从完善预案、修订制度、加强培训等方面制定整改措施，明确整改责任，限期全部整改。

③ 企业、二级/基层单位应建立预案演练档案，档案至少包含演练内容、存在问题和整改完成情况。

（3）应急处置。

① 企业应严格执行突发事件信息上报制度。

② 企业应急预案启动后，应第一时间成立现场指挥部，由专业分管领导或授权人员担任现场指挥，开展现场应急处置。

③ 应急预案启动后，应第一时间进行现场隔离和紧急疏散，与应急处置无关的人员应迅速撤离。

④ 对可能影响周边企业、公众安全的突发事件应及时向地方政府、周边企业和公众发出预警信息。

8. 事故管理

（1）事故报告。

① 发生事故后，基层单位（业务单元）应立即逐级上报至企业安全监管部门。

② 企业发生集团公司级事故，必须第一时间如实向集团公司报告。

（2）事故调查。

① 对事故调查组至少包括管理组和技术组。管理组重点调查分析事故发生的管理原因，技术组重点调查分析技术标准、技术方案、操作规程等方面存在的缺陷。

② 对事故原因应分析出直接原因、管理原因和根本原因，重点是管理原因和根本原因，事故调查组应对事故原因分析和责任认定负责。

③ 调查报告中的事故防范措施应由事故调查组和事故单位商定后提出。

（3）事故问责。

① 根据事故级别，按照谁主管谁负责、管业务必须管安全，失职追责、尽职免责的原则，重点对属地单位、业务主管部门、业务主管领导或企业主要负责人进行问责。

② 集团公司对以下情况进行提级问责：

a.发生事故后，造成重大社会影响的；

b.本企业 2 年内连续发生上报事故的；

c.集团公司事故通报后 1 年内再次发生同类事故的；

d.发生事故后隐瞒不报、迟报、谎报的。

③ 发生上报集团公司事故，企业主要负责人到集团公司做检查。

（4）事故整改和教训吸取。企业应根据事故调查结果，从设计、技术、设备设施、管理制度、操作规程、应急预案、人员培训等方面分析、提出事故整改措施，包括：

a.针对本次事故的整改；

b.举一反三的整改。

（5）企业应跟踪和验证事故整改措施的落实情况。

① 上报集团公司级事故的整改落实情况由事故调查主管部门负责跟踪验证。

② 事故发生单位制作事故视频，编写事故案例，上报集团公司安全监管部门。

③ 对上报集团公司级事故，安全监管部门应在事故发生 1 个月内通报。企业对通报事故应组织学习，从中吸取经验教训，并保存学习记录。

二、安全生产管理部分

1. 建设项目“三同时”管理

（1）可行性研究阶段。

① 企业需获得政府相关主管部门出具的建设项目安全条件审查或安全评价报告、职业病危害预评价等报告批复（备案）文件，方可向集团公司相关主管部门办理报批。

② 企业建设项目在政府相关主管部门审批或备案后，发生重大变更的，应重新办理相关手续。

（2）基础设计（初步设计）阶段。

① 企业建设项目安全设施、职业病防护设施设计需经政府安全生产监督管理部门审查。

② 建设项目安全设施、职业病防护设施设计未取得政府安全生产监督管理部门批准的，不得开工建设。

（3）试生产与竣工验收。

① 试生产（使用）前，工程管理部门应当组织相关行业工程技术、安全、职业健康管理等方面的专家对试生产（使用）方案进行审查，组织对安全、职业健康条件进行确认。

② 建设项目投料前，应取得政府主管部门消防验收和试生产（使用）方案备案手续；未得到审批，禁止投料。

③ 企业应在建设项目竣工投入生产或者使用前，根据建设项目的管理权限，组织对安全设施和职业病防护设施进行竣工验收，取得验收批复意见。

2. 生产运行安全管理

（1）生产过程安全控制。

① 企业应按装置（设施）生产能力组织安排生产任务。

② 企业应建立书面的操作规程，明确装置、设备的操作步骤、工艺控制参数、正常操作范围和异常操作限值，经审核、批准后发布实施。

③ 岗位操作应严格执行操作规程，企业应每月对操作规程的执行情况进行检查。

④ 设置工艺报警、安全报警的企业应建立报警的报告、分析制度，明确报告处置的流程和责任。

⑤ 采用分散控制系统（DCS）的企业，应建立现场仪表和 DCS 数据比对分析制度，及时发现和消除工艺控制误差。

⑥ 企业应对生产装置每 3 年开展 1 次危险与可操作性分析（HAZOP），并完成相应的整改工作。

⑦ 企业应对生产装置每 3 年开展 1 次安全仪表系统安全完整性等级（SIL）评估，并落实整改措施。

⑧ 涉及危险化学品重大危险源的企业应建立重大危险源管理制度，并建立重大危险源档案。

（2）生产过程变更风险控制。

① 原料、药剂及介质变更，工艺流程变更，操作步骤、操作参数和报警联锁值等发生变更应办理变更手续。

② 设立联锁保护的装置，未经风险评估和审批，不得擅自停用、拆除联锁。

（3）开工和停工安全管理。

① 企业应在项目开工前或装置开、停车前，组织风险评估，编制和审查项目开工方案或装置开、停车方案。

② 企业应在新改扩建项目开车前组织编制开车前安全检查表，进行开车前的安全检查（PSSR）和整改消缺。

③ 企业应在现役装置停工交出前对装置进行处理，达到安全条件后，方可组织检修前的验收并履行交接手续。

④ 企业应在现役装置检修全部结束后组织装置开车前的安全验收并履行交接手续。

（4）现场安全管理。

① 生产经营和工程建设现场实行封闭化管理。

② 岗位员工应按时进行巡回检查，并做好记录。

③ 生产现场、工程建设项目现场应设立视频监控系统，实现全天候的安全监控。

④ 应在生产装置、仓库、罐区、装卸区、危险化学品输送管道等危险场所和位置设置警示标志。

⑤ 禁止在生产装置、检维修项目现场设立临时办公、休息场所。

3. 施工作业过程安全控制

（1）作业安全分析（JSA）。

① 所有施工作业都要在作业前运用 JSA 等方法进行危害识别及风险分析。

② 按照谁安排谁负责、谁作业谁负责的原则，由现场作业负责人组织作业人员和相关人员进行 JSA。

（2）作业许可。

① 凡涉及用火、进入受限空间、高处作业、临时用电、动土、起重和盲板抽堵等作业必须实行作业许可证管理。

② 作业许可的审批人、作业监护人等应经过作业许可管理培训，培训合格后方可上岗。

③ 许可证审批人在许可证签发前应结合 JSA 组织现场安全确认，对交叉作业要指定项目现场协调人。

④ 作业区域应进行隔离，并予以标识。对存在能量或危险物质意外释

放可能导致中毒、窒息、触电、机械伤害的设备设施应采取能量隔离与挂牌上锁措施。

⑤ 现场作业负责人在作业前应将作业内容、作业风险及防范措施、作业中止和完工验收要求向作业人员交底。

（3）作业过程安全监护和监督。

① 现场高风险作业应实行属地和承包商双监护。

② 实行许可要求的作业必须全程视频监控。

③ 作业范围和内容发生变化后需重新申请作业许可，作业人员不得随意改变作业范围和作业内容。

4. 设备设施安全管理

（1）采购安全控制。

① 企业应遵循全生命周期安全可靠经济的原则，在选择物资或设备时，要关注安全和质量要求，规避价格陷阱。

② 企业应按照谁采购谁负责、谁验收谁负责的原则明确责任部门，建立采购物资或设备的检验方法、验收标准。

（2）建造与安装安全控制。

① 设备设施建造和安装过程必须严格遵守设计要求，明确质量目标，进行全过程质量控制。

② 按照谁安装谁负责、谁验收谁负责的原则进行设备设施验收。未组织验收或验收不合格的不得投入使用。

（3）设备运行安全管理。

① 设备安装后须进行试运行，试运行过程中应安排专人监护、记录，发现异常立即处理。单机试运行结束后，建设单位应组织设计、施工、质检、监理等人员验收并保存记录。

② 企业应监控、分析设备运行参数，禁止设备带病运行、超负荷运行和超期服役。

③ 企业应确定关键的设备设施，并进行有计划的测试和检验，以便及早识别设备设施存在的缺陷，并进行修复或替换。

④ 禁止使用明令淘汰和报废的设备。

（4）设备变更风险控制。

① 设备设施更换型号、材质等变更应办理变更手续。

② 设备设施联锁保护摘除、联锁值修改等应办理变更手续。

5. 危险化学品储运安全管理

（1）危险化学品储运资质核实。

① 危险化学品储存或运输的企业应取得相应资质。

② 企业从事危险化学品装卸的管理人员和操作人员应取得相应的资格证书。

③ 企业应核实危险化学品（危险货物）承运商的资质，核实承运商车辆、罐体等设施和人员相关资质，并确保在有效期内。

（2）危险化学品信息管理。

① 企业应分级建立危险化学品目录和台账，动态监控使用和储存危险化学品的品种、数量和存放地点。

② 企业应建立化学品活性反应矩阵表，明确不同化学品的储存要求、储存方式、泄漏处置和应急措施。

③ 企业应收集或编制化学品安全技术说明书，并发放到使用岗位。

（3）安全监控和安保。

① 储存危险化学品的场所（罐区、仓库等）和设施不得随意变更储存的物质，不得超量储存。

② 对危险化学品储罐区、仓库实行封闭化管理，并设置防止人员非法侵入的设施。

③ 对危险化学品的储罐区和装卸区应进行视频监控。严格控制装卸区域的人员和车辆。

④ 保持危险化学品储罐区、仓库的报警和联锁系统完好、投用，保持消防系统完好有效。

6. 承包商安全管理

（1）承包商安全资质审查。

① 企业应按照谁选用谁负责的原则，对承包商（含承运商、技术服务商）的安全资质和专业资质进行审查确认，合格后方可入围。

② 企业应将承包商的分包商视同承包商进行管理。

（2）承包商安全培训。企业应对所有的入场（厂）承包商人员进行安全培训，考试合格后办理入场（厂）证。

（3）承包商安全监管。

① 禁止总包单位将主体工程分包，禁止分包项目再分包，禁止违法转包。

② 企业应安排专业人员对承包商作业机具、设备等进行入场（厂）前检查，合格后张贴标识方可入场（厂）。

③ 企业应核实承包商特种作业人员、特种设备作业人员的特种作业证是否有效。

④ 企业应对承包商现场作业进行检查监督，并记录和反馈检查监督结果。

（4）承包商安全考核和评价。

① 承包商应向企业提交年度安全运行报告，报告安全体系运行情况，包括安全绩效、组织机构和人员变动、安全管理和安全技术措施等，并附证明材料。

② 企业应对承包商实施安全积分管理，根据积分进行考核、奖惩，并与以后的工程量挂钩。

③ 企业应建立承包商黑名单制度，实行企业内部信息共享。禁止使用列入黑名单的承包商。

7. 油气资产安保与反恐管理

（1）公共安全风险管控。

① 企业应对油气资产被盗及涉及公共安全的风险进行排查与评估，实行分级管理，并制定相应的“三防”措施。

② 企业应对停运、闲置、封存、报废的输油气管道等设施进行排查、清理和巡护，采取必要的安保措施，防止发生被盗案件和安全事故。

（2）信息沟通与报告。

① 企业应建立情报信息收集网络，加强与政府部门的沟通。

② 企业应严格遵守相关信息报告制度，确保对突发事件的上情下达。

（3）安全防范。

① 企业应按照地方政府的要求和标准配备必要的防护装备，按照分级管理及时调整和动态部署反恐防范力量。

② 重点区域（部位）全面应用电子门禁、周界报警、电视监控和防闯

入系统。

③ 管道巡护工作实现卫星定位技术全覆盖。

④ 企业应加强警企联动，主动与公安、司法机关开展联巡、联护和联治。

三、安全监督与考核部分

1.安全观察与安全检查

（1）安全观察。

① 安全观察应包括现场观察和与被观察者沟通。

② 安全观察频次。

a.企业领导班子成员至少每3个月进行1次。

b.职能部门负责人至少每2个月进行1次。

c.二级单位负责人至少每月进行1次。

d.基层单位（业务单元）负责人至少每周进行1次。

（2）安全观察应填写观察卡，由安全监管部门进行统计、分析，分析结果每季度进行通报和分享。

（3）安全检查与安全督查。

① 岗位操作人员每天要做好交接班安全检查和岗位安全巡查。

② 基层单位每周组织1次综合性安全检查。

③ 二级单位每月组织1次综合性安全检查。

④ 生产、技术、设备、工程等专业部门每月组织1次专业安全检查。

⑤ 督查大队对现场安全管理和作业活动进行全覆盖、全天候安全督查。

⑥ 检查、督查结果要向被检查、督查单位反馈，同时在每月的安全例会上汇报。

（4）整改与跟踪。

① 各被检单位应对安全检查和督查发现的问题进行分析，查找管理原因，制定整改措施，明确责任人和完成时间。

② 安全监管部门每月将问题的整改跟踪情况在安全例会上通报。

③ 对存在未及时整改或发生重复性问题的单位和个人要进行问责和处罚。

2. 安全审核与安全评估

（1）安全管理体系审核。

① 企业每年至少组织 1 次安全管理体系内部审核，审核安全管理体系是否符合本手册和集团公司相关制度的要求，是否得到有效实施。审核的过程和结果应予以记录。

② 集团公司对企业每 3 年至少组织一次安全管理体系审核，审核结果纳入对企业的安全考核。

（2）安全管理评估。集团公司根据企业管理的复杂程度、风险和安全绩效等情况，对企业每 5 年组织一次安全管理量化评估。

3. 安全考核

（1）集团公司对企业的安全考核。

① 考核指标包括结果性和过程性指标。结果性指标包括事故指标、职业健康指标和行政处罚等；过程性指标包括管理和实施性指标，如培训合格率、隐患治理完成率、监测合格率等。

② 集团公司对企业的安全考核结果纳入对企业的经济责任制和对企业领导班子的年度考核。

（2）企业对部门和基层单位的安全考核。

① 企业在年初以签订目标责任书的形式与职能部门和基层单位明确考核指标。

② 考核结果纳入对各职能部门、二级单位和基层单位的经济责任制考核。

（3）企业对员工的安全考核。

① 全员签订安全承诺书，分级签订目标责任书，对员工进行月度安全考核。

② 考核结果与员工晋升、晋级、评先和奖惩挂钩。

4. 持续改进

（1）目标与计划。

① 企业应确定安全管理年度目标和重点改进方向，制定年度工作计划。

② 年度目标应分解到职能部门、基层单位（业务单元）；工作计划应

明确工作内容、责任部门和完成时间。

（2）总结和改进。

① 生产、工程、设备等专业分委会应每季度总结各专业安全管理情况，并向安委会汇报。包括：

a.安全目标指标完成情况；

b.工作计划完成情况；

c.下一步改进的建议等。

② 安全总监应每季度总结企业安全管理工作，并在安委会全体会议上作汇报。

③ 安委会对以上内容进行审议，并讨论决定下一步改进方向。

④ 企业相关部门应对安委会确定的改进方向制定改进计划，并明确责任人、实施办法和完成时限。

第十一章

国家能源集团安全管理

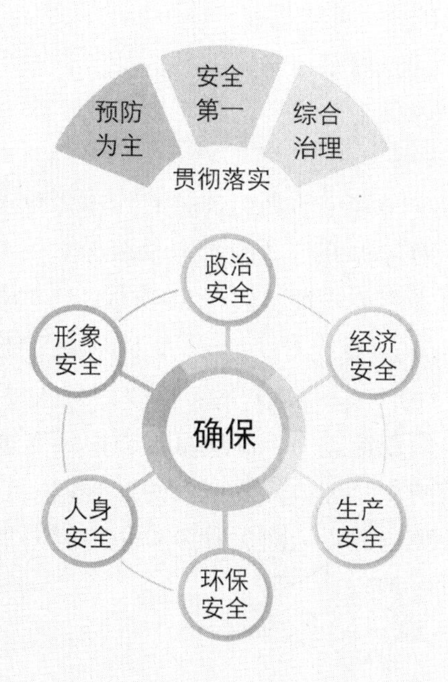

国家能源集团全称国家能源投资集团有限责任公司，经党中央、国务院批准，由中国国电集团公司和神华集团有限责任公司两家世界 500 强企业合并重组而成，于 2017 年 11 月 28 日正式挂牌成立，是中央直管国有重要骨干企业、国有资本投资公司改革试点企业，2020 年世界 500 强排名第 108 位。

国家能源集团是新中国成立以来中央企业规模最大的一次重组，是党的十九大后改革重组的第一家中央企业。国家能源集团拥有煤炭、火电、新能源、水电、运输、化工、科技环保、金融等 8 个产业板块，是全球最大的煤炭生产公司、火力发电公司、风力发电公司和煤制油及煤化工公司。

国家能源集团资产规模超过 1.8 万亿元，职工总数 35 万人。2019 年，国家能源集团煤炭销量 6.7 亿吨，发电量 9690 亿千瓦 · 时，铁路运量 4.6 亿吨，两港装船量 2.5 亿吨，航运量 1.7 亿吨，化工品产量 1593 万吨。

国家能源集团拥有煤矿 97 处，产能 68485 万吨/年。其中，井工煤矿 74 处，产能 42080 万吨/年；露天煤矿 23 处，产能 26405 万吨/年。2019 年产量 5.1 亿吨，采掘机械化率达到 100%。拥有世界首个 2 亿吨级的神东矿区，世界最大单井煤矿——补连塔煤矿（2800 万吨/年）。煤炭产业创造了多项中国企业新纪录，先后获得全国五一劳动奖、中华环境奖、全国质量奖、国家科技进步奖等多个奖项。“神东现代化矿区建设与生产技术”获得国家科技进步一等奖。

为提升国家能源集团管理体系和管理能力现代化水平，集团从五个方面落实国家能源集团对标提升行动的实施方案和工作清单。一要全面提升战略引领能力，把落实中央精神、践行集团战略、实施发展规划融入企业管理；二要全面提升改革融合能力，深入推进中国特色现代企业制度建设，深入推进子分公司本部“机关化”整改，深入推进人力资源管理改革；三要全面提升价值创造能力，高质量加强协同管理，高标准推进对标管理，高水平实施精细化管理；四要全面提升管理创新能力，创新科技、信息化、企业文化管理；五要全面提升风险防控能力，加强对重大风险的依法合规、全方位监督管理。

第一节
企业简介

国电集团是全球风电装机容量最大的公司，神华集团是全球最大的煤炭企业，神华和国电合并，对双方皆有益。一方面，神华碳排放较大，国电可弥补这方面的问题；另一方面，对国电而言，在短期内火电仍占主流的情况下，神华可以稳定提供煤炭供应，而包括风电在内的新能源将是长远的发展方向，但短期的利润可能不佳，神华可提供一定的资金支持。

重组成立国家能源集团，是党中央、国务院的重大决策部署，是深入推进供给侧结构性改革，深化国资国企改革，践行“四个能源革命”，保障国家能源安全的重大举措，充分体现了党中央、国务院对能源工业的高度重视，饱含着国家和人民对能源事业发展的殷切希望。

一、资产规模

重组整合后，新公司资产总额 1.78 万亿元，资产负债率 62.9%，煤炭产销量分别为 4.8 亿吨和 5.8 亿吨，发电总装机 2.26 亿千瓦（其中火电装机 1.67 亿千瓦），营业总收入接近 4307 亿元，在世界 500 强中排名接近第 100 位，员工总数 32.7 万人。重组后的国家能源集团资产规模超过 1.8 万亿元，有 8 家科研院所、6 家科技企业，形成煤炭、常规能源发电、新能源、交通运输、煤化工、产业科技、节能环保、产业金融等 8 大业务板块，拥有 4 个世界之最，分别是世界最大的煤炭生产公司，世界最大的火力发电生产公司，世界最大的可再生能源发电生产公司和世界最大的煤制油、煤化工公司。

二、发展战略

国家能源集团确立“一个目标、三型五化、七个一流”企业总体发展战略。具体来说：一个目标是指建设具有全球竞争力的世界一流能源集团；三型五化是指打造创新型、引领型、价值型企业，推进清洁化、一体化、精细化、智慧化、国际化发展；七个一流是指实现安全一流、质量一流、效益一流、技术一流、人才一流、品牌一流和党建一流。

1. 聚焦一个目标

经过多年的发展建设，国家能源集团目前已是全球最大的煤炭供应商、火电运营商、风电运营商和煤制油、煤化工品生产商。多项技术经济指标达到世界领先或先进水平，具有创建世界一流示范企业的良好基础。

国家能源集团发展战略把建设具有全球竞争力的世界一流能源集团作为“一个目标”，是习近平总书记“培育具有全球竞争力的世界一流企业”和十九届四中全会“增强国有经济竞争力、创新力、控制力、影响力、抗风险能力”重要部署在集团的具体实践，高度契合了国务院国资委“三个三”的核心内涵，体现了集团践行新发展理念、建设现代化经济体系、服务“四个革命、一个合作”能源安全新战略，保障国家能源安全的责任使命，展示了集团追求世界一流、实现高质量发展的信心和决心。

2. 打造三型企业

建立起一套较为科学的世界一流能源企业评价指标体系，形成一套创建世界一流示范企业的做法经验，为更多中国企业建设世界一流企业提供示范。创新是引领发展的第一动力，是企业的灵魂。

（1）创新型。持续强化创新发展理念，着力实施创新驱动发展战略，不断推进科技创新、管理创新、改革创新等全方位创新，让创新贯穿始终，让创新蔚然成风。

（2）引领型。引领是企业的使命和追求。坚持党建引领、战略引领、行业引领，使集团真正成为“六种力量”的忠实践行者，成为具备全球竞争力的“国之重器”，成为保障能源供应、维护国家能源安全的“稳定器”和“压舱石”。

（3）价值型。价值增长驱动企业远航。坚持价值导向，强化价值创造，提升价值能力，服务人员、奉献社会，服务客户、服务员工，做强做大做优国有资本，与人民群众对美好生活的向往同向共进，与实现“两个一百年”奋斗目标同频共振。

3. 推进五化发展

世界一流企业必须具备一流的运营能力和水平。要牢牢把握全球能源发展方向扬长处、补短板、强弱项，实现集团运营水平持续升级。

（1）清洁化。清洁化是能源革命的必然趋势。深入贯彻绿色发展理念，以技术创新为先导，以资源节约为目标，以高效利用为根本，推动化石能源清洁化和清洁能源规模化，助力打好污染防治攻坚战和蓝天碧水净土保卫战。

（2）一体化。一体化是国家能源集团的独特优势。牢固树立“一盘棋”理念，加强产业协调、市场协同、统筹平衡，以集团整体效益最大化为原则，巩固煤电路港航油一体化、产运销一条龙核心竞争力，增强发展的整体性、协调性。

（3）精细化。细节决定成败。精细化管理是企业赢得竞争的必然选择。要对标国际先进，瞄准世界一流，弘扬工匠精神，在发展建设经营等全领域全过程推行规范化、标准化和精细化管理，精益求精，提高质量效益。

（4）智慧化。智慧化是社会发展未来的方向。以信息技术的发展融合为驱动力，加快数字化开发、网络化协同、智能化应用，建设智慧企业，重构核心竞争力，实现数据驱动管理、人机交互协同，全要素生产率持续提升。

（5）国际化。国际化是建设世界一流企业的应有之义。坚持统筹国内国际两个大局，用好国际国内两个市场、两种资源，坚持共商共建共享，推动“一带一路”建设走深走实，提升国际化经营水平，增强在全球能源行业的话语权和影响力。国家能源集团的“三型五化”战略见图 11-1。

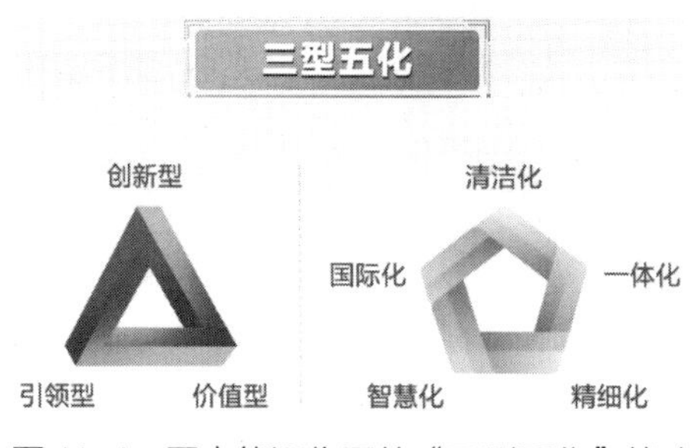

图 11-1　国家能源集团的“三型五化”战略

4. 实现七个一流

世界一流企业，必须具备一流的管理品质，要抓住管理品级跃升的核心要素，全面提升管理品质，实现高质量发展。国家能源集团的七个一流示意见图 11-2。

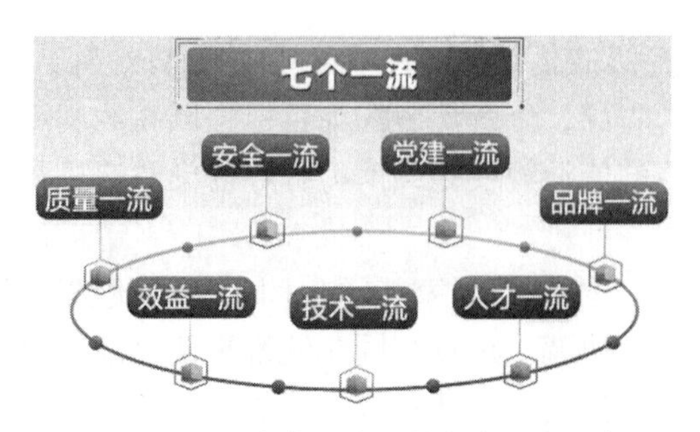

图 11-2　国家能源集团的七个一流示意

（1）安全一流。安全第一、预防为主、综合治理。凡事有章可循、凡事有人负责、凡事有据可查、凡事有人监督，装备先进、理念先进、管理模式先进，努力实现本质安全、零死亡、少事故。

（2）质量一流。百年大计、质量第一。以客户满意为标准，精益求精，追求卓越，提供好的产品质量、工程质量、工作质量、服务质量，提高全要素生产率，推动高质量发展。

（3）效益一流。做强主业、转型升级，持续调整结构、优化布局，瘦身健体，降本增效，推动国有资本功能有效发挥，资源配置更趋合理，拥有较高的经济效益和社会效益。

（4）技术一流。煤炭、发电、运输、煤化工行业引领全球技术发展，拥有众多行业标准和发明专利，技术发展布局领先，具有现代化的科技创新体系。

（5）人才一流。人才是第一资源。聚天下英才而用之，建设知识型、技能型、创新型劳动大军，创新活力竞相迸发，工匠精神、劳模精神、企业家精神蔚然成风。

（6）品牌一流。在践行社会主义核心价值观方面走在时代前列，坚持以创新为魂、质量为本、诚信为根，打造具有全球影响力的亮丽名片。

（7）党建一流。树立“迈向高质量、建设双一流”的工作导向，以更高标准、更严要求、更实举措推动党的建设，发挥各级党组织和党员的先锋模范作用，以一流党建引领一流企业建设。

国家能源集团发展战略的确立是改革发展新阶段的战略抉择。国家能源集团不忘初心、牢记使命，凝心聚力、继往开来，追求世界一流，实现高质量发展，为实现中华民族伟大复兴中国梦做出贡献。

第二节
国家能源集团的安全管理

国家能源集团认为：做好安全生产工作意义重大、责任重大。要始终坚持"人民至上、生命至上"，坚持源头治理、系统治理和综合治理相统一。切实提升安全生产治理体系和治理能力现代化水平，采取有力措施，坚决守住不发生重大安全事故的底线。突出抓好主体责任落实，切实加强领导，切实加强监管，切实加强考核，切实加强问责。国家能源集团主要业务是煤炭生产、电力生产和煤化工生产及其配套的工作。其安全理念根据生产经营性质分为煤炭、发电、化工，具体如下。

一、安全理念

1. 原神华安全理念

煤矿能够做到不死人；生产时瓦斯不超限，超限就是事故。神华是一个以煤为基础的产业集团，各企业要结合实际，深刻理解和拓展"两个理念"的科学内涵与外延，提炼更具特色的安全理念，改变观念，提高认识，超前思维，关口前移，实现安全生产和建设本质安全型企业的目标。

（1）本安体系。打造本质安全型企业。安全第一，是神华从起步、跨越到绿色转型始终遵循的根本宗旨、不变要义。进厂房前务必戴安全帽、换安全服、穿绝缘胶鞋；下井前全套换装，在腰间系戴定位系统。一个个细节的背后是神华集团的"本安体系"。神华集团抓安全生产工作的理念、力度和成效令人印象深刻。几十年来，神华集团坚持"以人为本、生命至上"的理念，按照"文化引领、责任落实、风险预控、保障有力、基础扎实、监督到位、持续改进"的总体要求，深入推行安全风险分级管控和隐患排查治理双重预防性工作机制，激发每一个生产主体的安全意识，推动安全生产关口前移。

神华集团创建本质安全型企业体现在四个方面。

一是实现生产系统的本质安全。具体从加大投入、推进科技创新入手，优化设计、简化环节、完善系统、提高标准，不断提高生产系统的安全可靠程度。大力提升机械化、信息化、自动化水平，提高生产效率，减少作业人员，实现物的本质安全。

二是实现作业环境的本质安全。通过积极推进精细化管理，加强安全整治，实现生产作业环境的本质安全。

三是实现人的本质安全。通过对企业员工进行安全意识的宣传、安全技能和岗位知识的培训，激发员工“我要安全”的主体意识。

四是实现管理的本质安全。神华集团注重对生产过程的控制，优化作业流程，保证每一个流程、每一个环节的安全可靠，形成事事有人管、有落实、有考核，人人有事干、有责任、有监督的全方位安全管理格局，严防管理失控，实现管理的本质安全。

煤矿安全风险预控评价体系见图 11-3。

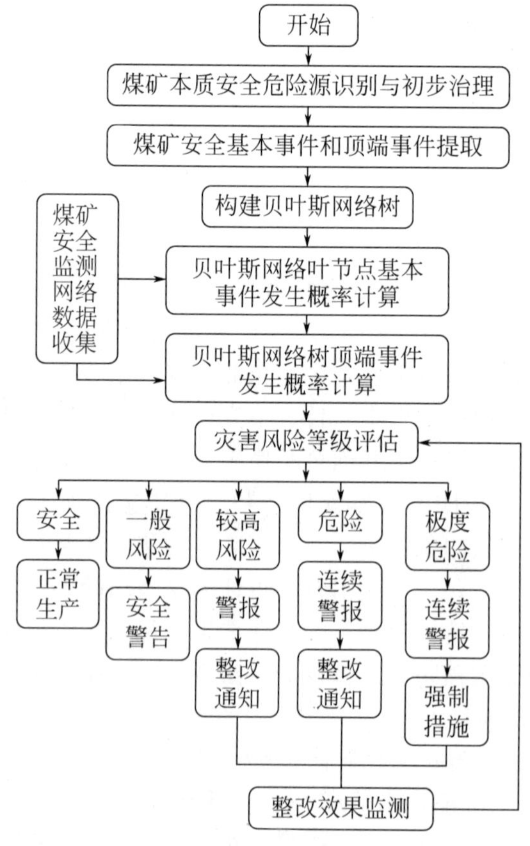

图 11-3　煤矿安全风险预控评价体系

（2）两条防线。给本质安全上双保险。走进神华集团生产指挥中心调度实时监控大厅，井下的煤炭开采、皮带运输、洗选加工，一直到装车外运……各个生产环节的生产动态和信息，在电子屏幕上一览无遗。生产指挥中心是神华集团通过加大科技投入、提升本质安全水平的一个缩影。为实现全员、全方位、全过程的风险超前管控和闭环管理，神华集团通过对本质安全十余年的探索创新，构建了“安全风险预控管理体系”和“隐患排查治理体系”，这两个体系成为企业本质安全的“两条防线”，运用系统的原理和信息化的手段，使各类危险源始终处于动态受控状态，起到“双项保险”的作用，真正推动安全生产关口前移。

“安全风险预控管理体系”的核心是对潜在风险进行超前防范、过程管控，具体可分为五个步骤：第一步是危险源辨识，通过发动全员，包括各级领导、业务部门以及岗位员工，从区域、设备、岗位三个维度，对工作现场和责任区域内的危险源进行逐一辨识和登记，找出各类不安全因素，明确所有风险管控对象，从而知道“管什么”。第二步是风险评估，对辨识出的所有危险源进行评估分级，进而明确管控重点。第三步是制定风险管控标准和措施，依法依规制定管控标准，确定管到什么程度、达到什么标准才能不出事故，以解决各管控点如何“管得有效”的问题。第四步是危险源监测监控，通过监测危险源是否受控，检验管控标准、措施的实施效果，动态排查事故隐患。第五步是危险源预警，对于监测中发现的未有效受控的危险源，通过集团安全生产信息化系统及时进行升级警示，并督导现场落实整改，预防事故发生。

理想状态下，只要严格执行“安全风险预控管理体系”，就能确保安全，但实际并不能完全达到。一旦危险源管控失效就会变成隐患，就有可能导致事故，因此“隐患排查治理体系”成为确保神华集团安全生产的第二道防线，实现对隐患排查整治的闭环管理。神华集团按照国家有关规定，结合自身实际研究确定更加严格的重大隐患认定标准，聘请各行业专家对企业进行全面系统的拉网式排查，不留一个死角。为鼓励各单位和全体员工主动排查上报安全隐患，神华集团建立了隐患排查治理报告制度，对基层单位自查上报的隐患，上级单位在检查中不予处罚；对基层员工在岗位作业中排查发现的隐患，经确认后给予一定奖励。并按照“隐患就是事故”的原则，凡是由于人为管理等原因造成的重大安全隐患，均按照“四不放过”的要求进行原因分析和追究问责，有效解决同类隐患重复出现的问题。煤矿风险预控管理体系见图 11-4。

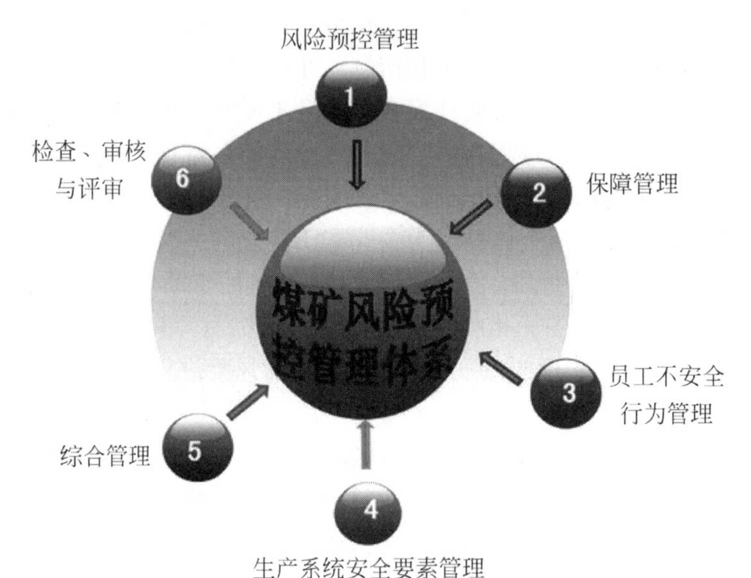

图 11-4　煤矿风险预控管理体系

2. 原国电安全理念

为了安全工作，为了安全用电，为了安全服务。

（1）为了安全工作。原国电集团始终坚持以人为本，他们认为，人永远是第一位的，尊重人的生命权、重视人的生命价值是公司的最高价值标准，也是第一道德准则。以人为本，首先要以人的生命安全为本。在部署工作、安排生产时，首先要确保人身安全。当人身与生产设备安全同时受到威胁时，确保人身安全是第一选择和首要原则。人的主观能动性是确保安全生产的决定性因素，安全生产必须紧紧依靠全体员工，充分发挥每一个人的主观能动作用。

安全是员工的生命线，员工是安全的责任人。原国电集团注重强化安全意识，他们认为，安全生产能够“可控、能控、在控”。积极推进企业安全文化建设在安全管理中的实践。通过安全教育宣传、安全管理渗透、安全活动提炼等，将公司基本价值理念落实到安全工作中，培养和塑造员工安全意识、安全思维和安全行为，形成公司系统共同的安全理念、安全目标、安全标准。

电网大面积停电的风险始终存在。电网是人类社会有史以来最庞大、最复杂，而且需要时刻保持动态平衡的系统之一。其安全运行每时每刻都受到来自方方面面的威胁，大面积停电的风险客观存在，必须时刻保持高度警惕。因此，树立牢固的风险防范意识、加强风险管理、建立防范机制、做到有备无患是原国电集团安全管理的重点之一。

你对违章讲人情，事故对你不留情，无情于违章惩处，有情于幸福家庭。原国电集团一直致力于规范员工的安全行为，他们认为，安全生产必须严格管理，积极倡导“严是爱，宽是害”“违章指挥就是对人的生命不负责任”“纵容违章，对违章不制止就是见死不救”“违章是对安全的漠视，对生命的漠视”。在执行规章制度方面必须做到不讲情面。

建立良好的群体行为是原国电集团安全管理的重要内容。如“三个百分之百”，即确保安全，必须做到人员的百分之百，做到全员保安全；时间的百分之百，每一时、每一刻保安全；力量的百分之百，集中精力、集中力量全力保安全。再如“四不伤害”，即不伤害自己，不伤害他人，不被他人伤害，不看着他人受伤害。还有“五不干”，即工作无计划不干，无作业指导书不干，措施不全不干，工作人员不在状态不干，监督人员不到位不干。由此从源头上消灭不可控因素，杜绝因管理工作不到位带来的安全隐患。

（2）为了安全用电。

① 安全是生命的基石，安全是欢乐的阶梯。原国电集团积极维护国家能源安全，破解能源生产与消费中心“逆向分布”难题，构建“水火互济、南北互供”坚强电网，低耗运行，打造能源输送“绿色长廊”。中国的煤炭储藏主要在山西、陕西、内蒙古东部、宁夏以及新疆部分地区，中东部省份煤炭储量很少。水力资源主要分布在西部地区和长江中上游、黄河上游以及西南的雅砻江、金沙江、澜沧江、雅鲁藏布江等。建设以特高压电网为骨干网架，各级电网协调发展，具有信息化、自动化、互动化特征的坚强智能电网，把国家电网建成网架坚强、安全可靠、经济高效，具有强大资源配置能力、服务保障能力和抵御风险能力的现代化大电网。

② 安全人人抓，幸福千万家；安全两天敌，违章和麻痹。原国电集团把保障电网安全运行作为重中之重。他们认为，电网企业关系百姓的切身利益、关系社会和谐稳定、关系经济健康发展、关系国计民生、关系千家万户，受到全社会的高度重视和关注。因此，始终把防范大面积停电事

故、保障电网可靠供电作为重中之重，在电网负荷屡创新高、自然灾害多发频发等情况下，着重发挥其优化配置资源的作用，缓解了电力紧张局面，保障了经济社会发展和城乡居民的用电安全。

原国电集团在践行安全理念的过程中，建立三道防线。一是规划阶段，统筹布局电网总体规划，科学开展工程详细规划；大力加强电网结构，保证电源合理布局；考虑应对严重自然灾害因素，并考虑在严重故障下电网的解列运行方案。二是运行阶段，做好电网运行方式工作，掌握电网的运行特性，确保电网的安稳长满优运行。三是特殊阶段，做好调度运行监控，密切关注和调整电网运行状况，监控电网的实时运行状态，根据电网结构状态的变化，及时采取调整措施，保证电网的安全稳定运行。原国电集团资产规模大，保证电网安全稳定运行难度大。

（3）为了安全服务。原国电集团注重强化安全管理，从而坚持“全面、全员、全过程、全方位”的安全管理。他们要求每一个环节都要贯彻安全要求，每一名员工都要落实安全责任，每一道工序都要消除安全隐患，每一项工作都要促进安全生产。因此，安全生产必须从基础抓起、从基层抓起、从基本功抓起，以此来建立健全安全保证体系。

① 国家电网的安全保证体系由决策指挥、规章制度、安全技术、设备管理、思想政治工作和员工安全教育等六大保证系统组成。人员、设备、管理是安全保证系统的三大基本要素。安全保证体系是电力安全生产的主要体系，按照安全目标分级控制要求，逐级签订安全责任书，实现安全目标分级控制管理。

② 安全和效益结伴而行，事故和损失同时发生。原国电集团实施作业风险全过程控制。针对生产作业活动全过程，辨识作业安全风险，落实关键环节安全管理措施，防范人身伤害事故和人身责任事故，形成“流程规范、措施明确、责任落实、可控在控”的安全风险机制。

a.任何人进入生产现场（办公室、控制室和检修班组室除外），必须穿戴合格的劳动保护服装，正确佩戴安全帽。

b.电气设备操作后的位置检查，应以设备实际位置为准，无法看到实际位置时，可通过设备机械位置指示、电气指示、带电显示装置、仪表及各种遥测、遥信等信号的变化来判断，判断时应有两个及以上指示，且所有指示均已同时发生对应变化，才能确认设备操作到位。以上检查项目应填写在操作票中作为检查项。

c.针对现场具体作业项目编制风险失控现场处置方案。组织作业人员学习和掌握现场处置方案，现场工作人员应定期接受培训，学会紧急救护法，会正确解脱电源，会心肺复苏法，会转移搬运伤员。企业安全解决方案见图 11-5。

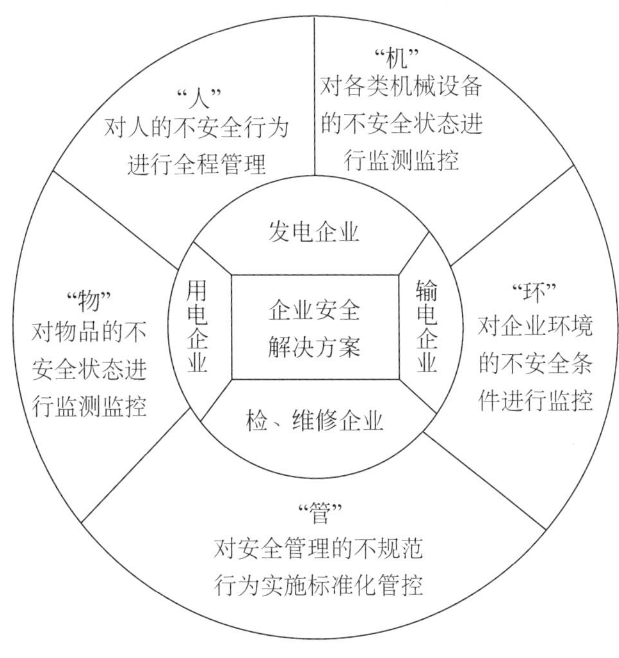

图 11-5 企业安全解决方案

二、安全管理重点

1. 深入贯彻中央关于安全生产重要论述

（1）组织员工打卡学习，各单位负责人上专题课程，在职工群众中营造学习贯彻习近平总书记关于安全生产重要论述精神的浓厚氛围；

（2）积极参与"安全生产大家谈"云课堂，广泛组织干部职工、企业员工观看央视新闻、新华网、人民智云等主流媒体客户端、重点网站及新媒体平台开设的"安全生产大家谈"云课堂；

（3）开展"全国安全宣传咨询日"活动，在公开场所进行安全知识宣传咨询、"安全生产公众开放日"等一系列活动，全面提升安全生产意识；

（4）组织全员参加安全知识网络竞赛，普及安全生产知识；

（5）开展“应急演练”活动，煤炭、电力、化工、铁路、港航企业针对行业安全工作特点，开展实战化应急演练，以及应急预案、应急知识、自救互救和避险逃生技能方面的培训和比武竞赛等活动；

（6）开展“排查整治进行时”专题活动，各单位组织开展重大安全风险隐患预防、排查、整改，全面推进隐患排查治理工作。

2. 五个方面重点推进安全宣传“进企业”工作

（1）开展形式多样的安全文化活动，进一步加强企业安全文化建设，不断扩大安全生产工作的影响力、感召力和关注度；

（2）开展安全生产警示教育活动，组织员工观看事故警示教育片，举办警示教育展、研讨分析会等，用事故教训推动落实安全责任；

（3）开展“安全生产大家谈”活动，组织各岗位人员畅谈安全想法，重申安全责任，承诺坚守岗位红线，交流心得体会，为企业安全生产进言献策；

（4）推动落实安全生产主体责任，将安全宣传教育纳入企业日常管理，纳入企业发展规划；

（5）做好安全生产专项整治三年行动新闻宣传工作，充分利用集团公司报、刊、网、电视、新媒体平台，经常性、系统性宣传，形成集中宣传声势。

三、五个安全持续战略

1. 持续深入开展安全生产大检查工作

国家能源集团要求，在进行安全大检查中，一要突出基础工作，调查摸底无死角。二要突出风险管控，隐患排查严治理。三要突出依法治安，执法力度愈加强。对重大事故隐患严格实行挂牌督办，确保整改到位。四要突出约谈教育，倒逼下属企业抓落实。五要突出依法依规，严肃事故调查处理。六要突出“回头看”，确保取得实效。

2. 持续强化风险预控管理

（1）强化风险意识，做好风险预警。安全风险管理的实践过程中，最大的风险在于缺乏安全风险意识。没有风险意识，就不能主动地发现问题，更不能有效地超前防范。所以具备强烈的安全风险意识是防范问题的关键，要切实强化。一要从正面引导，定期开展专题理论学习培训，把“安全是电网的饭碗工程”和“三个重中之重”的理念根植到广大干部职工的头脑中；同时要明确对发现的安全问题给予奖励，作为鲜明的政策导向，从正面激励引导干部职工对安全问题主动查找、超前防范。二要从反面教育，加强事故案例的学习，大力开展安全宣传教育讲座。要以安全事故为教训，经常学习，经常反思，引导职工换位思考，及时教育。从正反两方面教育和帮助干部职工树立强烈的安全风险意识，加大安全预警防范力度。

（2）强化过程管理，及时发现问题。突出基本规章制度的落实，在日常安全生产中进行严密的过程管理，保证及时发现问题。一是在作业过程中严格落实作业标准、劳动纪律等基本制度。要求干部职工加强制度的日常学习，确保人人熟悉基本制度，严格执行各项基本制度和安全风险措施，及时发现每项作业、每个岗位、每一环节中存在的安全问题。二是要切实履行岗位职责，加大检查力度，通过现场盯控、日常检查，深入了解车间、班组日常基础管理情况，及时发现存在的深层次问题。三是加强工作的分析总结。定期从管理、设备质量、人员等角度综合分析阶段性工作。管理上，以车间、班组二级管理为重点，查找每一级问题和衔接上的漏洞；设备质量上，从设备本身和设备检修、验收记录上倒查分析，查找发现存在的问题。通过各项制度的落实，加强分析工作，及时排查发现安全隐患。

（3）强化责任落实，切实解决问题。强化责任落实，是风险控制措施得以落实，从而削弱、消除安全风险，解决安全问题，实现安全风险有效控制的重要保证。一要坚持逐级负责、岗位负责、专业负责、分工负责的原则，强调每一项工作、每一个环节、每一个人的责任落实。特别是在解决安全问题上，从机关到车间、班组，从整体到细节都要有专人负责盯控落实，从安全问题的督办落实上形成闭环管理。同时，要突出问题的彻底解决，对问题进行复查回访，通过现场调研、包保检查、电话检查等手段，对问题的解决人、解决过程、解决质量进行全面的复查评价，确保问题从根源上得到彻底整改。二要坚持安全问题的等级管理，按照问题的轻重缓急程度分等级分别采取不同措施。对从属于事故苗子范畴、影响安全的问题划归为严重问题级别，高度重视，立即组织人员保质保量迅速解决；对从属于严重的设备隐患和其他日常严重问题划归为重要问题级别，按轻重缓急管理；对从属于日常基本设备问题、安全管理问题划归为一般问题管理，按照基本规章制度，实现常态化、动态化管理，按要求限期解决。三要建立健全问题责任考核机制，对问题不整改、整改不力、不按时整改、假整改的责任人要进行考核，以有效促进责任的落实。

3.持续强化外委施工安全管理

国家能源集团公司认为，近年来，随着能源企业体制改革的深化，能源企业对外来劳动力的使用不断增加。外包队伍的使用，弥补了企业劳动力的不足，为能源生产做出了贡献。而对外包队伍安全管理的不到位，也成为近年来事故多发的重要因素。

（1）外包工程管理存在的问题。

① 对外包工程项目和外包队伍监管力度不够，发包方对外包工程项目和外包队伍的安全监管力度不够，不同程度上存在以包代管的问题。

② 少量地方依然存在先开工、后签施工合同和安全协议的情况。还有部分发包单位与承包方之间未按外包工程管理要求签订书面的安全协议书和工程合同，外包工程得不到有效的控制。

③ 部分外包队伍对能源系统安全生产的重要性认识不足，未采取足够的防范措施，而发包单位又没有做好现场安全交底和安全监护工作。

④ 部分发包单位不主动对外包队伍的人员、技能等情况进行了解，使外包队伍的安全处于失控状态；外包队伍人员不固定、变动快，项目法人单位不能及时掌握其施工人员的实际情况。

⑤ 个别单位与外包队伍有着千丝万缕的关系，监督处罚难以执行到位，造成外包队伍对安全、质量管理比较随意。

（2）外包队伍安全管理水平不高。

① 外包队伍自身的安全管理水平不高，员工文化程度低，安全意识淡薄，自我保护能力差。

② 外包队伍在规章制度方面与业主单位存在差距，规章制度的执行力差，管理不到位，违章现象严重。

③ 存在部分挂靠的施工队伍，企业只管收取管理费，没有进行管理，该队伍虽手续、证件齐全，但在技术、安全、质量管理上较差。

④ 外包队伍缺少文化素质高的技术型人才，大量使用未经任何培训的劳务工。

⑤ 由于缺乏高等级施工队伍，存在低级别施工队伍承包高级别工程的现象，队伍施工能力不强，工艺不佳，安全和质量控制能力差。

（3）外包方在安全方面投入不足。

① 有些工程分包实行竞标，一般以价格为主导因素，反而使一些素质较低的外包队伍中标。

② 外包队伍在工作中普遍存在重效益、重进度、轻安全的现象。由于安全投入没有直接的经济效益，如果缺乏约束，外包方在安全投入上是能省则省。即使有安全方面的投入，也不能保证安全措施费用专款专用。

③ 劳动防护用品配备数量不足，质量较差。

④ 施工设备和机械简陋，不能满足安全生产的需要。

基于以上情况，必须持续加强外包队伍的安全管理，这样，才能使国家能源集团持续稳定健康发展。

4. 持续强化安全示范班组建设

国家能源集团认为，企业的稳定发展离不开合理的管理模式和全面的安全措施。企业运行最基本的单位是班组，班组之于企业相当于细胞之于人体，企业的有条不紊运行有赖于班组高效率的运作。因此，为了促进企业的稳定发展和保障能源生产的高效运营，应该加强班组的建设。推进安全示范班组建设，力争打造优秀的安全示范班组，以文化带领的方式，使公司上下积极投入到企业发展当中。

（1）建设安全示范班组的意义。

① 提升公司竞争力。企业的一切建设都是为了稳定发展，通过对公司安全以及各方面的精细化管理，原本的工作中存在的生产隐患被彻底取缔，取而代之的是安全得到保障的工作环境和在此环境下迸发的工作热情。建设安全示范班组，大大改善了员工的安全意识和工作态度，为企业创造了更高的价值，也在竞争日益激烈的行业中占有了一定的优势。

② 保障员工人身安全。安全示范班组在推进企业的精细化管理中突出了对安全的建设，这非常人性化，员工安全得到了保障，营造了一个温馨的企业环境，利于员工个人价值的展现。

③ 激发企业创新与创造活力。安全示范班组建设的贯彻落实，极大地保护了人才生命安全，在有保障的条件下充分激发员工的创造活力，员工的业绩更好，为公司创造更多的价值，使企业的创新活力源源不断地迸发出来。

（2）具体操作方法。

① 加强对安全思想的宣传，推进安全示范班组思想文化建设。安全思想宣传的必要性。大多数员工在安全示范班组建设初期提升安全意识的积极性不高，不愿意进行改变，所以在初期建设过程中会有很大阻力。究其原因在于推行安全示范班组建设，公司会将各方面管理如绩效管理与安全挂钩，工作量也会相应增加，而且严格的绩效管理可能会在公司业务上面要求严格，会让员工一开始对于实质是为其自身着想的管理模式感觉不太人性化，还有可能对于不服管教者都不愿意去强行触碰。

② 安全思想宣传的举措。可以通过多方面的渠道来进行安全思想宣传，比如可以通过企业内部的各种媒介来宣传安全思想，围绕企业安全建设组织座谈会，参观先进企业的安保措施，借鉴优秀企业的经验等，塑造企业安全文化。

a.安全理念宣传快速化。对精益管理举措进行整理，将精益化管理安全规范编制成员工工作指南。确立安全条例，制定合理的安全手册推行，同时将一些经典的安全案例整理在册，对员工的工作起到示范作用。对于员工的安全学习要加强，使员工尽快了解安全管理重大意义。要广泛开展相关的安全活动，定期检查员工对安全管理知识的掌握水平，形成一个有利于企业安全发展的良好局面。

b.安全管理平台宽广化。企业可以以班组为单位举办一系列围绕安全示范班组建设为主的主题活动，为安全示范班组建设提供一个广阔的平台。同时可以开设一个专栏，对于安全示范班组建设工作状况进行反映。各个班组之间通过相互交流，及时发现自身安全管理中存在的问题，打造一个融洽的学习氛围，促进各个班组之间的共同进步。

c.积极借鉴优秀企业的安全管理思想，转变自身安全思想理念。要经常组织班组长及各级领导到一些先进的企业进行参观，找到企业在安全管理方面的不足之处，尽可能去完善，同时也发现自己的长处。经过多种措施，使企业从上到下的安全思想理念发生转变，使员工从支配思想转型到主动思想。

③ 构建一个完善的安全体系，把安全管理的理论转变成实际。

a.将考核体系与安全挂钩。制定合理的绩效管理制度，与安全考核挂钩，同时注重对团队的活力进行最大限度的开发。以班组安全建设为重，采用原国电集团绩效管理模型，将两者合理融合起来，建立合理的分级体系，对员工的绩效进行充分衡量。通过合理的绩效安全考核制度，慢慢改变以往的安全管理体制，不再以工时长短来进行考核，而是以更高质量、更安全的保障、更高层次的管理取而代之。

b.将人才的培养体系与消防安全挂钩。过去的企业班组中存在着很大的漏洞，组员升任班组长后，基本不会再降级，这种只上不下的模式使员工没有任何压力，对员工安全生产没有引起太大重视，导致安全隐患很多。所以，可以对此制度进行改革，并且与消防安全挂钩。组员和组长可以互选，根据业绩和安全建设情况来选择组长，如果班组长不达标，那么就由业绩好的组员担任组长。这样可以使员工有一定的危机意识，在适当压力的驱使下，使员工工作有更高的动力。同时对员工进行系统的培训，提升员工工作能力和危机意识，充分授予权利，使责任权利对等，对于班组长的待遇进行提升，使员工有更大的积极性和更高的热情去投身于安全生产工作中。

④ 将评比方式与安全挂钩。建立新型的达标体系，对于完成消防安全工作任务的给予星级，反之则不给予，废除传统的星级达标体系。

（3）加强安全示范班组建设的监管力度。

① 保障组织安全建设，比如某供电公司就是一个很好的案例。它把工作重点放在了安全示范班组建设上面，公司的领导班子积极主张推进安全示范班组的建设，频繁地检查公司基层安全生产落实情况。领导及班组长规定一定时间来召开例会，把上级公司对于安全示范班组的建设理念及要求深入发扬，将安全生产保证落实在实际建设中。

② 推进安全制度建设。安全示范班组的建设被作为日常的规范，通过一系列方法全面推进安全示范班组的管理建设，使班组安全建设有了制度保障，有利于安全示范班组建设的持续发展。

③ 加强安全考核监管。对于公司周、月度、季度的安全检查评估要继续深化。无论消防措施好坏都要及时进行通报。对于不合格的要及时进行整改，发现其中存在的问题。

（4）打造安全示范班组特色，提升班组自身涵养。

① 加强自身建设。在建设安全示范班组过程中，要不断加强自身的建设，突出自身特点，在实际的生产生活过程中，找好自己的定位。对班组进行精益化安全管理，打造精益安全班组的特色品牌，定期召开安全工作会议，对近期的发展情况进行整理，明确发展思路，引导班组安全建设过程合理、高效、安心。增强班组的凝聚力，可以通过制定符合自身特色的

班风班纪，根据自身的特点创作班歌，将安全建设融入班组的文化当中，形成一个团结的整体。

② 充分进行班组安全建设创新。创新是班组安全发展的源泉，企业在建设安全示范班组的过程中，要大力进行消防安全方面的创新，这是对员工能力最基本的要求，同时也是保证员工人身安全的基本要求。

总之，国家能源集团通过对安全示范班组建设的探究，企业作出一系列的措施来着力打造安全示范班组，然后逐步推广，彻底实现企业的安全精细化转型，企业管理更加精益化，分工更加明确化，员工的工作能力得到显著提高，员工在生产生活中也更加热情，这大大提升了企业的运行效率和产生的价值，公司得到良好发展。安全示范班组建设中工作质量改进流程见图 11-6。

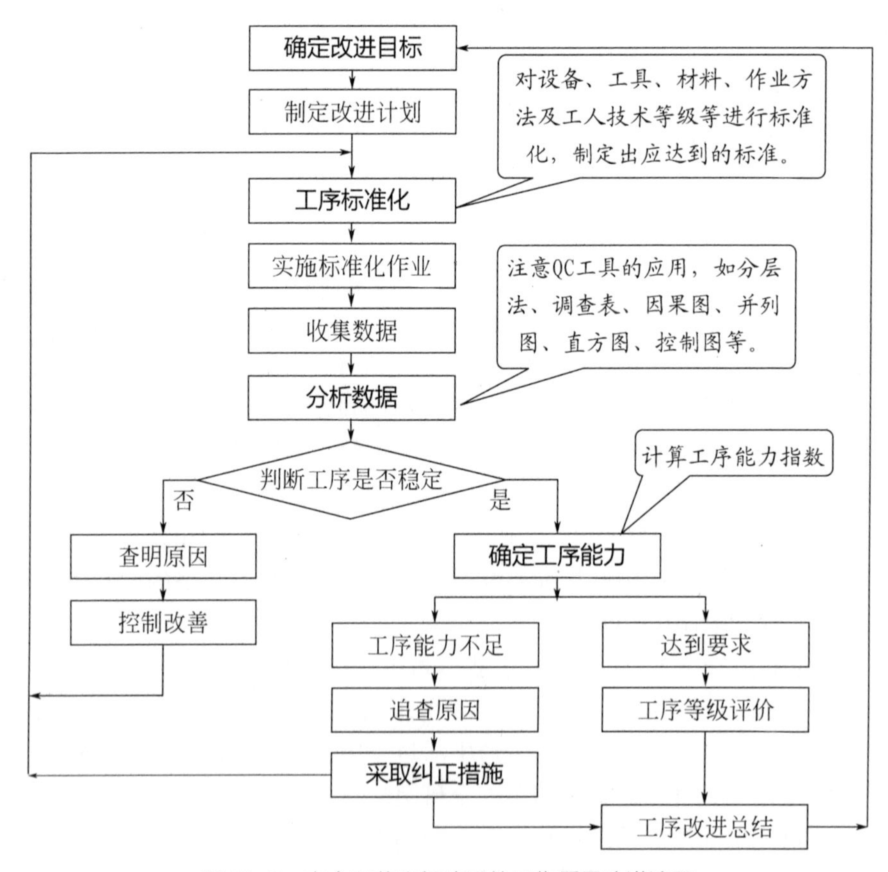

图 11-6　安全示范班组建设的工作质量改进流程

5. 持续加强"岗位标准作业流程"的推广应用

国家能源集团认为：标准化的作用主要是把企业内的成员所积累的技术、经验，通过文件的方式来加以保存，而不会因为人员的流动，整个技术、经验跟着流失。个人知道多少，组织就知道多少，也就是将个人的经验（财富）转化为企业的财富。因为有了标准化，每一项工作即使换了不同的人来操作，也不会因为不同的人，在效率与品质上出现太大的差异。如果没有标准化，老员工离职时，曾经发生过问题的对应方法、作业技巧等宝贵经验将被带走，新员工可能重复发生以前的问题，即便在交接时有了传授，但凭记忆很难完全记住。没有标准化，不同的师傅将带出不同的徒弟，其工作结果的一致性可想而知。

国家能源集团将标准化的主要作用设定为四条。一是标准化作业把复杂的管理和程序化的作业有机地融为一体，使管理有章法，工作有程序，动作有标准。二是推广标准化作业，可优化现行作业方法，改变不良作业习惯，使每一工人都按照安全、省力、统一的作业方法工作。三是标准化作业能将安全规章制度具体化。四是标准化作业所产生的效益不仅仅在安全方面，标准化作业还有助于企业管理水平的提高，从而提高企业经济效益。

作业标准化推行是指生产作业按照作业指导书规定标准化，标准逐渐习惯化。作业标准化推行非常关键，需要经过以下三个过程：

第一个过程：培训。通过培训与确认，使员工掌握本岗位的作业指导书。培训过程使员工知道要做什么、什么时机做、怎样做、达到怎样效果，通过文字考核与操作考核的方式对员工的掌握程度进行确认。

第二个过程：宣传。通过宣传活动，使员工接受和理解作业标准化活动。标准化作业推行不是发出红头文件，发放作业指导书这样简单。员工通常不愿接受工作习惯的改变，有些员工甚至不愿意将自己的操作经验共享，担心自己受重视的程度。标准化推行时需要有耐心，营造良好的改善氛围非常重要。

第三个过程：检查。通过工艺纪律检查，实现督促与改进。作业标准化推行不能依赖员工自律，管理人员要到作业现场做工艺纪律检查。鼓励先进、鞭策落后，让做得好的员工感觉到成就，做得不好的员工感觉到压力，逐渐完成作业标准化推行。

国家能源集团认为，实行标准化的主要理念：一是标准化的形式是标准化内容的表现方式，是标准化过程的表现形态，也是标准化的方法，标准化有多种形式，每种形式都表现不同的标准化内容，针对不同的标准化任务，达到不同的目的。二是标准化的形式是由标准化的内容决定的，并随着标准化内容的发展而变化，但标准化的形式又以其相对独立性和自身的继承性，并反作用于内容，影响内容，标准化过程是标准化的内容和形式的辨证统一过程。三是研究各种标准化形式及其特点，不仅便于在实际工作中根据不同的标准化任务，选择和运用适宜的标准化形式，达到标准化的目标，而且能够根据标准化工程的发展和客观的需要，及时地创立新形式取代旧形式，为标准化工程的进一步发展开辟道路。施工作业标准化流程见图11-7。

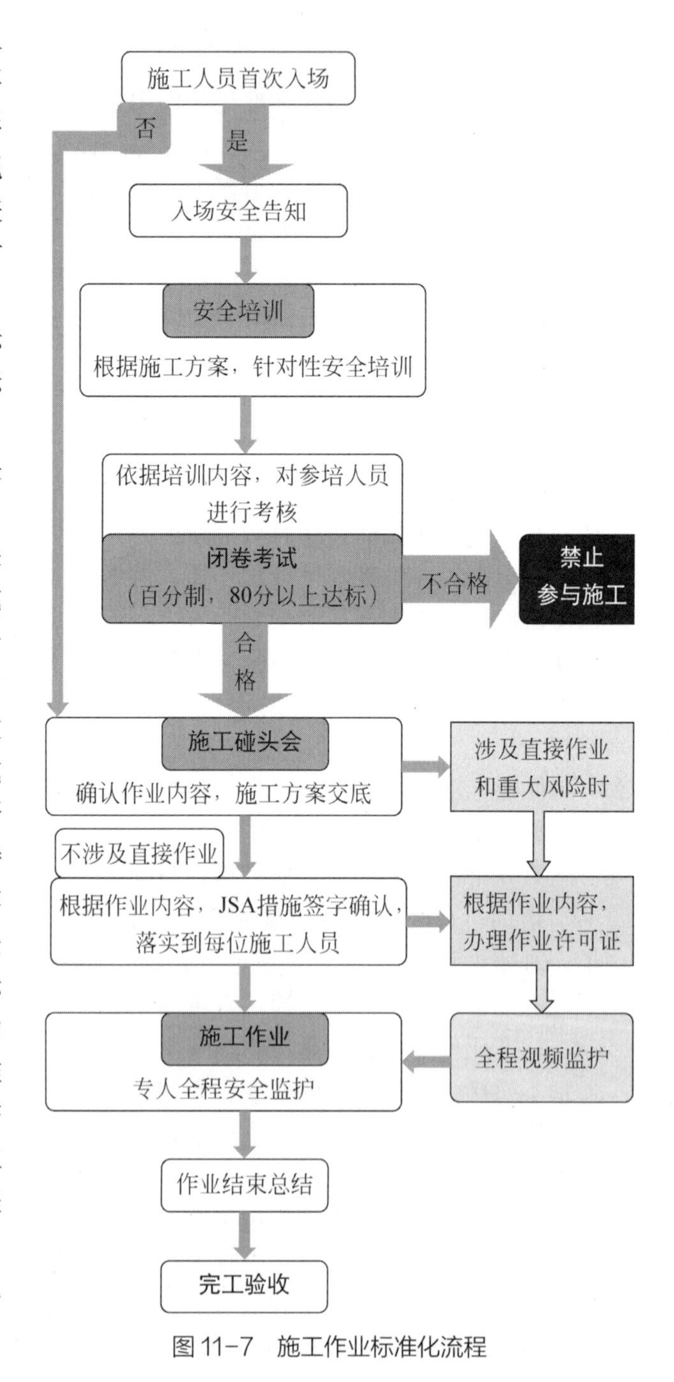

图11-7 施工作业标准化流程

第三节
常态化安全管理工作

一、安全教育培训常态化

国家能源集团认为安全是企业生存和发展的基础，是企业效益的第一保证，是员工群众的第一福利，是各级领导的第一责任。作为一名能源企业的安全教育管理者，肩负着“促一方发展、保一方平安”的政治责任，必须以如履薄冰、战战兢兢的心态忠于职守，履职尽责，事事讲安全，时时抓安全，承担起使命，担当起重任。

1.要有敢于动真碰硬的底气

安全教育工作者的底气来源于自信，这种底气不是从语言里表现的强硬，而是取决于一个人的魄力和办事风格，是有一种本身的力量能让周围的人折服。人无底气不壮，安全教育管理者没有底气不强。要想有底气，安全教育管理者必须要练好内功，熟知政策和精通业务。熟练掌握各项规章制度，精通安全生产的有关规定和本行业、本企业安全管理责任制，在业务技能水平上能胜人一筹。同时要有把控大局的能力，有不断学习的耐力，有应急处理的敏锐力，这样才能不断发现问题、解决问题，才能以“理”服人、以“才”服人。

2.要有敢于刮骨疗毒的勇气

安全生产是天大的事，作为安全教育工作者一定要有刮骨疗毒、壮士断腕的勇气铲除安全教育中的顽疾和肿瘤。抓安全教育工作，安全教育管理者一定要摆正心态，以严格的管理作风，以铁的纪律、铁的制度、铁的责任心去对待安全教育管理中所发生的事。安全教育工作绝不能失之于宽、失之于软，要有硬措施、硬办法，要始终保持高压态势，不能有丝毫松懈。要下得了狠心、动得了狠手，对“三违”人员，必须严肃处理，绝不手软。要顶得住压力，扛得住人情，甘于唱黑脸，“宁听骂声，不闻哭声”，切不可存在“老好人”思想，产生“大事化小、小事化了”的不良倾向。

抓安全要善于上下同心。“上下同心，其利断金。”只有企业上下全体干部员工目标同向，行动一致，才能奏出安全曲，否则就会出现五味杂音。上下同心，首先要在健全制度上下功夫。制度是斩断不安全行为的一柄利刃，是企业依法管理的依据，也是员工安全的重要保障。制度的制定和执行需要管理者和被管理者的上下同心，企业制定的一系列安全管理规章制度和岗位操作规程真正落实到现场、落实到基层，才能规范安全生产行为，有效防范事故发生。再者，要在培训上下功夫。“操场上多流汗，战场上才能少流血。”作为企业，要把员工安全素质的提升作为一项重点工作来抓。通过普遍教育、分类教育、个性教育，开展适应型、储备型、提高型培训，不断拓宽员工培养渠道，使不同员工的个人综合素质得到稳步提高。作为员工，要把培训作为最好的福利，要学会“借势而为”，为实现自己的安全、完成职业生涯规划汲取养分、快速成长。培训，更需要企业与员工的上下互动，才能打通企业发展、员工成才的快车道。

3. 在安全文化教育上下功夫

安全文化建设是提高员工安全意识，规范安全生产行为，提升企业安全管理水平，实现企业本质安全的重要途径。在安全文化建设中，企业要坚持“以人为本”，积极营造关心人、理解人、尊重人、爱护人的氛围，用春风细雨滋润员工的心田。员工在文化的熏陶下，必然会养成良好的习惯，树立“安全第一”的意识，形成“我要安全”的觉悟，掌握“我会安全”的技能，承担起“我保安全”的任务。

4. 抓安全教育要持之以恒

安全生产是企业永恒的主题。抓安全教育就要抓长、常抓。安全教育中，欲求“无近忧”，便需“有远虑”，对安全形势保持清醒预见，对安全隐患做好深入和长远防范，并且深刻认识和把握安全培训的内在规律，增强安全教育紧迫感、责任感和使命感。形势太平时不能有麻痹思想，经营困难时不能降低标准，改革发展时机构不能弱化，部署工作时不能有侥幸心理。安全教育管理者要把“远虑”当作一种追求和责任，放眼长远，理性思维，务实求进。每个部门、每个现场、每个时期、每个阶段都会有影响安全生产的关键问题，做好安全教育管理工作，就要做到“三常”，即思想上常备不懈，行动上常下基层、常进现场，只有这样才能抓住保证安全生产的主线，在情况多变的形势下，客观思考，具体分析，解决影响全局安全工作的关键环节和主要矛盾，筑好安全生产防线。安全生产管理工作，贵在坚持，难在坚持，成在坚持，只要我们敢于坚持，常于坚持，就一定会实现安全生产的长治久安。

二、安全风险管理常态化

风险无时无处不在，正确辨识、认真分析、科学应对，有效控制各类风险。

违章源于麻痹侥幸，严格程序、标准作业、正确指挥，有效预防各类违章。

事故来自隐患积累，把握规律、改进管理、消除隐患，有效避免各类事故。

国家能源集团始终秉持质疑的工作态度、严谨的工作方法、相互沟通的工作习惯，推进安全风险管理常态化。

依法治企重在遵守法规，按照法律法规来治理企业，依法决策、依法经营管理、依法维护企业权益，高度重视法律风险防范，确保企业始终在法律法规的界限内运行。

科学治企重在遵循规律，按照企业经营发展规律办事，建立完善的现代公司治理体系，运用现代理念和方法管理企业，确保管理活动严谨精细、科学高效。

国家能源集团从严治企重在遵从规范，按照制度化程序化要求来规范企业管理，严格责任、严格标准、严格流程、严格执行、严格考核。

三、隐患排查治理常态化

隐患排查治理是隐患排查与隐患治理两项工作的合并简称。两项工作都有相对规范的标准流程。国家能源集团规定如下。

（1）隐患排查工作主要包含以下内容。

① 制定隐患排查计划或方案；

② 按计划或方案组织开展隐患排查工作；

③ 对隐患排查结果进行汇总并登记后，进入隐患治理流程，发现重大事故隐患，还需上报当地安全监察部门，并按《安全生产事故隐患排查治

理暂行规定》中的重大事故隐患治理流程治理。

（2）隐患治理工作主要包含以下内容。

① 建立隐患治理台账，落实隐患的整改责任人、整改完成时间、整改措施和临时防范措施、整改资金、验收标准及验收人，俗称“五定”，隐患治理台账也称“五定”表。

② 整改责任人按照整改措施完成整改（如需临时防范措施，还应在整改期间落实临时防范措施）并上报验收人。

③ 验收人按验收标准对隐患整改情况进行评估，评估合格同意隐患解除，评估不合格要重新进行整改。

④ 每季度及每年要对企业隐患排查治理情况进行统计分析。分析可以从几个方面入手，例如可以分析不同类型隐患占比，也可以按不同月度、季度等不同周期对比分析等。除此之外建议关注两个方面：一是同一类型的隐患是否存在反复发生情况，要深入剖析原因，分析是否存在制度、机制缺陷以及之前治理措施的有效性，以便持续改进；二是同一区域发现隐患的数量是否存在持续增长的情况，持续增长的区域要重点分析区域内相关管理人员安全责任落实情况或者其他原因。

（3）隐患排查治理做法。抓好安全隐患排查治理的六个环节：治理的目标和方案；采取的方法和措施；经费和物资的落实；负责治理的机构和人员；治理的时限和要求；安全措施和应急预案。

四、安全文化建设常态化

1. 各煤炭产业安全文化建设

在安全文化建设中要不断增强“四个意识”，坚定“四个自信”，坚决做到“两个维护”，结合集团的实际，补短板、强弱项、夯基础，紧紧围绕国家能源集团发展战略，完成全年目标任务，推动煤炭产业高质量发展，奋力建设具有国际竞争力的世界一流煤矿。认真抓好煤炭产业十项重点工作，在党的建设、安全生产水平、智能开采进展、绿色矿山建设、战略规划布局、关键核心技术、体制机制创新等七方面取得突破。

各煤炭产业单位要压实全员责任，统筹做好风险预控管理等工作，夯实班组建设、安全文化等基础管理，通过科技创新逐步实现无人或少人开采，建立透明矿山、透明工作面，从源头降低安全风险，将安全生产水平推向新高度。在智慧煤矿、智能采煤工作面、智慧洗煤厂、煤矿机器人、快速掘进系统、纯国产露天重型卡车的研发应用上取得突破。在绿色矿山建设方面，开采前对生态原貌进行准确测量存档，开采中要对环境再造提升有方案，开采后要对环境提升有评估、有总结，探索出一条自主创新的绿色矿山建设之路。各单位要争取在智能、绿色、快掘、高端装备、煤矿空间利用、井下采选运一体化等关键技术方面取得突破。

2. 各电力企业安全文化建设

（1）完善安全机制。安全机制是实现安全生产的重要管理手段。安全机制是一种有利于调动职工的安全生产积极性，有效地控制事故，实现安全生产良性循环的管理手段。只有建立了良好的安全机制，才能保证规范的安全管理，从而获得较高的安全水平。

（2）强化安全意识。安全意识是安全文化建设的重点。从安全工作的主体看，人是保证生产顺利进行、防止事故发生所采取的一切措施和行动的计划者、执行者和控制者，但往往也是事故的引发者、事故责任的承担者、事故后果的受害者。因此，安全文化强调人的因素，强调内因在保证安全上的主导作用，强调以人为本。安全是靠人创造的，大多数事故也是人为的，事故往往要以人的生命为代价，所以，维护生命权是保护员工所有合法权益的基础。关爱员工就要从保护生命、关心健康做起，使员工做到“不伤害自己，不伤害他人，不被他人伤害，保护他人不受伤害”，这既是强化安全生产管理、建立安全文化的首要目的，也是对员工的基本要求，更是员工家庭和社会的基本愿望，这些目的和愿望都要以很强的安全意识为基础。因此，提高职工的安全意识就是对职工的关心和关爱。

安全工作真正落到实处的关键在于人，具体体现在人的安全意识、工作责任感、安全操作技能和自我防护能力上。其中，安全意识尤其重要，安全意识的强弱对安全生产有直接的影响。因为电力设备缺陷、作业环境中的事故隐患，归根到底要依靠人及时发现和处理，而人的行为又是受思想意识支配的。安全意识强的人，必然会严格按照操作规程和安全规程正确作业；反之，安全意识淡薄的人，则往往忽视安全、违章作业，导致事故的发生。所以，必须把培养职工树立牢固安全意识作为安全文化建设的重点环节来抓。

（3）消解文化冲突　安全文化建设的重点应努力改变原有企业安全文

化与所确定的安全目标不相符合的工作方式和传统。要采取措施，通过各种渠道和方法，消解存在于员工意识形态和行为上的文化冲突。具体的做法：

① 全员互动，征求意见，形成共识，规划安全文化建设。

② 通过各种途径和形式，培育和提高员工的安全意识，营造有利于安全生产的氛围。

③ 建立健全适合电厂实际的各项规章制度，使员工逐步养成良好的安全行为。

④ 完善机制，实现由“要我安全”到“我要安全”的转变。

（4）加强安全教育。电力行业的技术性、系统性和风险性特征要求有一个统一的职业规范。职业规范的形成，很大程度上依赖于安全生产技术培训。严格的培训，可以帮助员工形成一种统一的行为准则和思维方式，使员工各就其位，各负其责，提高工作效率和安全监管水平。因此，加强职业安全培训工作，规范员工的安全技术行为，是电力企业安全文化建设的又一个重点内容。

五、安全评价工作常态化

国家能源集团指出，安全评价是应用系统工程的原理和方法，对被评价单元中存在的可能引发事故或职业危害的因素进行辨识与分析，判断其发生的可能性及严重程度，提出危险防范措施，改善安全管理状况，从而实现被评价单元的整体安全。安全评价也称为风险评价、危险评价，俗称安全检查。安全评价是操作性和实践性较强的安全实务，其在安全理论的支撑下，既要依据安全技术标准和安全管理法规，又要依赖评价人员的实际工程经验。

1. 评价目的

安全评价目的是查找、分析和预测工程、系统、生产经营活动中存在的危险、有害因素及可能导致的危险、危害后果和程度，提出合理可行的安全对策措施，指导危险源监控和事故预防，以达到最低事故率、最少损失和最优的安全投资效益。

① 系统地从计划、设计、制造、运行、储运和维修等全过程进行控制。

② 建立使系统安全的最优方案，为决策提供依据。

③ 为实现安全技术、安全管理的标准化和科学化创造条件，促进企业实现本质安全化。

2. 评价作用

① 可以有效地减少系统事故和职业危害。

② 可以系统地进行安全管理。

③ 可以用最少投资达到最佳安全效果。

④ 可以促进各项安全标准制定和可靠性数据积累。

⑤ 可以迅速提高安全技术人员业务水平。

安全评价的一般程序见图 11-8。

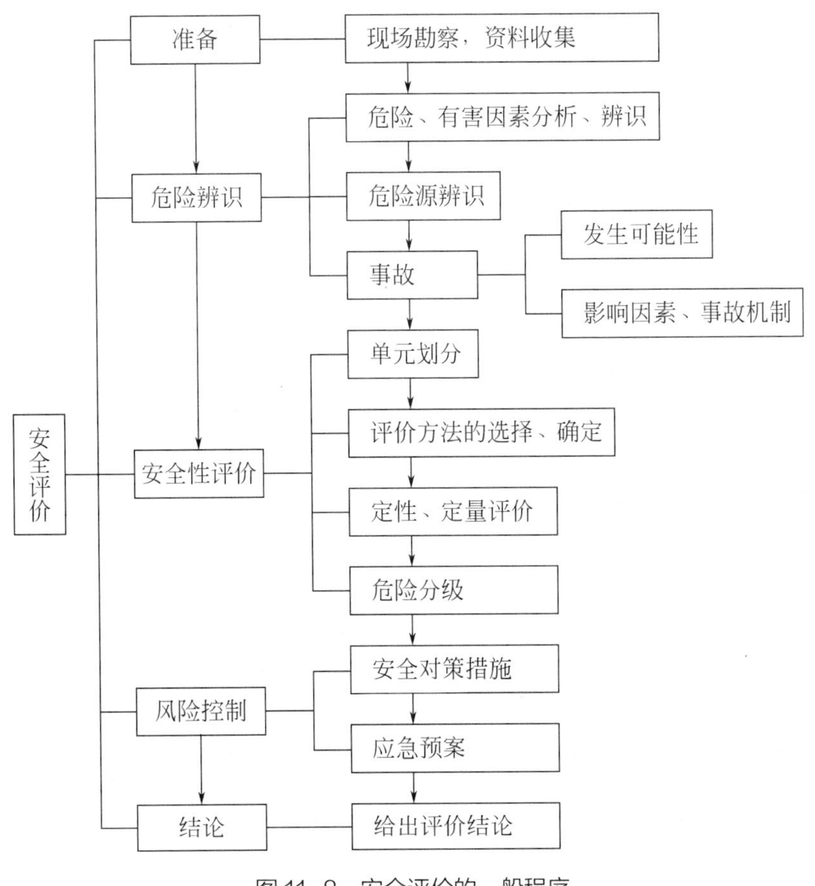

图 11-8　安全评价的一般程序

六、安全管理研究探讨常态化

国家能源集团要求所有企业在进行安全管理研究探讨的同时，要厘清安全与危险并存、安全与生产的统一、安全与质量的包涵、安全与速度互保、安全与效益的兼顾五种关系和管生产同时管安全、坚持安全管理的目的性、贯彻预防为主的方针、坚持“四全”动态管理、安全管理重在控制、在管理中发展、提高六项原则。这样安全管理研究与探讨就有了方向和目标。

七、安全创新常态化

国家能源集团倡导全面创新创造，将创新融入技术、产品、制度、组织、文化、观念等方方面面；倡导全员创新创造，使创新创造成为人的品格。

持续奋斗是国家能源集团的灵魂。奋斗的实质是一种“精气神”，是锐意进取、奋发有为的精神状态，是忠诚敬业、甘于奉献的炽热情怀，是集体奋斗、团队成功的合作观念，是不怕困难、敢于攻坚的坚强意志，是勇于追梦、勇于担当的使命感和责任感。

和谐共生是能源集团的追求。国家能源集团努力与相关各方保持和谐，以和为贵、共生共存；懂得求同存异，注重和而不同，讲求团队合作；追求和合共赢、达人达己，走共同成功之路，成就他人同时成就自己。

八、安全效益常态化

推进一体化经营，提升质量和绩效，确保国有资产保值增值，努力成为保障能源供应、维护国家能源安全的稳定器和压舱石。国家能源集团秉持诚信为本、效益为先、全员为要的理念；以诚信为根本，坚持实事求是，恪守契约精神，取信于员工、取信于客户、取信于利益相关方；以效益为先导，坚持价值导向，持续增长增值，既讲经济效益，也讲社会效益；以全员为要义，坚持全员参与，人人担责，人人都做经营者，人人都讲价值创造。

九、持续安全发展常态化

巩固稳定局面，坚决贯彻落实“安全第一，预防为主，综合治理”方针，确保政治、经济、生产、环保、人身、形象安全，践行对职工和社会的庄严安全承诺。持续奋斗是国家能源集团的灵魂。

忠诚于国家能源事业是国家能源集团的价值追求，员工恪守公司价值观，坚持爱岗敬业，将个人发展融入企业发展中，持续为企业创造价值，为促进企业永续发展贡献自己全部力量。

十、绿色安全常态化

持续优化发展方式，不断创新生产方式，全面实施节能减排，推动能源“四个革命、一个合作”战略实施。忠诚于事业源于国家能源集团的价值追求，国家能源集团心系绿色能源梦，抱着建功立业的信念，力行实干，把发展清洁能源作为事业所托和价值所在。

第十二章

中海油集团有限公司安全管理

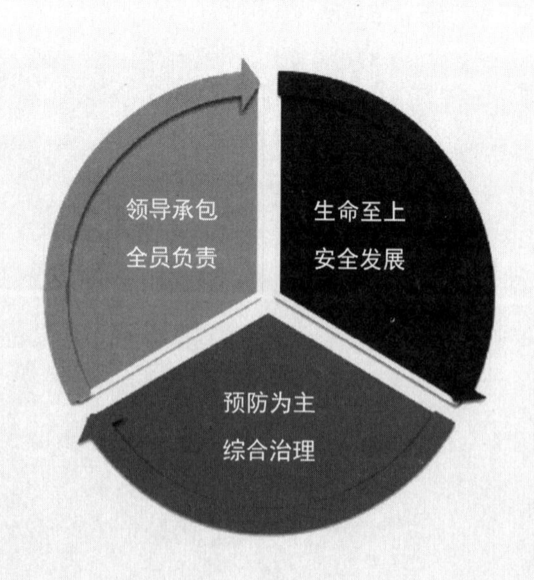

中国海洋石油集团有限公司（简称“中国海油”或“中海油”）是国务院国有资产监督管理委员会直属的特大型国有企业，总部设在北京，有天津、湛江、上海、深圳四个上游分公司。中海油在美国《财富》杂志发布的 2019 年度世界 500 强企业排行榜中排名第 63 位，在《中国品牌价值研究院》主办的 2015 年中国品牌 500 强排行榜中排名第 27 位。自 1982 年成立以来，中海油通过成功实施改革重组、资本运营、海外并购、上下游一体化等重大举措，实现了企业跨越式发展，综合竞争实力不断增强，保持了良好的发展态势，由一家单纯从事油气开采的上游公司，发展成为主业突出、产业链完整的国际能源公司，形成了油气勘探开发、专业技术服务、炼化销售及化肥、天然气及发电、金融服务、新能源等六大业务板块。

中海油围绕“二次跨越”发展纲要，紧紧抓住海洋石油工业发展的新趋势、新机遇，正视发展中遇到的新问题、新挑战，稳健经营，为全力推进中国海洋石油工业的“二次跨越”创造了有利条件。

中海油坚持“安全第一、环保至上，人为根本、设备完好”的 HSE 核心价值理念，进一步完善 HSE 管理体系，以防范化解安全风险为重点，深化全员安全生产责任制，强化安全管理前移，加强安全生产过程管控，落实安全检查监管，全力推进生产经营安全平稳。

中海油始终坚持“安全环保率先实现国际一流”目标不动摇，制定有中海油特色以及国际先进管理理念的 HSE 体系管理框架（简称“CHSEMS”框架），包括“领导力与责任”等 10 大核心要素和 70 项具体管理要求，明确安全管理内容和要求，引导所属单位对照自查，坚持基于风险和持续改进的思维方式。

海油精神：爱国、担当、奋斗、创新。企业价值观：追求人、企业、社会与自然的和谐进步，做员工自豪、股东满意、伙伴信任、社会欢迎、政府重视的综合型能源公司。核心发展战略：协调发展、科技驱动、人才兴企、成本领先、绿色低碳。公司愿景：贡献不竭清洁能源、创新美好生活。发展目标：2020 年，基本建成国际一流能源公司；2030 年，全面建成国际一流能源公司。经营理念：以人为本、责任担当、和合双赢、诚实守信、变革创新。

第一节
企业简介

一、基本情况

中国海洋石油工业是改革开放后第一个全方位对外开放的工业行业。1982 年 2 月 15 日，中国海洋石油总公司在北京正式成立。

中国海洋石油工业于 20 世纪 50 年代末开始起步，海洋石油勘探始于中国南海。1965 年后，重点转移到了渤海海域。在海洋石油工业开拓的初期，使用自制的简易设备，经过艰苦的努力，在上述两个海域均打出了油气发现井。

1982 年 1 月 30 日，国务院颁布《中华人民共和国对外合作开采海洋石油资源条例》，决定成立中国海洋石油总公司，以立法形式授予中国海洋石油总公司在中国对外合作海区内进行石油勘探、开发、生产和销售的专营权，全面负责对外合作开采海洋石油资源业务。

2015 年 9 月 18 日，中海油签署《责任关怀全球宪章》，就加强化学品管理体系，保护人与自然环境，敦促各方为达成可持续发展解决方案等做出郑重承诺。

二、社会责任

1. 能源安全

石油被誉为工业血液，是现代文明和经济发展的动力之源。经济快速发展的中国，能源短缺问题日益突出。2011 年，中国消耗的石油达到四亿多吨，其中两亿多吨必须从国外进口，原油对外依存度首次超过全球第一大能源消费国美国，超过 55%。能源安全面临着严峻的挑战。能源安全是国家安全重要组成部分。

2. 员工责任

员工是公司最宝贵的资源和财富，公司始终秉承“以人为本”的理念，认真履行对员工的责任，积极为员工的全面发展创造良好环境。公司遵守相关法律法规，坚持平等和非歧视的用工政策，高度重视和维护员工基本权益，为员工搭建良好的职业发展平台；积极推进海外业务员工本地化和多元文化的融合；关注员工的职业健康，积极改善员工工作环境，关心困难员工和离退休人员，努力实现企业和员工的共同发展。

3. 环境责任

随着国民经济和社会的快速发展，资源与环境日益成为制约经济社会发展的两大重要影响因素。作为国有企业，中国海油在实现高效高速发展的同时，始终把节能降耗、减少污染物排放、保护环境作为企业不可推卸的重要社会责任。

4. 公益活动

作为负责任的企业公民，中国海油长期以来为扶贫、助学、救灾等公益事业贡献自己的力量，积极回馈社会，追求企业与社会的和谐、共赢。

中国海油成立了以公司高层为领导的中国海油慈善公益事业委员会，并制定了《中国海洋石油总公司扶贫援藏及慈善公益事业委员会工作章程》。

三、文化理念

1. 文化动态

中国海油在认真梳理海洋石油工业发展脉络的基础上，不断汇聚发展历程中积淀的优秀文化元素，将大庆精神、铁人精神为代表的石油文化与海洋石油工业实践相结合，锻造了以“爱岗敬业、求实创新”为核心内容的新时期海油精神，形成了既保有国有企业和石油行业精神内涵，又具有时代性、开放性、国际性的独特企业文化，公司的品牌形象不断提升。2011 年，“创先争优”活动深入开展，企业文化基础不断夯实，党建工作、思想政治工作、工会工作和共青团工作全面推进，政治优势转化实践进一步深入，塑造了海洋石油工业核心价值体系，增强了干部员工的使命感和荣誉感，弘扬了新时期“爱岗敬业、求实创新”的海油精神，公司涌现出一批又一批的优秀典型和先进模范。

2. 休假制度

因为公务繁忙，公司领导人员过去常常连节假日都不能休息，更别提休假了。也常常因为忙，而忽视了自身的健康。1999 年 3 月 8 日和 2000 年 3 月 2 日总公司分别下发的《进一步做好干部体检、休假工作的实施办法》《总公司直管领导人员年疗养休假制度》中就考虑到这种情况，特做了相关规定。体检结果要备案：每年 1 次的体检结束后，体检结果不仅要在医务部门建立档案，而且，为掌握总公司直管领导人员的身体状况，各单位要将体检结果报送总公司人力资源部备案。

领导人员实行定期休假制度：各单位要在每年 2 月底前将领导人员休假计划报总公司人力资源部，由人力资源部负责汇总和协调各单位领导人员的休假计划；各单位人力资源部要负责督促领导人员年休假计划的实施；领导人员休假期间实行授权代理制。

短期定点休假疗养：总公司将酌情安排身体不适的直管干部和海洋石油系统劳动模范，短期定点休假疗养。

员工疗养费的发放：根据目前社会有关服务价格的变化，2000 年 3 月又对原定疗养费发放标准做了调整；连续工龄满 1 年的所有公司员工均可以享受到此项待遇；总公司直管领导人员完成休假天数，每年发给 1 次疗养费，如在规定的期限内没有完成休假天数，在当年 12 月底只能领取疗养费的 50%。

3. 安全管理

海洋石油作业的自然条件相对恶劣，因此，中海油十分注意保护作业人员和海上设施的安全。中海油的安全管理实行全方位、全过程、全员的安全监督管理。全方位安全管理就是海上油气田安全生产以作业者负责、第三方检验把关、政府监督、工会参与监督的方式进行管理。由作业者对整个油气田的安全生产负责。由中国海洋石油作业安全办公室行使政府职能，对整个中国海域的海洋石油作业实施严格的安全监督检查。聘请国际国内著名的安全、技术检验机构对海上油气生产设施进行技术监督检验，目前已有 ABS、劳氏、DNV、BV、中国船级社等五家船级社及近 20 家专业设施的技术、安全检验机构参与此项工作，从而为海洋石油作业的安全作技术保障。

油气勘探、开发和生产全过程的每项工作的各个环节都要自始至终地做好安全工作，实施全过程的监督管理，并对主要环节和关键环节进行重点管理和监督。如油气田开发阶段要求必须编写安全分析报告，并经安全办公室审查和批准；关键性作业颁发作业许可证。

全员安全管理要求从公司的领导到每名干部都要管安全，每名职工都要关心安全、注重安全。目前正在摸索一条新路子，即工会的参与和监督。工会通过宣传舆论工具和组织各种安全活动，对广大职工群众进行安全知识的宣传教育，使其提高安全意识；利用各种民主手段对安全工作进行监督。这将是全员安全管理的重要体现。

目前在海洋石油系统内推广 ISO 14000 环境管理体系的认证工作，以建立更加完善和可靠的环境保护管理体系。

四、HSE 管理

中海油安全理念框架见图 12-1。

图 12-1　中海油安全理念框架

① 健康安全环保是公司生存的基础、发展的保障。

② 管理健康安全环保事务，不仅是经济责任，更是社会责任。

③ 员工是公司最宝贵的资源和财富，以人为本，关爱生命。

④ 设定目标，只有“执行”才能实现。

⑤ 体系化管理，坚持改进，坚信“没有最好，只有更好”。

⑥ 安全行为“五想五不干”，注重细节，控制风险。

⑦ 管理承包商，分享信息和经验，实现双赢。

⑧ 尽量使用清洁无害的材料和能源，保护环境和资源。

⑨ 不仅遵守法规标准，更要争先创优，努力提高行业水平。

⑩ HSE是企业整体素质的综合反映。

五、安全审核

中海油强化重点排查、重点检查、重点管控，对在建重点工程项目、井下作业安全、高风险井控以及生产设施和防台风安全等重点工作、重要环节制定并采取相应的管控措施。

2019年公司多次组织覆盖面广泛的安全检查，及时进行安全检查典型问题通报，促进隐患整改。

六、安全应急

中海油不断完善应急管理机制，加强应急救援体系建设，提高事故预防和响应能力。

1. 加强应急能力机制建设

完善应急制度体系，修订和发布《危机管理预案》《应急管理办法》及《治安防恐办法》，完善所属单位应急预案备案。

加强应急值班响应，建立应急值班中心，按照国务院《生产安全事故应急条例》的要求，实施24h应急值守，并在应急预案中新增应急协调办公室启动机制。

强化突发事件应对，在上海分公司紧急撤台等应急事件中开展跟踪值守、指导所属单位应急处置，向国家主管部门和公司报送信息。

完成对备用应急指挥中心的改造，为打造海油应急管理一张图奠定基础。

2. 探索先进的应急管理办法

海上重大事故情景集见图 12-2。

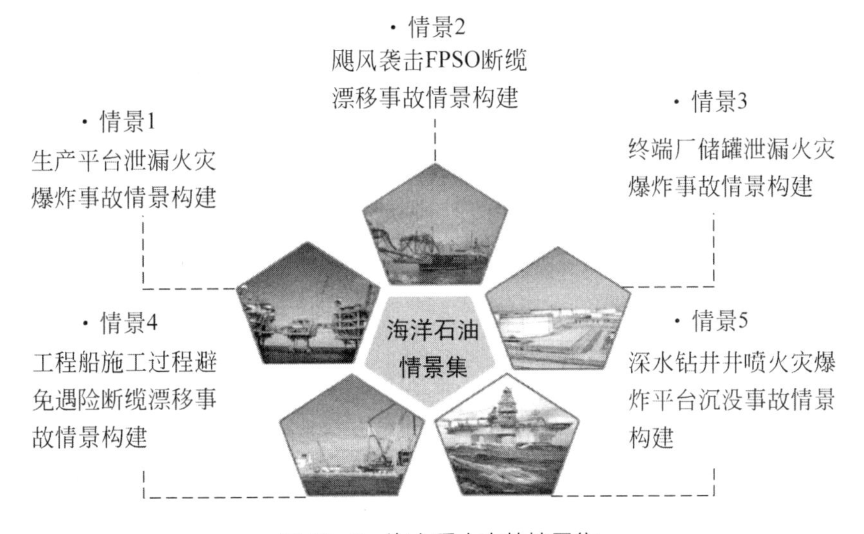

图 12-2　海上重大事故情景集

七、设备设施的完整性管理

中海油积极实施设备设施隐患排查治理常态化，系好安全生产的最后一条安全带。2019 年，公司重点对海底管道、钻修机、电仪设备和老旧设施等进行排查治理，全面开展海底管道安全状态普查，启动和落实海底管道防护治理工作，重点措施主要包括：调整和优化船舶动态跟踪系统（AIS）和雷达覆盖范围、现场监控、租赁执法船舶、与主管部门沟通联合执法等。同时，公司针对修订发布的完整性管理体系文件，邀请独立的第三方挪威船级社（DNV GL）对天津、湛江和上海三家分公司开展了完整性管理外审。中海油设备设施故障影响产量/计划产量见图 12-3。

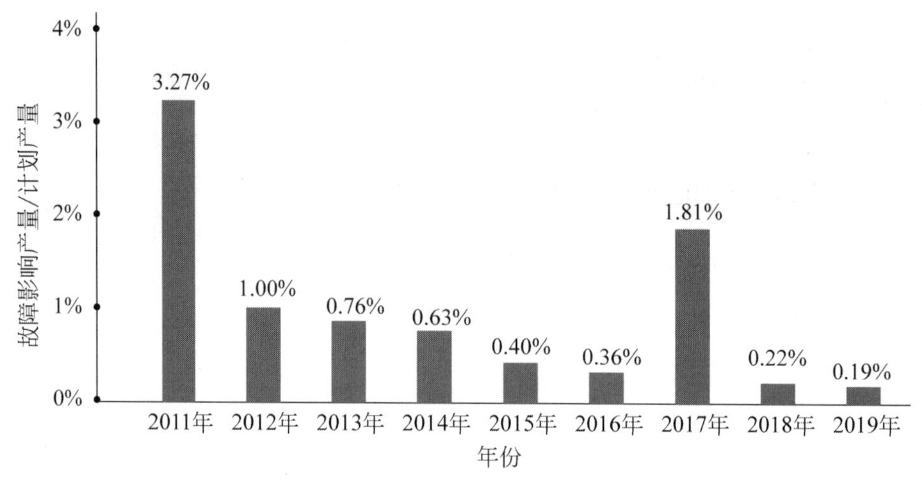

图 12-3　中海油设备设施故障影响产量/计划产量

第二节 以“五想五不干”为核心的安全行为管理

“一想安全风险，不清楚不干；二想安全措施，不完善不干；三想安全工具，未配备不干；四想安全环境，不合格不干；五想安全技能，不具备不干。”这是在健康安全环保年会上，中国海油创造性地提出了班前“五想五不干”的安全作业要求，随后，在年度“安全生产月”里也以班前“五想五不干”为主题，向生产一线大力推行。

一、“五想五不干”不仅仅是口号

五想五不干不仅仅是口号，它是能够切切实实保障员工的安全。为什么要提出这个要求呢？众所周知，海洋石油的勘探开发较之陆上具有更大的风险性，同时中国海油近年来又向石化等中下游领域扩展，安全管理面临诸多挑战。总公司非常注重一线员工在生产过程中的安全管理。在过去的几年中已经通过完善管理体系、健全操作规程、强调执行文化、加强人员培训等多种形式来追求安全业绩，但安全管理的理论和实践都告诉我们，预防重大事故，必须从小事做起、从基层一线做起，最根本的是必须把安全生产的理念落实到一线员工身上。只有员工自身的安全意识、风险防范意识得到提高，每一个一线工作的参与者都重视安全，整个安全生产工作才能取得实效。这就要求员工在工作之前要对施工环境、工具、技能等存在的所有可能风险统筹考虑，如果确实存在风险，想好之后则可以“不干”。

二、“五想五不干”的一个重要方面是“五不干”

这就意味着给工人授权，当施工现场有潜在风险时，工人们可以提出“不干”，这也符合我国《安全生产法》第五十二条的规定：“从业人员发现直接危及人身安全的紧急情况时，有权停止作业或者在采取可能的应急措施后撤离作业场所。”在以往专家所做的安全原因分析中，行为和环境是导致事故的两大因素，其中行为所造成的事故占到了整个事故总数的88%~96%。因此，总公司认为确保施工安全的重点是授予员工更多权力，提高员工行为的主动性。这个授权主要分为两个方面：一方面是上级对下级的授权，员工在面对不安全作业时可以对上级说不。另一方面则体现在甲方和乙方之间。生产施工作业大多由乙方直接完成，因此，甲方应该提醒乙方，要充分发动员工讨论和理解“五想五不干”，通过员工自身发现问题，杜绝施工危险，防患于未然。

三、“五想五不干”的说法比较符合员工的接受习惯

五想五不干简洁易记，具有浓厚的基层文化特色。总公司通过大小会议、宣讲会等途径向基层员工传达精神，还特别制作了 2000 多套安全生产挂图，用漫画等轻松的形式，形象生动地表达了内在含义，并张贴到中国海油系统的各个一线作业现场，时时刻刻提醒员工——工作之前想好风险，发现风险后等落实了安全措施和具备了安全条件再开始作业。其总体结构见图 12-4。

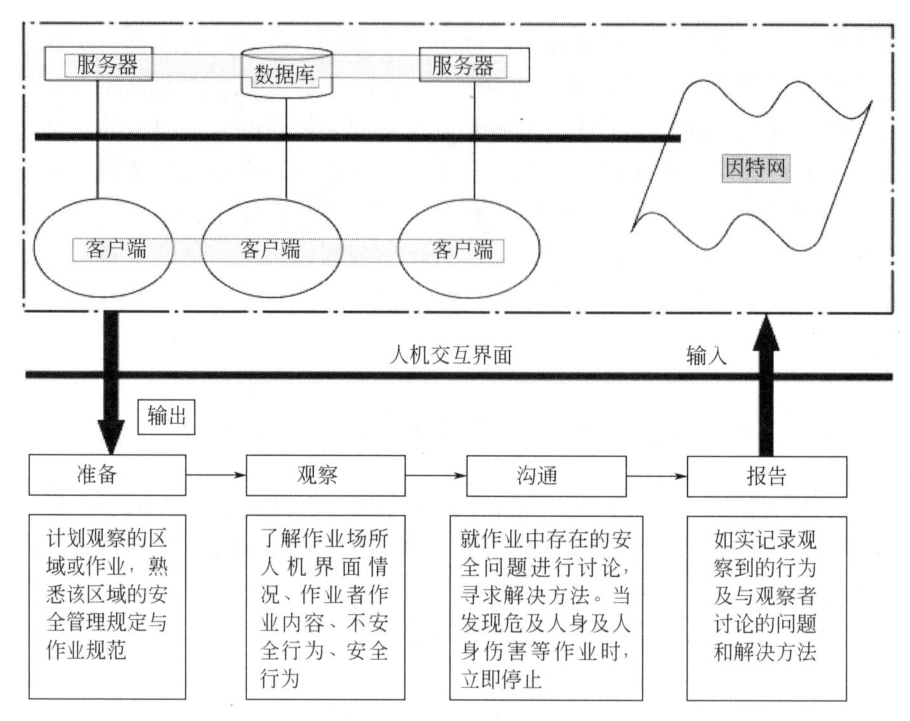

图 12-4 “五想五不干”行为安全观察系统总体结构

四、“五想五不干”进一步延伸了公司的“安全文化”理念

如何贯彻安全文化、抓好安全生产呢?中海油认为仅仅在思想上重视还是不够的，这需要公司各个层面员工的行动和参与。以前在抓安全生产中，几个难点已相对得到解决，比如落实责任制，要求各级领导高度重视；完善管理方法和程序，进行风险源的分析；加强基层管理人员的安全监督作用；安全事故信息的及时传递和共享。现在工作的重点是狠抓基层，注重对现场作业人员风险防范意识的培养，从而使安全生产的整个体系更为完整。

要想使抽象的安全生产意识真正被员工接受，达到入心入脑的效果，内化为员工自觉的行为规则，必须采用形象生动、为员工所喜闻乐见的表达方式。“五想五不干”的说法比较符合员工的接受习惯，简洁易记，具有浓厚的基层文化特色。

第三节

健康安全环保管理的实践

刚进入中国海洋石油总公司的新员工，有两件小事往往会给他们留下深刻的印象，不管是坐公司还是同事的车，开车前司机、同事一定会提醒他系好安全带；召开比较大型的会议，宣布会议正式开始前，会议主持人一定会告知大家应急状态下的逃生路线。中国海油对安全的重视以及员工强烈的安全意识由此可见一斑。

2005 年 12 月，国务院安全检查组到中国海油下属的中海石油化学股份有限公司监察工作，对该公司的安全工作给予了很高评价；2005 年 12 月，时任国务院副总理曾培炎在视察中海壳牌石化项目时，对中国海油的安全环保工作也给予了很高评价；2006 年 2 月，国资委和国家安全生产监督管理局把中国海油的安全管理经验向全国大中型国有企业介绍。

健康安全环保管理没有“休止符”，必须常抓不懈，一刻也不能放松。在这方面，中国海油演奏了一部没有休止符的优美乐章。海洋石油工业具有高风险、高投入、高技术的“三高”特点，海上作业环境险恶，设备高度集中，一旦发生安全事故，可能造成的严重后果可想而知。要做好海洋石油的安全生产工作，困难显而易见。为什么中国海油在安全环保方面能做得如此出色，甚至在一些项目的建设过程中创造了“无可记录伤害事件”的骄人成绩？让我们一起去探寻中国海油健康安全环保（HSE）管理理念和实践的“真经”。具体的实践过程有以下两点。

一、完善体系，让制度和程序说了算

在中国海油，安全不是仅仅挂在嘴上的口号，而是具体落实、体现在每一项操作、每一次作业、每一个流程中的制度；抓安全不是为了应付上级的突击检查，而是为了确保作业安全。“safety first”（安全第一）、“safety always first”（安全永远第一）等理念已扎根在员工心中。究其原因，关键在于中国海油建立了较为完善的 HSE 管理体系。冰冻三尺，非一日之寒。成立于 1982 年的中国海油，其 HSE 工作经历了一个循序渐进的发展过程，包括认识的提高、理念的变化、制度的逐步完善、管理层次的逐步提高。通过学习国外先进经验，比照国际石油公司的运行模式，结合自身的特点，不断实践和改进完善，成为中国海油企业文化的有机组成部分。

20 多年来，中国海油始终坚持“安全第一、预防为主，以人为本、关爱生命”的方针，全力加强安全环保管理和 HSE 体系的建设。截至 2002 年，中国海油已全面建立了勘探、开发作业 HSE 管理体系。例如，2001 年颁布了《中国海洋石油有限公司 HSE 管理体系》《中国海洋石油有限公司钻完井 HSE 管理体系》，其他各公司也从自身特点出发，建立了相应的 HSE 管理体系。到 2005 年，总公司各所属单位均建立了各自的管理体系并正式发布实施。整个体系覆盖了生产、经营等所有活动。依照管理体系的基本模型，积极推动中国海油 HSE 管理体系的有效运行，将健康、安全和环保从过去单一部门的管理，变成中国海油的统一行为，成为规范化和程序化的管理。

2003 年，中国海油建立并实施 HSE“持续改进计划”，用于推进各单位的 HSE 工作，促进 HSE 管理体系有效运行。“持续改进计划”是以管理体系模型为基础，将企业 HSE 工作涉及的主要问题进行归纳和分解，确定了 15 个要素，并对各要素对应的 10 个级别的标准进行了详细的描述，然后由各单位结合企业自身情况和侧重点，在要素和级别档次上进行有效测评，级数越高表明企业的 HSE 工作做得越好，以此来直观地判断企业的 HSE 状况，有利于企业“认识自己、发现问题、找出差距、确定工作目标”，便于各管理部门集中力量、发挥优势，推进企业管理水平的提高。这是把 HSE 管理体系的基本理论变为企业实践的有效途径，也是国际上著名石油公司普遍采用的一种管理方法。

近年来，中国海油大力向中下游发展，涉及石化、炼油、沥青、化工、LNG（liquefied natural gas，液化天然气）、发电、管道运输等多个行业，分布在 10 个省（区）。诸多中下游项目的上马、开工及投产给中海油的 HSE 管理带来了前所未有的风险和挑战。中下游各单位根据《生产经营型投资活动健康安全环保管理规定》要求，结合自身的特点明确 HSE 责任和管理方式，逐步落实各投资企业 HSE 管理形式，明确职能定位和工作界面，加快完善本单位的安全管理系统，促使其对本单位 HSE 管理运行全面负责。

由于海上石油作业处于恶劣的海洋环境，易发生突发事件，且海上救援困难，为随时预防并及时处理这些突发事件，中国海油从总公司到地区、专业公司都成立了应急中心，配备了必要的通信、交通救援设备，编制了“安全应急计划”或“安全应急工作程序”，针对不同的作业要求，还编制了采油作业、钻井作业、物探作业等安全应急计划。2004 年修订并发布了《中国海洋石油总公司危机管理预案（2004）》，对危机管理组织机构、应急组织职能、相应程序做了明确规定。

中国海油高度重视防台风工作，制定了“安全第一、预防为主、综合治理”“十防九空也要防”“宁可防而不来、不可来而无防”的方针，编制防台风应急程序，明确规定了出现台风警报时预撤离人员和保护海上设施的原则和措施。

1984～2000 年底，太平洋和南海海域共生成 448 个热带风暴（包括台风），其中有 238 个影响我国海洋石油作业，为预防台风造成人员伤亡事故，共动用直升机 1745 架次，运输船只 244 船次，撤离海上石油作业人员 34540 人次，保证了海上设施和人员的安全。

渤海辽东湾是我国冰情最严重的地区，冰期在 11 月中旬到翌年 3 月中旬，海上防冰是渤海油田冬季安全工作的重点之一。为做好防冰工作，中国海油建立了海冰预报、警报、监测体系，提前做好冬季作业的物资准备，建造了能力较强的两条破冰船，于 2005 年 12 月在锦州某油田安装了测冰雷达，测量冰的范围、流速、流向等，并将测量的数据实时传输到平台监控室和分公司陆地应急值班室，从而有效地预测和防范海上流冰对平台可能造成的危险，并为油轮外输提供安全保障。另外，对防止和控制井喷的发生、防范硫化氢等有毒气体、钻井平台拖航、海上直升机交通、防止雷电等海上作业风险，中国海油都编制了安全措施，配备符合要求的相关装置，在预防、处理紧急事故时有周密的安排。

中国海油的 HSE 管理体系中的各项规定，就是中国海油 HSE 管理的“制度”。有了这个体系，在生产经营活动中，HSE 工作就做到了“有法可依”，一切严格按体系办事，让制度和程序说了算。强化执行，不让制度成“空文”，制度、体系再好，如果不能得到有效执行，无异于一纸空文。HSE 管理工作中最难的，还是“执行”。法之必行，言之必效。怎么抓执行？谁去抓执行？中国海油建立了强有力的安全管理机构和制度，推动员工、合作伙伴、承包商去执行。“安全文化是执行文化。对安全来讲，执行是最基本的要求，没有执行一切都是空谈，更谈不上细化安全管理。”这是中国海油安全文化的核心。中国海油总经理曾讲到：“我们的安全文化，要落实在执行规章制度和操作规程上，所以把抓违章、抓违反操作规程，抓串岗、乱岗作为落实生产环节的第一道工作来抓。对于违反操作规程、违反安全制度、串岗、乱岗造成安全事故的立即解雇，负责领导立即撤职。在安全上没有任何情面可讲，这一点要作为制度落实下去。”

按照“谁主管，谁负责”及“管生产必须管安全”的原则，中国海油层层建立了安全生产责任制。中国海油在各下属单位设立安全生产主管部门，在从事海上作业的单位设立安全总监或安全代表，在采油平台和钻井平台设安全监督，配备专职安全员。2004 年，中国海油颁布《重大安全责任事故行政责任追究制度》，明确规定在发生重大事故时要追究领导者的责任。2005 年，中国海油全系统各单位都已经按照国家《安全生产许可证管理条例》的要求取得了《安全生产许可证》，在国内的各生产企业中属于第一批接受政府审查并取证的。中国海油实行全方位、全过程的安全管理。

所谓全方位，即实行海上油气生产设施的安全由作业者负责，第三方检验把关，政府监督管理；所谓全过程，即从海上油气田的总体开发方案（ODP）开始，到基本设计、详细设计、建造、运输、安装、试运行、投产后的生产过程、废弃平台，实施全过程的安全监督管理。

为确保制度得到执行，中国海油不定期组织安全检查组对下属单位进行检查。通过检查，贯彻法规，发现问题，加深认识，交流经验，增强能力，提高水平，促进安全，保障海上石油作业正常进行。

在 2006 年健康安全环保工作会议上，中国海油针对当前安全管理的新特点，提出了现场安全管理“五想五不干”的管理理念和具体要求，进一步强调了全公司的安全执行文化的建设，使管理者和员工都深刻领会公司以人为本的安全管理理念。2006 年的“持续改进”工作主要从落实“五想五不干”的指示、开展从全员安全文化建设入手，从班组管理切入，通过“五想五不干”的宣传和落实，基层班组、员工的风险意识得到了加强和提高，事故和防范措施得到了落实，作业现场环境得到了改善，安全管理的执行力度得到了加强。

通过对海上发生的事故进行分析，中国海油发现 80%的事故都是由于人员和生产组织工作的失误造成的，只有不到 20%的事故原因可归结到恶劣的自然环境和设备的磨损故障。因此，中国海油非常重视事故的教训，重视和强调对人员的安全技术教育和培训。向所有员工宣传安全政策，提高员工安全意识，使其在各自的岗位上切实履行职责；鼓励员工参与安全活动，把安全管理渗透到企业的每个人、每件事、每个角落的四维时空中去，尽量消除一切不安全因素。从制度上，保证海上操作人员的安全培训工作。对海上作业人员和出海人员，分别规定了不同的培训内容和有效期不同的证书。如出海连续 15 天以上的人员，需要进行 6 天 5 个内容的安全技术培训，经过考试合格，获得“海上求生”“海上急救”“平台消防”“救生艇筏操作”“直升机水下逃生”五个证书（通称“五小证”），才具备最基本的出海作业资格。同时，还规定了从事不同作业的人员必须经过相应的安全培训，如井控、防硫化氢、压载技术培训等。对于特种作业人员如锅炉工、电工、起重工、电气焊工等，除了须具备地方应急管理部门颁发的特种工种证书外，也要和其他出海工作的作业人员一样，须持有“五小证”方能上岗。规范安全培训工作，使之正规化、程序化。开展不同层次的安全管理培训。同时，中国海油还向承包商提供健康、安全、环保信息，要求他们持续对员工进行培训。

二、加强环保，切实履行社会责任

中海沥青公司在重视污染物达标排放的同时，还十分注重生态环境保护。厂区内不仅栽种了许多花草树木，还请来园林植物专家，将原址上 17 棵珍贵的桂圆树移植到生产区内，保护珍贵树木不受新建工厂的影响。中海壳牌石化项目在做环境评价报告时，发现在中联码头海上作业区域附近有两处石珊瑚密集生长区，约 400m^2，属国家二级保护动物，考虑到这些健康生长的珊瑚可能受到引堤施工影响，项目组专门花费 75 万元请专业队伍将这些珊瑚移植到 10km 以外的鸡心岛和芒洲岛的西海岸，移植后珊瑚存活率达 95%以上。这样的事例在中国海油还有很多。这一切，在中国海油看来，不仅仅是做好环保工作，而是作为一家大型国有企业在履行自己应该承担的社会责任。中国海油作为一家以勘探开发石油与天然气为核心业务的能源企业，深刻认识到在生产过程中，绝不能对环境构成危害。

公司把保护生态环境，创建环境友好、资源节约型企业作为承担社会责任的重要方面。中国海油按照国际标准建立了一套严格的环保管理体系，环保纳入企业管理的各个环节，各产业板块都建立起了严格的环保体系，公司上下形成了良好的环保文化。“奉献清洁能源，创造美好生活，保护生态环境，积极回馈社会”的理念深入人心。

根据国家颁布的《中华人民共和国环境保护法》和《中华人民共和国海洋石油勘探开发环境保护条例》的要求，中国海油先后制定并颁发了《海洋石油工业环境保护管理规定》《海洋油（气）田开发工程项目环境保护管理暂行规定》《海洋油（气）田开发工程环境影响评价管理办法》，海上钻井、采油等一切有污染物排放的生产单位建立健全了环境保护目标责任制，实行环境保护目标管理。中国海油努力推行油气田和石化生产全过程环保管理工作，所有建设项目全部执行了环境影响评价和环保“三同时”制度。所有油气田和陆地石化企业都按要求配备了污染防治设施。同时，公司还建立了人工监测与自动监测相结合的环境监测系统，保证污染物长期稳定达标排放，做到生产与环保的协调发展。

中国海油将“为社会奉献清洁能源”作为自己义不容辞的责任。为此，中国海油自 20 世纪 90 年代中期开始涉足液化天然气（LNG）领域，牵头规划东南沿海地区的 LNG 项目。目前，公司在中国 LNG 领域已处于领先地位。LNG 产业的发展，将有力缓解我国沿海地区的能源供给矛盾，优化当地能源结构，改善生态环境，提高人民生活质量。LNG（液化天然气）工艺流程见图 12-5。

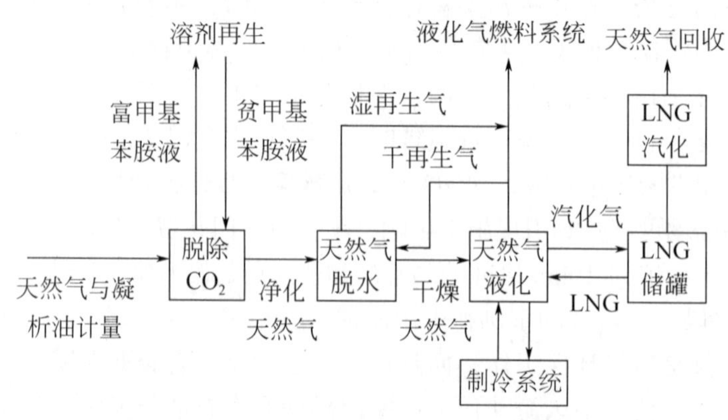

图 12-5 LNG（液化天然气）工艺流程

中国海油一直对溢油应急及响应非常重视，建立了一套完善的溢油应急机制。同时通过不断投入，已经建立起专业化的溢油应急队伍，并配备了高水准的溢油应急设备。2003 年，中国海油建立了中海石油环保服务公司（COES），这是目前中国唯一能提供国际 2 级溢油应急响应能力的专业化环保服务公司。2005 年 12 月，COES 与韩国海洋污染响应公司（KMPRC）签订了旨在提高西北太平洋海域溢油应急响应能力的《合作谅解备忘录》。此外，中国海油在废弃物控制、温室气体减排、危机管理等方面都建立了较为完善的管理制度，并积极实施，得到了显著成效。1982～2006 年作业期间，中国海油的勘探开发没有发生重大污染事故，保持了良好的海上作业环境。

三、中海油十类高风险作业管理细则

1. 设备检修作业

在已经投用的生产及其辅助设施上检修作业，应实施充分的风险评估，制定检修方案和安全措施方案。

① 针对检修内容采取有效的隔离、泄压、置换等措施；

② 动设备检修要对动力源有效隔离；

③ 检修人员应具备相应的技能，配备合适的工具和防护用品；

④ 作业应得到设备管辖部门的确认和许可；

⑤ 涉及信号旁通、联锁旁通、热工等特殊作业，还应申请相应的作业许可并经批准。

2. 电气作业

① 检修线路和设备须停电进行，实行有效的隔离锁定和安全警示；

② 做好电荷释放和检验，禁止接触高压带电设备；

③ 作业过程中确保有作业监护人；

④ 送电前应由专人检查线路上是否还有人工作、有无漏电，确认无误后方可送电；

⑤ 电工应经专业培训并取证；

⑥ 应正确使用绝缘防护用品和工具；

⑦ 停送电和电气检修应申请作业许可并得到批准。

3. 热工作业

① 在防火防爆区产生明火的作业、产生火花的作业和产生高温的作

业，如电焊、气焊、气割、等离子切割、氩弧焊、钢铁工具的敲打、凿打、电烙铁和高温熔融物等，应与生产系统隔离；

② 在设备、管道上动火应清洗和（或）置换；

③ 清除周围易燃物，限制火花飞溅；

④ 按时做动火检测分析；

⑤ 应设动火作业监护人，配备充足应急灭火器材；

⑥ 应申请作业许可并得到批准。

4. 进入受限空间作业

① 进入受限空间应确定各种有影响的能源已被隔离，并挂牌和锁定，对受限空间进行置换、通风，按时对空气检测；

② 确保所有相关人员均能胜任其工作岗位，限制进入受限空间人员数量，佩戴规定的防护用品；

③ 在受限空间外应有专人监护，有应急抢救措施；

④ 应申请作业许可并经批准。

5. 挖掘作业

① 在作业场所内开挖、掘进、钻孔、打桩和爆破等挖掘作业活动，应制定施工安全措施方案；

② 在挖掘作业之前，应对作业场所风险进行评估，所有可能的地下危险物，例如管道、电缆等已被确认、定位，必要时应隔离；

③ 当人员进入开挖面时，若属进入受限空间，则应办理进入受限空间许可证；

④ 通过采取系统的支护、放坡、台阶等适当的措施来控制滑坡和防止塌方；

⑤ 在挖掘作业周围设置围栏和明显的警示标志，关注地面状况和环境变化；

⑥ 应申请作业许可并经批准。

6. 起重作业

① 起重作业前，应对起重作业风险评估，大型起重作业要制定作业方案；

② 作业前所有的吊索、吊具须经专业人员检查；

③ 起重装置和设备应处于检验合格证书的有效期内，起重设备的安全装置正常工作；

④ 负载不得超过起重设备的动态和（或）静态装载能力；

⑤ 设置安全警戒区；

⑥ 操作动力起重装置的工作人员和司索指挥人员应经过专业培训并取得资格证书。

7. 高处作业

① 在坠落高度基准面 2m 以上（含 2m）的场所作业，应使用符合有关标准规范的平台、脚手架、吊架、防护栏或安全网等，作业前检查确认是否牢固；

② 使用合格的全身式安全带和其他防坠落设备；

③ 防止高处落物伤人；

④ 应设专人监护；

⑤ 工作人员应能胜任相应的工作，有登高禁忌证的人员不得从事高处作业；

⑥ 禁止垂直进行高处交叉作业，分层作业中间应有隔离措施；

⑦ 遇有不适宜的恶劣气象条件时，禁止露天高处作业。

8. 接触危险化学品作业

① 从事接触或潜在接触危险化学品的作业，工作场所应设置醒目的警示标识；

② 生产、储存和使用危险化学品应依据危险化学品的种类、性能，设置相应的通风、防火、防爆、防毒、监测、报警、降温、防潮、避雷、防静电和隔离操作等安全设施和措施；

③ 运输、装卸危险化学品时应防止暴露，防止泄漏，防止撞击、拖拉和倾倒；

④ 作业人员须经过培训并具备相应技能，掌握化学品安全技术说明书（MSDS）的有关信息，配备相应的安全防护用品。

9. 陆上交通运输

① 按要求对车辆定期检验，使用前要对车辆检查，以保证车辆安全性

能良好；

② 驾驶员须经培训合格并取证；

③ 禁止超员、超载和超速行驶；

④ 交通车辆必须配备安全带，驾乘人员应系好安全带；

⑤ 驾车时不得使用手机和对讲机；

⑥ 推广采用《OGP陆上运输安全推荐准则》。

10. 联合作业

① 除执行专项作业的安全要求外，还应将作业对周边可能产生的影响告知相关各方；

② 充分评估相关各方作业产生的互相影响，采取有效的控制措施；

③ 指定专门的协调联络人，作业过程中充分信息沟通；

④ 制定协调一致的应急方案；

⑤ 在可能的情况下尽量避免联合作业。

四、中海油安全文化建设

中海油在挖掘和发扬自身优良文化（如无私奉献精神、吃苦耐劳精神），完善和优化各项规章制度、推广先进的安全技术和安全管理体系的同时，十分重视总体规划自己的企业安全文化建设。企业不但要在公众中树立良好的绿色能源、安全生产的社会形象，而且要在内部树立起奋发向上、以人为本、珍爱生命、安全第一的安全文化氛围，使每一个成员在正确的安全心态支配下，在本质安全化的“机-物-环”系统中，注重安全生产、关心安全生产，使人人参与安全文化建设成为一种风气和时尚，让中海油人引以自豪的同时，自觉地维护企业的安全形象，自觉规范自己的安全行为，用安全生产的理念和行动保证原油产量的稳定增长，使文化为企业的经济效益做贡献。

1. 树立“以人为本的绿色能源安全生产企业”的良好形象

社会公众对现代企业，特别是股份制企业的认识和评价，是直接关系到企业的社会形象和企业的竞争能力、生存能力能否持续、稳定发展的大事。作为海洋石油能源勘探开发的生产企业，如何塑造自己的企业形象和企业精神，是现阶段中海油人必须面对的问题。

树立"以人为本的绿色能源安全生产企业"的良好社会形象，既是由中海油的企业特征决定的，也是中海油持续向前发展的必然趋势。一到倒班期，中海油人就乘船或飞机来到了既无绿叶又无地气的钢铁平台上，在单调、紧张、危险中，开始了 20 多天的石油勘探开采作业。在大海多变的环境中，从事寂寞和艰辛的劳动，稳定的情绪和高度的责任心是安全生产的保证。这种精神和力量来自中海油对职工的爱护和关心，中海油一直把"珍惜生命，文明生产"及"不断改善和提高员工的生产、生活条件"作为企业的根本政策，也正因为如此，中海油必将把"关心员工，保护员工的身心健康与安全"以及"以人为本"作为中海油长期不变的宗旨，形成具有特色的企业安全文化。

中海油的生产必须是绿色的生产，安全生产必须是百分之百的，不但不能污染海洋环境，还应为清洁海洋环境做出贡献。为达到这些目的，必将牺牲许多既得利益，这既是时代和社会赋予的使命，也是中海油必须利用现有的科学文化技术去努力实现的目标，更是中海油向广大股民和社会公众所做的最好的安全承诺。所以，建立"绿色的、环保的海洋石油能源安全生产企业"既是奋斗的目标，也是中海油最好的安全文化形象标志。

中海油树立"以人为本的绿色能源生产企业"的良好社会形象的总体规划：在内部通过宣传、教育，通过自上而下的宣贯活动，通过在日常生产经营活动中不断贯彻执行这一宗旨，并运用现代科学技术和管理手段确保"以人为本的绿色能源生产企业"名副其实；在外部通过宣传和举办各种活动，向社会展示企业，使社会了解中海油，使"以人为本的绿色能源安全生产企业"的光辉形象深入人心。

2. 坚持不懈地大力推广"本质安全化"建设

事故的主要原因是人的不安全行为和物的不安全状态。"人的本质安全化"和"物的本质安全化"是预防事故的最有效的手段。人是生产、生活中的动力之源，提高全员的安全意识和责任心，使全员养成"我要安全"的良好习惯，杜绝违章违纪行为，发现隐患及时整改，真正做到防患于未然，达到人的本质安全化，是追求事故为零，保障人民生命财产的必由之路。因此，企业在进行安全文明生产的同时，必须不断地对员工进行安全知识的宣传和教育（如采取宣传栏、专题安全知识讲座和竞赛、制作安全教育片、安全运动会、建立企业安全互联网等各种不同形式的安全文化活动），提高他们的安全科技文化水平和安全意识，在企业内形成“我要安全”“我会安全”的良好文化氛围，使新老职工都能自觉地遵章守纪、规范自己的行为，使其既能有效保护自己和他人的安全与健康，又能确保各类生产活动安全、顺利地进行。

在钻井、生产平台上，各类仪器、仪表和报警系统既是员工视觉等感觉器官的延伸，也是必不可少的监视耳目。所以，确保仪器、设备、流程的可靠性，确保它们的本质安全化，是提高事故预防能力、保证安全生产的根本出路。学习核能工业在从核电厂选址、设计制造到调试运行、维护和人员培训等各种相关生产活动中都始终贯穿安全思想的先进经验，利用现有的经济实力和技术手段，从设计、建造时就严把质量关、安全关，使设备和流程从本质上实现安全，不达标决不投产，通过不断地宣贯和培训，在员工中牢固树立“将事故隐患从根源消除”的“本质安全化”思想。

3. 完善用人机制，营造激励员工好学上进的安全文化氛围

随着海洋石油事业的发展，上千万吨的客观需要，使平台一线人员的新老交替较为频繁，由于缺乏人才和熟练工人，常把一些安全文化素质较低的人员推上了工作岗位。如何对外来人员和新来人员进行系统的、全面的、有针对性的安全技能培训，使其尽快熟悉本职工作、掌握应知应会知识、达到岗位要求，已成为现阶段企业急需解决的难题。要解决这个问题必须遵循以下原则：

① 先保证基层一线的技术力量，只有生产一线平安，机关人员才能坐稳。

② 注意后备人员的培养，宁缺毋滥，不赶鸭子上架。

③ 先制定培训计划、要求和目标，编制培训教材，通过师带徒，传、帮、带和自学等培训方法，使培训人员尽快掌握应知应会的专业知识，并待实习期满达标后方可竞争上岗。

④ 营造开放、宽松、自由、鼓励创造力、尊重人才的良好环境，完善用人机制，激励员工好学上进。

⑤ 注意岗位知识的积累，通过在岗培训，巩固和提高应知应会知识。一方面既要为企业摸索出一条创造和培养人才的新路子，使各路人才为海洋石油事业贡献自己的力量；另一方面，要为留住人才创造条件，消除因

人员频繁流动对企业造成的各种负面影响，使企业在相对稳定中持续向前发展。

4. 完善法规制度，营造和谐的安全生产环境

以现在推行的 HSE 管理体系为龙头，执行各项法律、法规，建立、健全安全生产责任制，依法实施奖惩，激励员工规范自律行为。持续改进 HSE 管理体系，完善各项安全标准，让管理体系和技术标准指导企业的日常安全管理工作。教育员工不存侥幸和麻痹心理，牢记“平时多流一滴汗，难时少流一滴血”的警言，不断提高安全生产技能和自我保护意识，依法保障自己的行为安全，不断营造和谐的安全生产环境和安全文化氛围。

5. 齐心协力共建企业安全文化

安全文化建设是一个深层次的人因工程的开发，是安全管理的升华，是理性的、系统安全管理的基础。它要求企业各主管部门都采用系统的观点和安全文化的理念，用安全文化的方式，塑造出符合时代要求的、具有企业特色的安全文化。只有各级领导干部都带头学习和掌握“企业安全文化”理论，提高安全科技文化水平，明确安全文化建设的战略意义和现实意义，切实加强领导，将职工凝聚在企业自我发展、自我完善的文化氛围中，全力推进“企业安全文化”建设，才能推动中海油向更高层次、更加文明的方向发展。